国家出版基金项目
NATIONAL PUBLICATION FOUNDATION

合成生物学丛书

合成生物学：

从政策规划到产业发展

陈大明　张学博　熊　燕　刘　晓　编著

山东科学技术出版社　｜　科学出版社

济　南　　　　　　　　北　京

内 容 简 介

本书全面探索了合成生物学的前沿科学进展，包括从政策规划到产业发展的全链条。首先，介绍了合成生物学的基本概念，涵盖了系统论思维、生物学层级和工程化理念。其次，探讨了各主要国家在合成生物学领域的规划与政策演变。再次，深入分析了该领域交叉融合的技术创新，包括生物学的工程化探索和人工生物系统的开发。同时，解析了合成生物学的产业发展逻辑、产业平台与应用、创新和创业，以及产业集聚与生态形成。最后，从协同治理的角度讨论了合成生物学发展中的重要议题，如工作流整合、标准体系构建、知识产权保护、伦理评估和生物安全管理等。

本书适用于对合成生物学感兴趣的科研人员、政府官员、工程师、教育工作者、学生和从业者，为他们提供了该领域最新的科学进展、政策演变、技术趋势和产业发展的综合参考与指导。

图书在版编目（CIP）数据

合成生物学：从政策规划到产业发展 / 陈大明等编著. -- 北京：科学出版社；济南：山东科学技术出版社，2025. 3. --（合成生物学丛书）. -- ISBN 978-7-03-081207-0

Ⅰ. Q503

中国国家版本馆 CIP 数据核字第 20258W01H6 号

责任编辑：王　静　罗　静　岳漫宇　尚　册　陈　昕　张　琳
责任校对：胡小洁 / 责任印制：肖　兴 / 封面设计：无极书装

山东科学技术出版社 和 **科学出版社** 联合出版

北京东黄城根北街 16 号
邮政编码：100717
http://www.sciencep.com

北京中科印刷有限公司印刷

科学出版社发行　各地新华书店经销

*

2025 年 3 月第 一 版　开本：720×1000　1/16
2025 年 3 月第一次印刷　印张：17 1/4
字数：343 000

定价：180.00 元

（如有印装质量问题，我社负责调换）

"合成生物学丛书"
编委会

主　编　张先恩

编　委　（按姓氏汉语拼音排序）

陈　坚	江会锋	雷瑞鹏	李　春
廖春阳	林　敏	刘陈立	刘双江
刘天罡	娄春波	吕雪峰	秦建华
沈　玥	孙际宾	王　勇	王国豫
谢　震	元英进	钟　超	

《合成生物学：从政策规划到产业发展》
编写委员会

（按姓氏汉语拼音排序）

陈大明	陈睿雲	范月蕾	江 源
江洪波	金庆姿	李 荣	李丹丹
刘 晓	马 悦	马雪晴	毛开云
阮梅花	汪 哲	王 勇	熊 燕
颜 韬	袁天蔚	张博文	张丽雯
张学博	赵若春	郑森予	朱成姝

丛 书 序

21 世纪以来,全球进入颠覆性科技创新空前密集活跃的时期。合成生物学的兴起与发展尤其受到关注。其核心理念可以概括为两个方面:"造物致知",即通过逐级建造生物体系来学习生命功能涌现的原理,为生命科学研究提供新的范式;"造物致用",即驱动生物技术迭代提升、变革生物制造创新发展,为发展新质生产力提供支撑。

合成生物学的科学意义和实际意义使其成为全球科技发展战略的一个制高点。例如,美国政府在其《国家生物技术与生物制造计划》中明确表示,其"硬核目标"的实现有赖于"合成生物学与人工智能的突破"。中国高度重视合成生物学发展,在国家 973 计划和 863 计划支持的基础上,"十三五"和"十四五"期间又将合成生物学列为重点研发计划中的重点专项予以系统性布局和支持。许多地方政府也设立了重大专项或创新载体,企业和资本纷纷进入,抢抓合成生物学这个新的赛道。合成生物学-生物技术-生物制造-生物经济的关联互动正在奏响科技创新驱动的新时代旋律。

科学出版社始终关注科学前沿,敏锐地抓住合成生物学这一主题,组织合成生物学领域国内知名专家,经过充分酝酿、讨论和分工,精心策划了这套"合成生物学丛书"。本丛书内容涵盖面广,涉及医药、生物化工、农业与食品、能源、环境、信息、材料等应用领域,还涉及合成生物学使能技术和安全、伦理和法律研究等,系统地展示了合成生物学领域的新成果,反映了合成生物学的内涵和发展,体现了合成生物学的前沿性和变革性特质。相信本丛书的出版,将对我国合成生物学人才培养、科学研究、技术创新、应用转化产生积极影响。

丛书主编

2024 年 3 月

前　　言

　　什么是合成生物学（synthetic biology）？从字面上看，"合成生物学"由"合成"和"生物学"两个词组成。"合成"是指通过化学反应使成分比较简单的物质变成复杂的物质，与分解、置换并称化学反应的三种类型。20 世纪 50 年代，在发现 DNA 双螺旋结构之前，生物学研究大体是以还原论（reductionism）为主的思路展开：为了研究个体，解剖组成个体的器官，发展了解剖学；为了研究组织和器官，再研究组成各个组织和器官的细胞，发展了细胞生物学；为了研究细胞，再研究组成细胞的生物分子，发展了生物化学；为了解生物分子中可以传递遗传信息的成分，最终提出了 DNA 双螺旋模型、"中心法则"等概念，发展了分子生物学。在这个研究过程中，还原论的思维与"分解"的思路是大体相似的。20 世纪 70 年代，随着基因工程技术的发展，科学家得以将外源基因导入受体细胞。此时，生物学研究开始具备"置换"基因的能力，不过此时"置换"的主要还是天然存在的基因。21 世纪初发展起来的合成生物学，无论如何定义其范畴和内涵，它与基因工程的本质区别在于，导入受体细胞的基因或整个基因组不仅可以来源于天然生物体，还可以是人工合成的，甚至包括非天然存在的基因。

　　为什么要发展合成生物学？合成生物学会带来哪些变化？如果把生物体的基因组比作"剧本"的话，合成生物学的发展意味着人们可以从头"编剧"。与之相比，利用基因工程，人们只能改写已有的"剧本"，而在此之前人们只能读"剧本"。在生物学领域，"读剧本"的主要手段便是基因测序，不过在 20 世纪 90 年代之前，即便是"读"的能力也极其有限——要对一个生物体的基因组进行完整测序难度很大。人类基因组计划实施后，基因测序的能力有了质的飞跃，人类"读剧本"的能力有了极大提升，"系统生物学"的概念应运而生。这时，人们不仅希望理解整个"剧本"，还希望理解完整的"剧集"。从这个视角来看，人们可能会发现"剧集"中有很多可优化之处，此时利用合成生物学的策略对其加以改进，或许会产生前所未有的解决方案。

　　为什么要写《合成生物学：从政策规划到产业发展》一书？仍以"剧本"作类比，一部好的剧集会给人们带来精神收益，但是一部不良的剧集可能会带来负面的影响，因而需要建立审查制度。事实上，生命活动的复杂程度远超"剧集"——要高效创造能够解决医药、工业、农业、环境等领域重大难题的合成细胞并非易事，要精准评估新创造的细胞对自然环境、社会生活、国家安全等方面的影响也是难上加难。这就注定合成生物学的良性发展，需要在多方协同的社会环境中得以实现。因为生命活动的复杂性和特征性，合成生物学的工具和方法发展得越高效，政策规划的引导、科技创新的支撑、产业应用的推广、协同治理的保障的重要性就愈加凸显。在这种情境下，本书尝试从政策规划到产业发展这条"线"进行梳理，愿为进一步的交流分享"抛砖引玉"，也希望成为促进合成生物学及其交叉领域发展的"铺路石"。本书得到了国家重点研发计划"合成生物学"重点专项"合成生物学生物安全研究"项目（课题号：2020YFA0908601）的支持。疏漏之处在所难免，敬请读者批评指正。

编　者

2024 年 11 月

目　　录

第一章　当"合成科学"遇上"生物学"

> "如果我们不了解过去，也就没有多少希望掌握未来。"
>
> ——李约瑟

当前，合成生物学的发展仍处于早期阶段，科学家对合成生物学的定义也不尽相同。"合成"一词除常用于化学（通过化学反应使成分比较简单的物质变为成分复杂的物质）外，在物理学中是指几个分力变成合力的过程。无论是在哪种场景下，"由部分组成整体"的内涵是共通的。所以，当"合成"遇上"生物学"时，我们可以体会到这种内在关系。

不过，在物理学、化学和生物学的场景下，"合成"除有共通之处外，还有差异性。对物理学而言，合力等于分力之和。对化学而言，合成意味着从简单到复杂的转化。对生物学而言，"整体大于部分之和"更是体现得淋漓尽致。如果我们回顾几十亿年前生命起源和生物进化的历程，就会发现，从无机物到有机物的合成创造了前所未有的新物质，而从有机小分子到生物大分子的合成又给地球带来了天翻地覆的变化。每个生命的诞生都是一场奇迹，每次生命的进化都在演绎着"整体大于部分之和"的规律。尽管今天的我们无法目睹生命从无到有的起源、从简单到复杂的进化历程，但却可以借助合成生物学的手段研究其中的规律、找寻可能的路径、启迪未来的方向。更重要的是，当"合成"成为"合成科学"，再遇上"生物学"，科学家得以有更丰富的手段去认识生命，发明家得以有更创新的工具去调控生物，工程师得以有更高效的策略去建构生命，各行各业的团队得以有更实用的方法去解决难题；同样重要的是，以哲学家的思想敬畏生命，以决策者的睿智规划未来，以企业家的眼光创造产品，以治理者的博学去协同创新。

第一节　生命是什么

1943 年，虽然第二次世界大战的阴霾仍然笼罩着全球，但是人们对"生命是什么"这个深奥的话题却有着发自内心的兴趣。爱尔兰总理埃蒙·德·瓦莱拉（Éamon de Valera）和很多民众一样，在围得水泄不通的大讲堂里听一位科学大家讲解生命的含义。这是一场足以改变科学发展史的演讲，不过讲解生命这个主题的科学巨匠并不是生物学家，而是 1933 年获得诺贝尔物理学奖的埃尔温·薛定谔（Erwin Schrödinger）。他在后来根据其演讲内容写成的《生命是什么》（*What is Life?*）一书中指出，"自然万物都趋向从有序到无序，即熵值增加。而生命需要通过不断抵消其生活中产生的正熵，使自己维持在一个稳定而低的熵水平上。生命以负熵为生"。

《生命是什么》是一部足以改变生物学发展史的著作。尽管当时这本书远没有"薛定谔的猫"那样为众人所熟悉，但却吸引了一批年轻的研究者投身于生物学研究。克里克（Crick）和沃森（Watson）就是其中的代表人物，这两人于1953年发现了脱氧核糖核酸（DNA）的双螺旋结构，使人类对生命的认知有了质的飞跃，这一里程碑式的研究成果也被认为是从传统的生物学向现代生命科学转型的开端。从此，人类对"生命是什么"的探究不断深入。

一、探索生命起源

大约39亿年前，地球从此前的高温逐渐冷却下来。尽管人类尚无法确认当时是因为天体碰撞带来了有机物，还是因为无机物如氨气、氢气、水等在特殊条件下合成了氨基酸等生命物质，但是在此之后，地球出现了有机物。依据有机物的这两种来源分别形成了生命起源的"外来说"和"自生说"两种假说，至今科学家仍在孜孜不倦地探索真相。

大约35亿年前，地球上已经产生了很多的有机物，但是地表还没有足够的氧气。随着有机物的日渐增多，核糖核酸（RNA）等具有生物活性的大分子出现了。对于30多亿年前的这个进程，诺贝尔化学奖获得者沃特·吉尔伯特（Walter Gilbert）于1980年提出的著名的"RNA世界假说"（RNA world hypothesis）指出，在生命起源的某个时期，生命体仅由一种高分子化合物，即RNA组成。遗传信息的传递依赖于RNA的复制，其复制机制与当今DNA的复制机制相似，而作为生物催化剂的、由基因编码的蛋白质在那时还不存在。

大约31亿年前，随着从有机小分子到活性大分子的合成，DNA、RNA和蛋白质等具有生物活性的有机物均已出现。这些聚合而成的复杂生物大分子，再经过包裹形成更为复杂的组合体结构。最原始细胞的前细胞，或在此时形成了最初的简单结构。从这些简单的结构开始，前细胞的结构和功能日益复杂，最终形成了可以进行新陈代谢的细胞结构。

总之，30多亿年来，从地球最早的生命起源开始，生命经历了波澜壮阔的演化历程。从原核细胞到真核细胞、从单细胞到多细胞、从低等生物到高等生物，生命进化历程中的每一次跃迁都是一个奇迹。多个原本互不相干的细胞有机地结合在一起，便有了物质、能量和信息的协同，形成了多细胞生物；能够进行光合作用的生物出现，增加了地表的氧气浓度；有性生殖生物的出现，使得生命的繁衍生生不息，寒武纪生命大爆发更是极大地增加了生物多样性；能够感知光线的眼睛出现，使得生物从此得以"睁眼看世界"；尤其是作为生命进化中极大成就的大脑的出现，使得即便是微小的昆虫也能快速适应环境的变化。

可以说，从生命起源到生命进化，每一步的迈进都是充满艰辛的奋斗历程，每一次的跃迁都在生动地诠释更高层级的功能耦合。进步是生命的底色，从无序到有序是生命的追求。

多少年来，人们一直在探索生命起源的奥秘。然而，人类无法回到过去，重新观测生命起源和进化的历程。那么，是否可以通过实验的方法去模拟这个过程呢？

二、认识生命

1953 年，在芝加哥大学的一个化学实验室里，一位叫米勒（Miller）的 23 岁的年轻人跟他的导师打了个赌，这个赌源于他有一个异想天开的想法：如果在实验室里模拟太阳光的辐射，那么利用氨气、甲烷、氢气和水等物质是否能够产生氨基酸、核糖、嘧啶、嘌呤等组成蛋白质和核酸的生物小分子与有机大分子？虽然导师不以为意，但仍鼓励米勒开展实验进行尝试。结果米勒的实验成功了，由此证明在地球早期的环境下，由无机物合成小分子有机物是可能的，该实验也因此以米勒和他导师的名字命名——米勒-尤里实验（Miller-Urey experiment）。

在米勒-尤里实验之前，人类早已在认识生命的道路上探寻和摸索。在近代科学发展之前，哲学家便已在思索"生命是什么"的问题。古希腊的哲学家亚里士多德认为"整体大于部分之和"，对生物体而言更是如此。那么，生物体作为整体，大于哪些部分之和？19 世纪，德国植物学家施莱登（Schleiden）和动物学家施旺（Schwann）提出了细胞学说，认为细胞是动植物结构和生命活动的基本单位。照此推理，如果将细胞作为一个整体，其功能又大于哪些部分之和？1828 年，德国化学家弗里德里希·维勒（Friedrich Wöhler）在实验室人工合成出了"尿素"，打破了无机物和有机物之间的界限。维勒是瑞典化学家永斯·贝采利乌斯（Jöns Berzelius）的学生，贝采利乌斯受亚里士多德的"灵魂论"思想启发，在化学、生物学结合的基础上提出了"活力论"，即生命物质的化学反应只可能在生物体内发生，这是生命现象区别于非生命现象的特征。有别于"灵魂论"，贝采利乌斯提出的"活力论"可由科学实验证明。随后，以尿素的合成为起点，科学家合成了一系列的有机物，并逐步解析了各种生物分子的成分，大力推动了生物化学的发展。1953 年，DNA 双螺旋结构的发现，开创了分子生物学的时代。

在认识生命的物质组成成分之前，人类主要通过观察生命的现象，试图解析生命的规律。在观测、识别生命的过程中逐步形成了生物的"界门纲目科属种"的分类体系，使生物学的发展具备了博物学的基本特征。19 世纪之前，科学家在对动物、植物的观察过程中，以"博物学"的思路对生物进行分类，此时对生物的观察性研究主要以描述性为主。19 世纪初，拉马克认为植物和动物都是有生命的物体，并提出了"生物学"的概念；其后，达尔文提出的进化论，标志着生物学观察性研究进入到以分析为主的阶段。1856~1963 年，孟德尔通过豌豆实验发现了遗传学的两大定律，与此同时，微生物学、细胞生物学、生物化学也发展到以实验性研究为主的阶段。

20世纪中叶，DNA双螺旋结构被发现后，科学家又提出了"中心法则"（central dogma）的假说——遗传信息从DNA传递给RNA，再从RNA传递给蛋白质，即完成遗传信息的转录和翻译过程。对生命遗传信息的传递规律或流动方向的这一解析，使人们进一步认识到了解生命现象首先要了解基因组。在此基础上，DNA重组、基因测序等技术得到了发展。20世纪90年代，人类基因组计划的实施，标志着人类对基因的研究进入到了全基因组层面。21世纪以来，蛋白质组学、转录组学、代谢组学、单细胞生物学等研究相继得到发展，人类认识生命的工具和手段有了长足的进步。

至此，人类在认识生命的道路上，完成了"自上而下"的完整历程：从18世纪之前对生物个体的观察理解，到18世纪解剖学的发展，再到19世纪细胞研究的进步，20世纪上半叶对蛋白质等生物分子的深入研究，20世纪中叶发现DNA双螺旋结构，再到20世纪90年代基因组学的发展，人类已经得以用"格物致知"的思维去"看清"生物个体各个层级的组成结构或要素。然而，"看清"不等于"看懂"生命系统各层级的运行规律，要融会贯通地理解从分子层面的"中心法则"到"五脏六腑"的运行规律，需要"格物致知"与"建物致知"的结合（图1-1）。

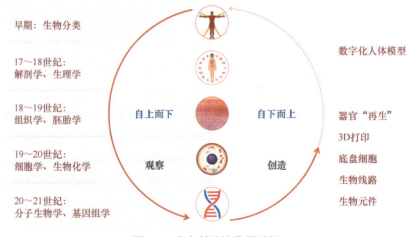

图1-1 生命科学的发展历程

三、改造生命

2010年，全世界众多科学家的目光不约而同地聚集在《科学》（Science）杂志的一篇论文上。在这项研究中，克雷格·文特尔（Craig Venter）团队在全球首次全人工合成了生物体的基因组，并将其转入另一个细胞中获得可正常生长、能自我复制的"人造生命"。研究团队将其命名为辛西娅(Synthia)。此时，距离人类发现 DNA 双螺旋结构和米勒-尤里实验已有 57 年，距离人类基因组计划正式启动也已有 20 年，而文特尔团队在这个项目上花费了 15 年。

认识生命、改造生物、设计生物系统一直是人类追求的目标。早在远古时期，人类就在向自然界学习的过程中，学会了驯化动物和利用植物，并由此发展了畜牧业和农业。在对野生的动植物进行利用的过程中，人类一直试图按照预期的目标，使其进化出特定的表型和功能。

近代以来，随着孟德尔遗传定律的发现，利用杂交等手段改造生物成为可能。一百多年前，法国化学家斯蒂芬·勒杜克(Stéphane Leduc)首次提出了"合成生物学"(synthetic biology)一词[1]。不过，那时人们还没有真正认识生物遗传物质的组成成分，因而该词更多地停留在概念阶段，与真正认识生命、改造生命的科学相去甚远。

20 世纪中叶，在发现 DNA 双螺旋结构后，人类对不同性状的基因重新组合有了更深入的理解。随着研究的日益深入，基因重组技术在 20 世纪 70 年代得到发展，科学家将其称为基因工程技术。1974 年，波兰遗传学家瓦茨拉夫·斯吉巴尔斯基(Waclaw Szybalski)再次提及"合成生物学"，用于描述基因工程的概念，预言可将新要素加入基因组，而重新构建的基因组可用于构建更为理想的控制回路。斯吉巴尔斯基指出，过去的研究主要集中在分子生物学的描述性研究方面，但当我们进入合成生物学的阶段，真正的挑战才开始。我们会设计新的调控元素，并将新的元素加入已存在的基因组内，甚至建构一个全新的基因组。斯吉巴尔斯基认为，这将是一个拥有无限潜力的领域，几乎没有什么能够限制我们去实现更好的控制回路。最终，将会合成出有机生命体。1978 年，斯吉巴尔斯基在《基因》(Gene)杂志上就诺贝尔生理学或医学奖颁发给 DNA 限制性核酸内切酶(限制性内切酶)发现者发表评论认为：限制性内切酶技术将带领我们进入合成生物学的新时代。分子生物学家利用限制性内切酶剪切 DNA 的方式可以分析各个基因的功能，并将观察的结果记录下来，这些结果构成了各个基因的功能性描述。全世界数以万计的科学家正在进行这样的工作，为人类累积理解生命与基因组的知识。然而，未来可预见的是，新的合成或复合生命体可能由此诞生。不过，此时科学家对活细胞中的生物分子网络如何相互作用还不是很了解，同时对复杂的生物体加以改造的工具和手段仍然处于早期探索阶段，即从何处入手加以改造、以什么样的理念加以改造、改造后会有什么样的结果等难题都有待系统的解答。

2000 年，科学家通过设计和构建综合网络开发出实现生物体特定功能的人工合成压缩振荡子(repressilator)[2]，该振荡子是在大肠杆菌中构建的，可用于人工

---

1 Tirard S. Stéphane Leduc (1853-1939), from medicine to synthetic biology. Hist Sci Med, 2009, 43(1): 67-72.

2 Elowitz M, Leibler S. A synthetic oscillatory network of transcriptional regulators. Nature, 2000, 403: 335-338.

合成的双稳态基因调节网络。此时，人类基因组计划已经接近尾声，人类对基因组的认识水平较之前有了巨大的进步，基因合成技术也已经有了起色，这为人工合成基因组奠定了基础。如若能够按照理想的目标设计基因调节网络，并通过人工合成相应的基因线路，那么调控生物、改造生物、设计生物的能力将有极大的改进。合成生物学发展的序幕由此拉开。

第二节　合成生物学是什么

2000 年，E. Kool 在美国化学学会年会上重新定义了"合成生物学"[1]。伴随着现代"合成生物学"概念的正式确立，"基因线路"（gene circuit）或"生物线路"（biological circuit）一词也进入了科学家的视野。这个词是从"电子线路"（electrical circuit）改进而来，因此理解其内涵还要从信息技术的发展说起。

1940 年前后，在薛定谔思考"生命是什么"的同时，"信息论之父"克劳德·香农（Claude Shannon）在导师范内瓦·布什（Vannevar Bush）的指导下，于博士论文中借鉴遗传信息传递的机制，开展具有现代意义的信息编码的研究。此前，香农已经在布什的指导下，开始研发当时最前沿的微分分析仪，并完成硕士论文"继电器和开关电路的符号分析"（"A symbolic analysis of relay and switching circuits"）。这篇论文后来被认为是"20 世纪最重要的硕士论文"之一，因为其阐明了数字集成电路设计的底层原理，奠定了数字化时代的基础。该论文一经发表，香农便名声大振。此时，布什建议香农开展理论遗传学的研究。尽管这对原先学习数学和工程学的香农来说，是看上去毫不相关的两个领域，但是好奇心驱使香农欣然接受了导师的建议，开始"生命如何传递信息"的研究。这段研究经历对后来的"信息论之父"香农来说，或许是特别的激励和启发。

在 1937 年，香农展示了如何在电子线路上使用布尔逻辑，由此证明再复杂的电子线路都可以利用布尔逻辑表达式来进行设计，从而为集成电路和计算机的发展奠定了基础。无论是 1937 年香农展示的电子线路，还是 2000 年科学家开发的人工合成压缩振荡子，都可以用于表达布尔代数（Boolean algebra）的"逻辑门"（logic gate）——前者是利用电子信息的方式，后者是利用生物技术的方式。由此可见，人工合成压缩振荡子的开发，意味着人工设计向具有信息处理功能的生物元件迈出了具有里程碑式意义的一步（信息框 1-1）。

信息框 1-1　部分科学家对"合成生物学"的定义

英国皇家工程院院士、帝国理工学院的 Richard Kitney 认为，合成生物学是基于模块化、标准化和表征的工程原则，旨在使生物系统的工程设计更容易和更可预测，同时对生物系

1　Benner S A, Sismour A M. Synthetic biology. Nature Reviews Genetics, 2005, 6(7): 533-543.

统知识进行标准化，使设计过程更具实用性。合成生物学的一个重要目标是通过设计独立于宿主系统的正交遗传线路，或使用定向进化等过程来优化新设计的线路功能，以此可以控制线路的复杂性并干预生物系统[1]。

佛罗里达大学的 Steven A. Benner 认为，合成生物学是一门不断发展的学科，它有两个子领域，一个是使用非自然分子来复制生物学中的自然行为，目的是创造人造生命；另一个是从自然生物学中寻找可互换的部分，以组装成非天然的系统[2]。

特伦托大学综合生物学中心（CIBIO）的 Martin M. Hanczyc 认为，合成生物学是一个科学研究领域，它将工程原理应用于生物体和生命系统，这是一个在生物工程、实际成果和系统集成方面不断扩大范围的领域。此外，合成生物学还具有商业前景，即设计生物体以服务于绿色技术，替代制药和石油化工行业中现有的标准化应用[3]。

瑞士苏黎世联邦理工学院的 Martin Fussenegger 认为，自从分子生物学诞生以来，生命科学研究一直利用一种相当简单的策略来解读组成地球上生命体的必需生物元件。后基因组时代为我们提供了更多的基因功能信息，而且系统生物学也为我们带来了生物化学代谢网络的更多细节。在此情况下，科学家已经准备好重新组装这些元件，以创造新兴的、有价值的功能。这就是合成生物学。

一、系统论的思维

1943 年，香农与后来的"人工智能之父"艾伦·图灵（Alan Turing）在贝尔实验室相遇。这两位都是当时从事密码学研究的天才，在共进午餐时交流起"人类能否模仿生物的大脑去创造机器"的命题。几年后，香农提出"信息熵"的概念，奠定了信息论的基础；图灵提出"图灵测试"的方法，被认为是人工智能的起点。值得关注的是，图灵作为著名的数学家、逻辑学家、计算机科学家和密码学家，对生物学规律也有颇深的研究。20 世纪 50 年代，他曾将大量的精力投入到数理生物学的研究上，并在 1952 年发表的论文"形态发生的化学基础"（"The chemical basis of morphogenesis"）中提出蕴含在生物体身上的斑点或条纹图案秩序——"图灵斑图"。"图灵斑图"从"反应-扩散系统"的数学模型出发，对色素细胞在生物体内的运动规律进行了解析，由此阐明了斑马纹、豹纹、鱼斑纹等动物身上条纹形成的机制。

在那个时代，除量子力学的奠基人之一薛定谔、"信息论之父"香农、"人工智能之父"图灵痴迷于"生命是什么"之外，"控制论之父"诺伯特·维纳（Norbert Wiener）也对生命活动的规律研究颇感兴趣。维纳的兴趣来源始于 20 世纪 30 年代对火力控制系统的研究。在研究期间，他经常与同在美国大波士顿地区的神经生理学家

1　Kitney R, Freemont P. Synthetic biology-the state of play. FEBS Letters, 2012, 586: 2029-2036.

2　Benner S, Sismour A. Synthetic biology. Nat Rev Genet, 2005, 6: 533-543.

3　Hanczyc M M. Engineering life: a review of synthetic biology. Artificial Life, 2020, 26(2): 260-273.

进行深入探讨，以试图用机器来模拟人脑的计算功能，改进控制系统。当这种研究逐步深入后，这位曾经涉足哲学、数学、物理学和工程学的巨匠，在生物学规律的启示下提出了控制论。1948 年，维纳发表了划时代的著作《控制论：或关于在动物和机器中控制与通信的科学》(Cybernetics: Or Control and Communication in the Animal and the Machine)。同样在那个时代，一般系统论和理论生物学创始人路德维希·冯·贝塔朗菲 (Ludwig von Bertalanffy) 已经提出"一般系统论"的概念，认为生命系统、物理系统等系统存在共同的特征，即综合系统或子系统的一般模式、原则和规律。

系统论、控制论和信息论，被合称为"三论"。后来，耗散结构论、协同论、突变论发展后，被称为"新三论"，而原先的"三论"被称为"老三论"。无论是"老三论"还是"新三论"，探讨的都是存在于各个学科的共通规律和原理，因而又被称为"交叉科学"(cross science)，即研究诸多物质结构及其运动形式中能够抽提出的共同特性的科学。这与"整体大于部分之和"的哲学命题在逻辑上有许多共通之处。这些共通之处是什么？贝塔朗菲在 1932 年发表的《理论生物学》和 1934 年发表的《现代发展理论》中提出，用数学模型来研究生物学的方法和机体系统论的概念，把协调、有序、目的性等概念用于研究有机体，形成研究生命体的三个基本观点，即系统观点、动态观点和层次观点。

由此可见，系统论、控制论和信息论的提出，或多或少地都与生物学研究存在一定的关联、渊源。同时，"三论"的提出又都在一定程度上采用了数学工具。这些与合成生物学又有怎样的关系？如前所述，合成生物学中"生物线路"的设计在很大程度上借鉴了布尔运算这一数字符号化的逻辑推演法，因而其发展与信息论在底层逻辑上存在相通之处，即信息技术采用电子线路的方式呈现布尔逻辑，而生物技术则采用生物线路的方式呈现布尔逻辑。与底层逻辑相对应，生物系统在"顶层设计"上为系统论提供启示和借鉴，而系统论反过来又为人工设计生物系统提供了基础。如果能够将"底层逻辑"和"顶层设计"有机地融合，那么就可能更好地实现不同层次上的动态调控，因而合成生物学的发展又与控制论存在相通之处。

因此，随着合成生物学发展的深入，系统论、控制论和信息论这些"交叉科学"的理论必将得到越来越多的应用，而合成生物学的发展还将促进系统科学的新发展。正是因为有了这些共通之处，合成生物学与集成电路、人工智能、自动化控制等方面的技术融合将有更大的发展空间。从这个视角来看，合成生物学或将成为学科交叉融合发展的关键，而合成生物学的进展也将驱动学科交叉融合的深入发展。

二、生物学的层级

美、英、法、德、日和中国的 2000 多名科学家共同参与了国际人类基因组计划，并于 2001 年 2 月 12 日公布了人类基因组图谱及初步分析结果。在当时，人类基因组图谱被称为"生命天书"，要如何"读"懂并非易事。随着基因测序技术的发展，人类已经认识其中的"字"——基因，但从认识到认知的转变还需进一步理解"部分如何组成整体""整体怎样大于部分之和",否则只能陷于"只见树木,不见森林"的状态。

在人类基因组计划的推动下,除基因组学外,蛋白质组学、代谢组学、转录组学等各类"组学"也都得到发展,系统生物学的理念日益深入人心。不过,生物体无时无刻不在进行着复杂的生命活动,所以"整体大于部分之和"不仅仅是"整体的组分大于部分的组分之和""整体的结构大于部分的结构之和",还包括"整体的过程大于部分的过程之和""整体的功能大于部分的功能之和"。合成生物学也由此得到越来越多的关注。

因而,要研究和开发复杂的对象,就需要"从整体到部分"的"自上而下"的路径与"从部分到整体"的"自下而上"的路径相结合,才能有效地降低复杂度。在这样的背景下,科学家一方面将合成生物学的元件(part)、模块(module)、系统(system)与工程开发中的元器件、装置和系统相类比,并将帮助生物元件和模块发挥功能的细胞载体形象地称为"底盘"(chassis);另一方面,提出解耦(decoupling)、模块化(modularization)和正交化(orthogonalization)等概念(图1-2),以试图理解在高度复杂和整合的生命系统中如何实现自我维持、自我修复和自我构建,同时全面提升生物技术的研发能级。

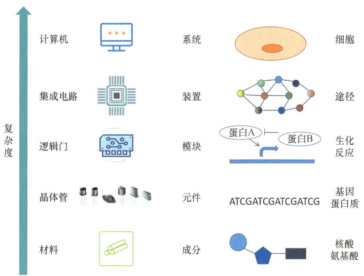

图1-2　生物系统与电子系统的类比

至此,"整体大于部分之和"的系统哲学思路、近现代以来发展起来的生命科学和生物技术、借鉴其他领域的工程学方法,在合成生物学这一领域得以"会聚"(convergence)。这种会聚不仅仅需要学科间的理念交叉、行业间的技术融合,还需要深入探究生命活动规律背后的基本逻辑,以及总结系统设计、系统构建、系统测试、系统学习的原则和路径。在纳米孔测序、活细胞成像等各种技术、工具和方法的推动下,对从纳米(nm)到千米(km)等各个层级进行深入的"观察"和"创造"研究(图1-3)。

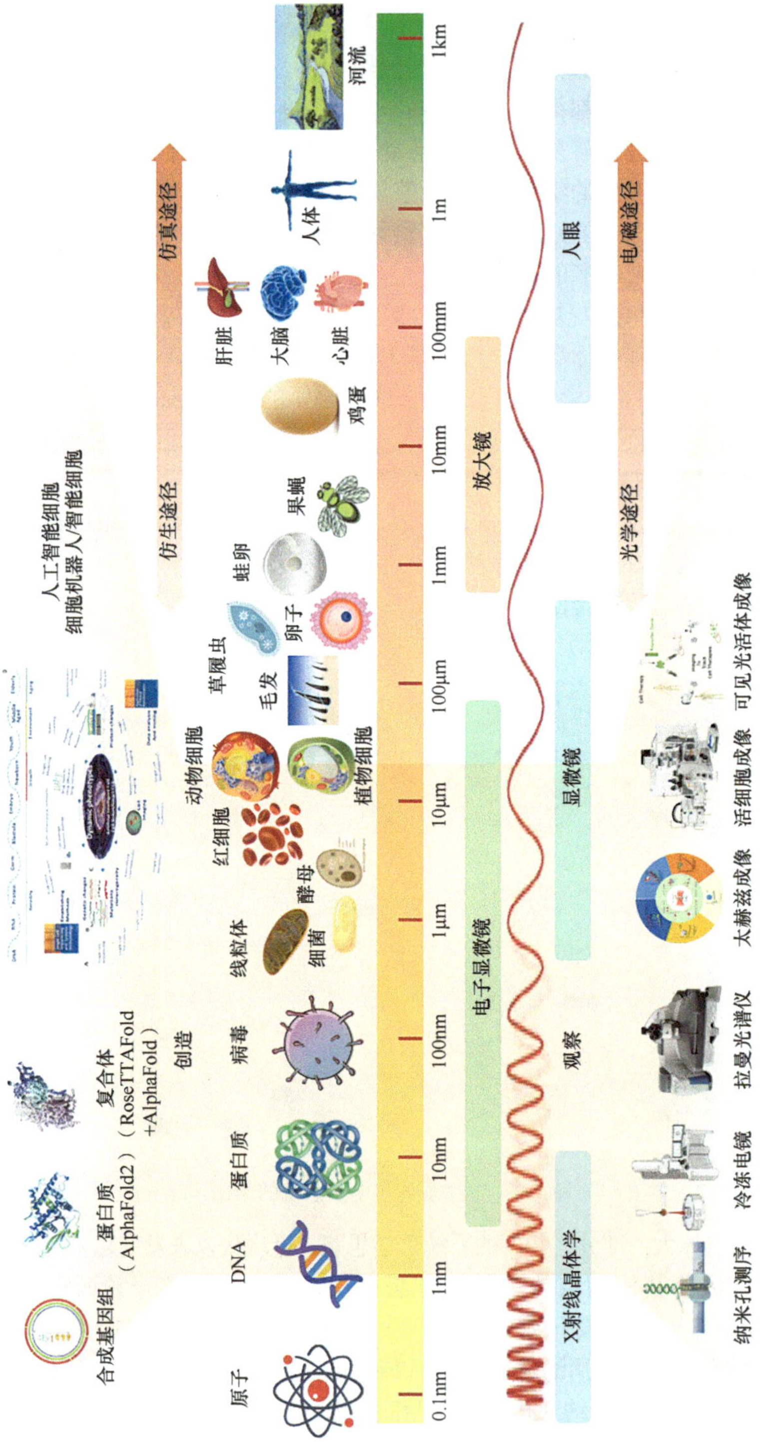

图 1-3 不同尺度和层级的研究

三、工程化的理念

物理、化学、信息科学等学科的发展经验表明，当一个领域的技术开发成为常态时，离工程化就不远了。随着合成生物学的发展，生物学和工程学的融合日益深入。

"工程"（engineering）一词早在我国的南北朝时期就已经出现，在古代往往与"土木"联用，可见建筑或是古代最常见的工程。彼时，尽管人们并未提出"工程学"的概念，但是已经可以从中窥见工程目标的影子——"去掉不想要的，保留必须要的，定好不确定的"。从这个角度来看，工程作为人类的创造性实践活动，其出现早于科学。改善人类生存、生活和生产条件的各种活动中都可能有工程目标，而实现这个目标的过程有可能会运用各种技术。17～18 世纪，"工程"最早在英文中出现是指"防御工事和武器的设计者与建造者"（最早的词为"设计"），其源头可追溯至古法语（ing）、意大利语（ingegnere）和拉丁语（ingenium）。不过，随着工业革命的开启，"工程"的含义已经扩展至房屋、机器、道路等建构，而如何实现工程目标也有了基本的范式。在这样的工程范式中，科学的价值在于通过发现自然规律，为工程提供所需遵循的原理，技术的价值在于通过发明高效的工具促成目标的实现，而工程本身则是通过综合集成达成目标。因而，尽管工程对象可能有材料、建筑、机械、软件、生物等各类差异，但是无论何类工程几乎都涉及多学科的理论、知识和技术的运用，应根据工程对象、工程目标的特点加以综合实践。

在过去的两个多世纪里，科学、技术和工程不断交融。科学的发现引导了技术的创新，技术的发明提供了更高效的工程集成工具，而工程的集成为科学的发现提供了更完善的实践反馈。从第一次工业革命期间，以煤和钢铁为基础的蒸汽机技术的兴起，到第二次工业革命时，化工产业和电气产品的蓬勃发展，再到信息技术革命中的集成电路、软件开发，都离不开科学发现、技术发明、工程集成的综合运用。不过，相对于钢铁和高分子材料等物质、石油燃料与电力等能源、集成电路和软件等信息技术产品，"工程化"的理念、方法和思维要运用于生物体，有其特殊之处。生命活动的规律具有非线性、自适应、连续性等典型的特点，这既与物质、能量、信息等领域的规律有共通之处，又具有生命活动独有的特点。随着研究的深入，科学家已经认识到生命活动既有别于机械的"必然性"，又无法仅用量子力学或统计学的"或然性"来描述，"或然性"与"必然性"的有机统一是生命活动规律的典型特征。这种对立统一的特征，既表现在个体、器官、组织、细胞、分子的各层级上，又体现在各层级的耦合中。也就是说，生命活动有其独特的有序性、复杂性和不确定性[1]（图 1-4）。

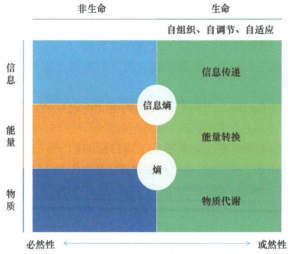

图 1-4　生命活动有其独特的有序性、复杂性和不确定性

与以物质、能量和信息为研究对象的学科领域相比，生命科学具有三方面的典型特点。①研究对象的特殊性。生命科学研究多以活的生物体为对象，这些对象是一定空间、时间内有关物质、能量与信息高度耦合的产物，同时又具有自组织、自调节、自适应等生命特征。作为复杂的自组织、自适应系统，从细胞到生物个体，其各层级都有极为精密的结构体系，同时又具有正常的功能运行状态。通常，人们把生命系统的正常运行状态称为健康状态，把偏离正常运行状态称为疾病状态。然而，精准地描述正常的功能状态并非易事，尤其是涉及分子、细胞、组织、器官和个体等多个层级的运行状态时，更是难上加难。在以往的研究中，科学家只能采取相对"简化"的策略来开展实验研究。例如，利用体外的细胞实验来设计相对稳定的外环境，开展生命科学领域的对照实验，体外研究往往能精准地"复现"体内过程在时间、空间、数量、结构等方面的耦合关系。然而，当体外实验的研究成果（如通过细胞实验筛选出来的候选药物）要真正在实际中运用时，就离不开体内研究。相比体外研究，体内研究难度较大、成本较高、伦理要求更严、研究周期也更长。②研究方法的交叉性。无论是体外还是体内实验，生命活动的规律都涉及多层级的要素、结构与功能的耦合关系。在生命科学的研究过程中，科学家往往先通过单一因素的研究，对子系统进行独立的观察、分析、模拟、调控、改造，来了解生命活动的基本运行规律。在此基础上，再发展多组学、多尺度、多介质、多模态、多相多场耦合的集成研究方法，以更好地研究真

1 吴家睿. 生物学是什么. 北京: 北京大学出版社, 2021.

实世界中的生命活动规律。无论是子系统层面的单因素研究，还是整个系统层面的研究，生命活动的规律都表现出自调节、自适应、自组织的开放系统特征，其研究和分析过程必然依赖于数学、物理、化学、信息科学等多学科的交叉方法或工具，体现出"大集成"的特点。③研究成果的系统性。各种生命现象、各类生命活动之间存在着千丝万缕的相互关系，各子系统之间以及子系统内部的相互连接、相互依赖、相互影响、相互作用、相互转化，必然需要"自上而下"的系统性考量。同时，在系统约束的条件下，对子系统内的任一生命现象或规律的揭示，都在推动人类对"生命是什么"认知的深入。这种"自上而下"的认知与"自下而上"的建构相结合，要求生命科学在研究诸多现象和揭示活动规律的基础上，"抽丝剥茧"地找到生命系统活动的本质规律与不同生命现象间的区别和联系特征，进而用可定量、可预测、可调控的方式来研究最基本的生命活动。

针对这样的具有独特的有序性、复杂性和不确定性的生命活动，在科学研究、技术开发的过程中利用工程集成"去掉不想要的，保留必须要的，定好不确定的"，或许就是加速目标实现的重要途径。不过，这涉及工程目标导向、科学发现导向的有机结合，工程设计、技术开发、科学测试的反馈循环，以及数据驱动、假说驱动的交叉融合，因而并非易事。

生物学与工程学的深度融合会带来什么变化？其他学科（物理、化学、信息科学）领域的发展经验表明，当科学、技术和工程有机融合的时候，一个学科领域或将迎来巨大的发展，同时驱动经济和社会的大变革。这一学科发展规律对生命科学的发展而言同样适用。合成生物学的发展，一方面是利用生命科学的发现，将其转化为实用的生物技术，再通过工程化的方式对其进行开发利用；另一方面，则是利用工程化的手段，融合多学科的技术、工具和手段，驱动生命科学发展。因此，这些学科间的交叉融合在同步驱动研究、技术、工具和产业的进步，近20多年来，合成生物学的发展已经证明了这一趋势。随着科学、技术与工程的深度融合，我们迎来了对高度复杂对象——生物体研究的新时代。这种跨学科的融合不仅推动了各个前沿领域的发展，同时也为科学、技术及工程领域带来了前所未有的新挑战和新机遇。

第三节　合成生物学改变了什么

1933年2月17日，著名物理学家、量子力学的重要创始人之一马克斯·普朗克（Max Planck）在德国工程师协会发表演讲时指出，科学是内在的整体。它被分解为单独的部分，不是取决于事物的本质，而是取决于人类认知能力的局限性。实际上科学存在着从物理学到化学，通过生物学和人类学再到社会学的连续的链条。透过合成生物学20多年的发展历程，我们已经隐约可见从创建生物元件到构建生物系统的研究体系的雏形。这种体系在一定程度上与物理系统中的标准化元件、模块化组件、控制系统有着共通之处，其中的基因合成等技术则利用了化学工程的方法（图1-5）。同时，合成生物学对经济社会等方面的影响也不容忽视，需要持续关注并开展伦理、法律和社会问题研究。从这个视角来看，合成生物学的发展需要自然科学与社会科学的"融会贯通"。

图1-5　从工程学演进的视角看合成生物学

一、从"小科学"到"小科学+大科学"

1939年，英国皇家学会会员约翰·戴斯蒙德·贝尔纳（John Desmond Bernal）做了题为"蛋白质的结构"演讲。或许是因为那个时代物理学发展得相对成熟，而生物学研究仍处于早期阶段，贝尔纳同样试图用物理学工具来解析生命现象。在此之前，他已经将X射线晶体学引入到生物分子的研究领域，并且解析了烟草花叶病毒的结构。

同样是在1939年，贝尔纳作为一位跨学科的研究者，以其丰富的知识、敏锐的认知出版了《科学的社会功能》（*The Social Function of Science*）一书。该书后来被公认为"科学学"（science of science）的奠基之作。正如该书所提到的"科学是什么？科学能干什么？"，书中对科学面临的挑战、科学与社会的交互、科学的发展历程、科学组织、科学教育、科研效率、科学应用等进行了探讨。贝尔纳指出，要想把科研效率略微提高一点点，就必须要有一种全然不同的新学科来指导。这就是建立在科学学基础之上的科学战略学。以此为起点，那个时代世界各国都对科学组织进行了深入的探讨，并就科学发现、技术发明等方面的规律进行了分析。20世纪40年代，万尼瓦尔·布什（Vannevar Bush）作为一名工程师和美国首任总统科学顾问，向时任美国总统罗斯福递交了《科学：无尽的前沿》（*Science: The Endless Frontier*）报告，为美国国家科学基金会（NSF）的建立提供了决策依据。在随后的 20 世纪 50 年代，苏联的根里奇·阿奇舒勒（Genrich S. Altshuler）经过对大量专利的研究，提出了"发明问题解决理论"（TRIZ 理论），总结了技术发明的普遍规律。

后来，英裔美国科学史专家德瑞克·普莱斯（Derek Price）继续总结科学发展的逻辑，认为贝尔纳正是以其 1939 年发表的不朽巨著，而成为广泛地探索"科学地分析科学"的第一人。1963 年，普莱斯根据其在布鲁克海文国家实验室（BNL）的讲座内容，出版了经典的科学学的著作《小科学·大科学》（*Little Science, Big Science*），阐述了现代科学发展中越来越依赖于多学科交叉的"大科学"（big science）范式。总结来看，随着学科的发展深入，科学活动日益从个人或少数人的独立研究，即"小科学"（little science），发展成为大规模、有分工、高度组织化的集各方之力、谋协同之策的范式，这种范式在科学技术的历史演进过程中正成为引领科学组织模式转变的"引擎"。在"大科学"时代，参与研究的人员规模更大，用于研究的资源更多，科学家的责任更大，其研究成果对科学及经济社会的影响也更广。

有了前人的这些智慧与经验，今天的我们就可以用更加系统的眼光去审视合成生物学的学科发展范式。由于研究对象的不同以及科研条件、科技要素的差异，"小科学"和"大科学"各有其最佳的适用场景。在合成生物学的发展中，"小科学"和"大科学"相互交叉渗透：合成生物学发展的标准化元件、模块化线路、通用化底盘细胞以及示范性生物系统的构建，如果能够在大规模的协作中得到开发，无疑将极大地加速研究的进度和效率；在加大协作的同时，不同的实验室分别针对具体的科学、技术问题开展自由探索，同样会加速合成生物学的进步。

因而，在合成生物学的发展中，或许"小科学"与"大科学"相辅相成才是理想的范式。随着学科交叉融合的日益深入、技术工具的日益拓展，合成生物学研究者或可越来越多地利用由外部创新带来的生物元件、基因线路、底盘细胞，来解决重大的科学和工程问题。

二、从"格物致知"到"建物致知+建物致用"

在人与自然相处的历史进程中，四大文明古国不约而同自发地对自然现象进行了观察和研究。在我国黄河流域和长江流域，从"神农尝百草"的实践到《黄帝内经》和《本草纲目》的创作，中华文明的先人在观察、归纳、总结的道路上发展了"取类比象"的思维，"格物致知"是其典型的代表。"格物致知"是儒家专门研究事物道理的一个理论，最早出自西汉戴圣《礼记·大学》[1]——"致知在格物，物格而后知至"，是指推究事物的原理，从而获得知识或从中感悟到某种心

---

1 《成语大词典》编委会. 成语大词典(最新修订版·双色本). 北京: 商务印书馆国际有限公司, 2013: 395.

得。在两河流域（底格里斯河和幼发拉底河之间的美索不达米亚平原）与尼罗河流域，先哲们在测量、分析、推理的道路上积淀了知识，而这些知识传至古希腊最终成就了《几何原本》等著作。与古代东方文明的"取类比象"思维相对比，"逻辑推理"是西方文明的思维特点。后者逐步演变成了"建物致知"（"造来懂"）和"建物致用"（"造来用"）的方法，推动了科学技术的发展和演变，而人类认识生命、改造生命的能力也由此不断提升。

回溯近代以来物理学、化学、信息科学的发展历程可以发现，随着科学家自觉地运用逻辑思维深入解析学科发展的规律，"建物致用"受到越来越多的重视。利用牛顿运动定律等物理学知识，人类得以更好地设计动力机车；利用元素周期表等化学知识，人类得以更好地开发出新材料和新化学品；利用信息论等理论基础，人类开发了更为便捷的通信工具。与这些领域相似，生命科学在其研究发展中也越来越强调研究成果的转化和应用。不过，鉴于生命系统的复杂性，合成生物学的发展给生命科学带来的首先是"建物致知"。例如，在合成生物学发展之前，人类认识的碱基只有腺嘌呤（A）、鸟嘌呤（G）、胞嘧啶（C）、胸腺嘧啶（T）和尿嘧啶（U）。近年来，科学家开发了多种非天然的碱基，并且发现非天然碱基在细胞中同样能够发挥作用。除非天然碱基外，非天然氨基酸、生物分子的研究也在拓展人类对生命现象和生命活动规律的认知。

合成生物学带来的"建物致知"的作用并非仅仅体现在非天然成分的引入方面。即便是对于天然存在的生物分子或生物系统，因为工程化的引入，合成生物学也在驱动着认知的深入：基因表达和调控是复杂的系统过程，相互作用的生物分子网络在活细胞中具有许多基本功能，要阐明这些功能并非易事。工程学理念的融入使得生命科学研究有了更好的研究模型，从而对生命这样的复杂系统有了更深刻的理解。此时，合成生物学与系统生物学的发展就呈现相辅相成的关系（图1-6）。

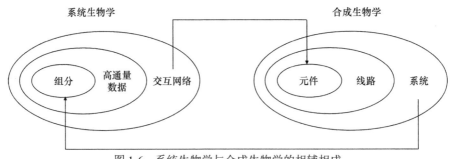

图1-6　系统生物学与合成生物学的相辅相成

该图参考学者发表的论文[1]

1 Barrett C L, Kim T Y, Kim H U, et al. Systems biology as a foundation for genome-scale synthetic biology. Current Opinion in Biotechnology, 2006, 17(5): 488-492.

科学家认识到，工程学的标准化、模块化、抽象化等理念可以为生物科学和生物技术的研发活动所借鉴，这有助于研发效率的提升、研发能力的拓展、研发体系的升级。引入工程学的理念后，生物技术研发中的"构建"效率不断提升，而研发循环也由 20 世纪下半叶的以"构建-测试"为主扩展至 21 世纪初的"设计-构建-测试"（design-build-test，DBT）循环。近年来，随着人工智能的发展，这一循环又进一步扩展至"设计-构建-测试-学习"（design-build-test-learn，DBTL）循环。除合成生物学外，"设计-构建-测试-学习"的循环在其他的工程领域中同样适用。不过，与其他工程领域不同的是，合成生物学所涉及的对象是复杂的生命系统，无论是设计、构建、测试和学习的任何环节需要工程学理念与工程化过程，其目标都是"建物致知"再到"建物致用"。

三、从"生物技术"到"'生物+数字'融合"

2016 年，谷歌旗下的人工智能公司 DeepMind 开发的机器人"阿尔法围棋"（AlphaGo），在与世界围棋冠军李世石的对弈中获胜，引爆了人工智能的新一轮发展热潮。4 年后的 2020 年，该公司开发的"阿尔法折叠"（AlphaFold）在名为"蛋白质结构预测关键评估"（CASP）的蛋白质结构预测双年赛上，利用氨基酸序列精准预测了蛋白质折叠结构，被认为破解了"蛋白质结构预测 50 年难题"。2021 年 7 月，DeepMind 宣布，已经利用 AlphaFold2 预测了 98.5%的人类蛋白质结构，以及其他 20 种生物的几乎完整的蛋白质组[1]。2022 年 7 月 28 日，DeepMind 又在其官网上公布了一项突破性成果，该公司和欧洲生物信息学研究所（EMBL-EBI）合作，通过 AlphaFold 成功预测了超过 100 万种生物的 2.14 亿个蛋白质的三维空间结构，涵盖了地球上几乎所有已知的蛋白质[2]。

作为生命活动的主要功能分子，蛋白质结构预测与功能设计的突破，为解析代谢、免疫、神经活动提供了"钥匙"。蛋白质折叠结构预测、人工合成蛋白等方面的协同运用，在不断提升生命科学研究效率的同时，也拓展了生物技术的应用边界。从基因序列的深度分析，到蛋白质结构的预测，到数字细胞的构建，再到仿生系统的模拟，这一切都印证着生物技术与数字技术（digital technology）在各层级、各尺度的相互渗透在不断加深。跨学科交叉融合的深入，也促使来自更多专业和领域的研究人员开展融合研究（图 1-7）。

1 Tunyasuvunakool K, Adler J, Wu Z, et al. Highly accurate protein structure prediction for the human proteome. Nature, 2021, 596: 590-596.

2 Hassabis D. Alphafold reveals the structure of the protein universe. 2022. https://www.deepmind.com/blog/alphafold-reveals-the-structure-of-the-protein-universe [2022-7-28].

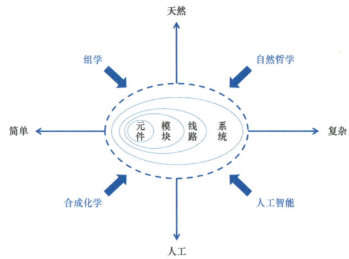

图 1-7 合成生物学的发展是多学科交叉融合的结果

尽管科学家已经发展了生物信息学的研究方法和工具，但是这种基于生物数据分析的"干"研究，需要与基于生物样本实验的"湿"研究有机结合，才能实现"两条腿走路"——走得快、走得稳、走得准。怎样才能实现有机的结合？如若能够通过合成生物学驱动"湿"研究的高通量、自动化、平台化发展，同时与"干"研究的大数据、智能化、系统化相结合，这或许是未来的发展方向：在大数据时代，即使是在单个实验室的研究中，也可能调用海量信息；在"云端实验室"发展的背景下，海量样本和数据的调用与分析已经越来越有可能实现。

在过去的几十年，工程学在机械和电子领域的应用已经非常成功。人们利用标准化的元件和模块，构建出前所未有的各种智能器械和系统，单个芯片上集成的电路已经数以亿计。生物学研究可否借鉴这些做法，把生物学的元件也进行标准化，然后在这基础上将各种生物学组件连接起来？答案是肯定的。近年来，科学家构建了各种生物学组件，称之为生物线路（biological circuit），并以此为基础开展工程化的生命科学研究，将"遗传线路图"（genetic circuit diagram）转换成可分析的方程式，并利用数学和计算机科学等工具分析模型，以便提取所需的"设计标准"，进而使用现代重组 DNA 技术在活细胞中构建基因调控网络[1]。

数学和计算机科学的引入、生物技术与数字技术的融合可能带来什么样的影响和变化？在数字技术的发展过程中，为满足对目标系统的检查和改造的需求，以开发出质量更高、维护性更好的软件为目标的"软件再工程"（software reengineering）应运而生。软件再工程的目标是对已有软件系统进行检测、分析、

---

1 Cookson N A, Tsimring L S, Hasty J. The pedestrian watchmaker: genetic clocks from engineered oscillators. FEBS Lett, 2009, 583(24): 3931-3937.

迭代,即以新形式加以重构,其过程涉及逆向工程、正向工程、文档重构、结构重建、相关转换等,在一定程度上体现出了"自上而下"的策略。随着合成生物学与数字技术的交叉融合,出现了计算机辅助生物学(computer aided biology,CAB)、生物设计自动化(bio-design automation,BDA)等概念。如若能够将合成生物学"自下而上"的路径与生物设计自动化等"自上而下"的策略相结合,对生命科学领域知易行难的"'干''湿'结合",或许是重要的突破路径。

未来,生命科学的研究,一方面可遵循合成生物学"自下而上"的路径,利用人工合成的生物元件或功能部件,按照一定的规范,组合成模块鲜明、系统性强、具有生物活性的整体;另一方面,利用系统生物学的原理,按照"自上而下"的路径,以"再工程"(reengineering)的思路进行设计。在软件再工程中,其使用的对象往往是某些已经应用的系统,通常被称为"遗留系统",而"再工程"的目标就是对缺乏良好设计结构和编码风格的遗留系统加以改进。对于细胞等生物系统的"再工程",既可以是已有的天然系统,也可以是人工设计的"遗留系统"。无论是天然系统还是遗留系统,其设计目标都是改进其结构和调控过程,从而更好地体现出"去掉不想要的,保留必须要的,定好不确定的"的目标(图1-8)。

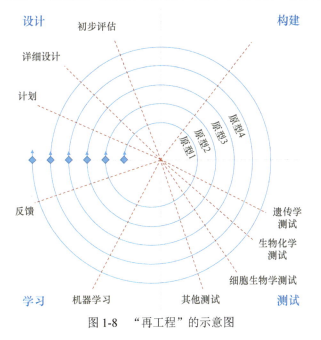

图1-8 "再工程"的示意图

正是因为"自下而上"与"自上而下"的结合,合成生物学的"再工程"设计的出发点很可能是已经测试、研究过的生物系统。同时,受益于人工智能技术的快速发展,工程学中常用的"设计-构建-测试"循环发展为"设计-构建-测试-学习"循环,展现了工程原型、工程目标的"螺旋式上升"与不断迭代。

四、从"读"到"读-写-编-算"

1953 年，DNA 双螺旋结构的发现极大地推动了现代生命科学的发展。同一年，由芝加哥大学的史坦利·米勒与加利福尼亚大学圣迭戈分校的哈罗德·尤里开展的模拟假设性的早期地球环境的米勒-尤里实验，证实了氨基酸、核酸等物质或可在地球早期的大气层环境中形成。生物学早期的研究更多的是遵循还原论的思维，把生物体分解成各个研究对象，并因此形成核酸、蛋白质、脂类等特定细分对象的研究体系。20 世纪 60 年代，科学家提出并验证了遗传信息在细胞内的生物大分子间转移的基本法则——"中心法则"。1972 年，斯坦福大学的斯坦利·科恩（Stanley Cohen）和加利福尼亚大学旧金山分校的赫伯特·博耶（Herbert Boyer），首次成功地将一段质粒 DNA 人工引入到大肠杆菌的基因组中，开启了基因工程的序幕[1]。随后，他们又将两种不同抗性的环形质粒 DNA 提取出来，使用限制性核酸内切酶分别切断，再将其形成环状，将"杂交"产生的质粒重新引入细菌后可以使细菌兼具两种抗性。此外，两位科学家又成功地将青蛙的 DNA 插入到细菌中，验证了细菌在进行自我复制的同时也会复制青蛙的这段序列，从而全面开启了重组 DNA（recombinant DNA，rDNA）技术的使用热潮，也使人们逐渐认识到要系统性地理解生命的遗传奥秘，首先需要系统地掌握 DNA 的序列信息。虽然当时的 DNA 测序技术已经有了初步的发展，但还没有达到可以大规模测序的水平。人类基因组计划实施之后，科学家进一步认识到，要对 DNA 的序列进行大规模系统化研究，就必须开发更高效和更具价格优势的技术，DNA 测序仪在此背景下应运而生。DNA 测序仪的发展是工程化手段在生命科学领域应用的一次系统性的尝试，直接推动了人类基因组计划的完成，也驱动了基因组学和系统生物学的发展。40 年来，从一代测序到三代测序，基因组测序技术在速度和精准度方面得到了显著的提升，同时大幅降低了测序成本和操作难度。例如，2003 年绘制人类基因组图谱约花费 30 亿美元，而 2019 年的花费不到 1000 美元，不久的将来，成本可能会降到 100 美元以下。DNA 测序成本的降低速度，经常被拿来与集成电路芯片上的晶体管数量的增加速度相比，并被称为"类摩尔定律"，也就是说，DNA 测试的成本可以可预期的速度下降。

从某种程度上看，DNA 测序可以看作是"读"（reading）。既然有"读"就有"写"（writing）。随着人类基因组计划的初步完成和 DNA 测序技术的发展，科学家意识到在认识生命的基础上，也可以在改造生命的过程中更多地引入工程学的手段。在绘制人类基因组图谱的过程中，研究人员更加认识到生命系统的复杂性，这也是生命科学研究要面对的重大挑战。尽管科学家已经实现了细胞内源的固有

---

1 Russo E. Special report: the birth of biotechnology. Nature, 2003, 421: 456-457.

功能的"重现",但对整个生命系统的研究仍然知之有限。生命系统的各种成分相互联系、高度关联,如果只是采用还原论的思维去逐一解读,必然困难重重。合成生物学的出现提供了新的视角与思路,"建物致知"可成为"格物致知"最好的验证与反馈。传统的基因改造涉及的主要是现有物种间的基因转移,而合成生物学则致力于从头构建基因组,进而组装新的生命系统。由此,人类对生命本质特征和生命活动规律的认知将更加深入。以人工细胞"辛西娅"的人工合成为里程碑,一批研究者开始了大规模"写"的探索与实践(图1-9)。

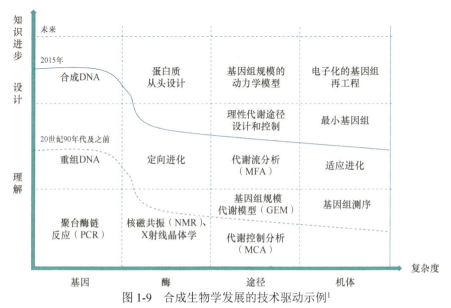

图1-9 合成生物学发展的技术驱动示例[1]

在人类基因组计划如火如荼地开展过程中,生命科学的研究也迎来了各种信号通路大发现的时代。人类对代谢通路、信号通路的调控或修饰十分感兴趣,此时关于"编"(editing)的技术也得到了快速发展。如今,基因编辑技术已经从最初依赖细胞自然发生的同源重组,发展到几乎可以在任意位点进行靶向切割,其操作的简易和高效极大地推动了物种遗传改造的发展。通过对生命的"读""写""编",生命科学的研究进入了海量数据的时代,而合成生物学的研究和开发也涉及大量的信息处理与数据计算。此时,在原有的生物信息学分析的基础上,引入大数据、人工智能等技术,为合成生物学的进一步发展带来了机遇,因而"读-写-编"又逐步延伸至"读-写-编-算"。

1 Jullesson D, David F, Pfleger B, et al. Impact of synthetic biology and metabolic engineering on industrial production of fine chemicals. Biotechnology Advances, 2015, 33(7): 1395-1402.

五、从"创新"向"'创新+治理'双螺旋"的转变

就像人类不仅需要探究如何造车，还需要思考如何修路一样，合成生物学的发展，一方面要在源头上打开生命科学和生物技术的工程化、系统化、数字化融合发展的"大门"，另一方面还要在应用上运用生物技术与其他技术交叉解决复杂难题的"钥匙"，从而实现对生物技术的新的赋能。目前，合成生物学为解决人口和健康、资源与环境等方面的复杂难题提供了新的解决路径。2020 年 5 月，麦肯锡咨询公司发布的《生物革命：创新改变经济、社会和我们的生活》（*The Bio Revolution: Innovations Transforming Economies, Societies, and Our Lives*）报告[1]，运用 400 多个案例，分析了生物技术革命可能会影响健康、农业、食品、化学品、材料、能源、消费品、服务等领域，这些案例中大约有 2/3 涉及生物体的工程化理性设计。根据该报告的预测，这些应用或在 10 年后对经济产生每年上万亿美元的直接影响。

随着"大门"的开启和"钥匙"的启用，如何更加科学、高效地对工程化的生物技术加以管理，也是人类社会发展面临的前所未有的难题，既需要借鉴物质、能源、信息等领域的管理方法，同时又需要突破这些已有的知识和经验，构建更具针对性、及时性、系统性和可操作性的治理体系。

正如汽车发明后人类发展和完善了交通规则，合成生物学的治理也需要有相应的标准和规则；正如电气发明后人类建立了电力网络安全综合治理框架、健全了电气产品安全管理体系，合成生物学的治理也需要有相应的框架和体系；正如计算机发明后人类逐步完善了信息安全治理制度和安全监管平台，合成生物学的治理也需要有相应的制度和平台。对合成生物学而言，在构建这些标准、规则、框架、体系、制度、平台的同时，需要充分考虑生物体的自适应、自调节、自学习等特点。目前，已有大量的研究通过理学、工学、农学、医学、哲学、经济学、法学、教育学、管理学的融合来探索更适合合成生物学的发展路径。在人与自然生命共同体构建的历史进程中，这种融合或将为科技创新、产业发展和社会治理提供新的方法论与策略指南。

生命活动的复杂性、生物系统的多样性、生物安全的重要性，意味着与合成生物学发展相适应的治理体系必然需要多方协同才能实现。尽管人类并无这方面的直接经验可以借鉴，但正如从单细胞向多细胞进化那样，很多创新或许可以借鉴生命的智慧，探索出一条可行之路。

---

1 McKinsey Global Institute. The Bio Revolution: Innovations Transforming Economies, Societies, and Our Lives. 2020. https://www.mckinsey.com/~/media/mckinsey/industries/life%20sciences/our%20insights/the%20bio%20 revolution%20innovations%20transforming%20economies%20societies%20and%20our%20lives/may_2020_mgi_bio_revolution_report.pdf [2020-3-5].

第二章　合成生物学的规划与政策演变

"想象力比知识更重要，因为知识是有限的，而想象力概括着世界上的一切，推动着社会进步，并且是知识进化的源泉。"

——爱因斯坦

合成生物学的兴起与发展，始于工程化的理念和方法的引入，兴于与系统哲学、系统生物学的融合，成于生命科学、生物技术与其他多学科的会聚。自 20世纪下半叶以来，尽管基因工程有了一定程度的发展，但是标准化的元件管理、模块化的生物线路、定制化的底盘细胞等概念，并未在生命科学和生物技术领域充分体现。自 21 世纪以来，随着标准化、模块化、定制化概念的引入，工具开发、平台构建、理性设计、开源共享等理念自然而然地融入研发团队的工作中，从而引发了一系列的变革。一方面，工具开发、平台构建等工程化方法必然涉及物理、化学、材料、机械、电子、信息等多学科的交叉，因而合成生物学必然遵循"会聚研究"范式。另一方面，这些理念的引入极大地拓展了生物技术的应用范畴，扩大了生物技术的运用规模和范围，为健康、工业、农业、环境、信息等领域带来了全新的解决方案。在这些科技变革发生的同时，由于合成生物学的工程化对象是生物体，其影响的广度和深度比传统的基因工程等领域要更大、更深，因此在合成生物学早期就需要前瞻性地预见其发展及社会影响和环境影响等各种因素。

"举一纲，众目张；弛一机，万事隳。"纵观合成生物学的发展历程，"会聚"始终是其创新发展的重要力量，也始终是推动合成生物学相关的创新治理机制进步的重要力量。适度前瞻、适时制定合成生物学相关的政策规划，是发达国家（地区）把握合成生物学发展带来的战略机遇的重要经验。以往的发展历程也表明，适时合理地布局，是我国应对生物技术与其他技术的交叉融合趋势、把握合成生物学创新发展带来的机遇、提高我国合成生物学核心竞争力的必然选择。因而，加强合成生物学相关的基础研究，注重合成生物学技术的原始创新，优化合成生物学相关的研发布局，引导各方力量推动合成生物学创新创业相关的优化配置和资源共享，同步提升合成生物学相关的创新链和产业链的整体效能，意义重大。坚持科技创新和制度创新"两个轮子一起转"，完善合成生物学相关的科技创新机制和科技治理体系，推动研发资源、研发项目、研发基地、研发人才的优化配置，就需要系统梳理国内外合成生物学相关的政策与规划的发展历程，汲取合成生物学项目组织管理、科技开放合作、创新资金投入等方面的经验乃至教训，具体分析从政府引导向创新决策、研发投入、科学组织、成果转化的统筹与衔接过程，从而以系统性的视角推进产学研深度融合。

"凡事豫则立，不豫则废。言前定则不跲，事前定则不困，行前定则不疚，道前定则不穷。"合成生物学的发展是系统哲学、生命科学、生物技术、工程学理念和方法等交叉融合的结果，在从未知到已知、从不确定性到确定性的研究探索历程中拓展着自然系统的认知边界，开辟着人工系统的认知疆域。适度前瞻地透视其未来发展方向是合成生物学规划布局的必然要求，也是稳步发展、久久为功的必然基础。

虽然前瞻地开展一个新兴领域的规划并非易事，但其重要性显而易见。例如，如若不能有效地推动相关元器件和数据共享，必然会在很大程度上影响合成生物学的研发和应用效率；如若不能有效地规范特定元器件和数据共享范围，可能带来误用、谬用和滥用的风险。因而，如何界定合成生物学的元器件及数据的共享范围？伦理、法律和政策又应该如何制定？如何科学地评价合成生物学相关研究的风险等级？合成生物学相关产品的准入标准是什么？合成生物学有关的知识产权如何管理？解决这一系列的管理难题的基础是对合成生物学的研究发展有较为准确的预见。由此可以看到，过去十多年，英国、美国等合成生物学发展较快的国家都极为重视合成生物学发展的战略规划，以路线图等方式描绘未来的发展方向和应用场景，成为这些国家（地区）布局合成生物学的基本经验（表2-1）。

表 2-1　世界各国（地区）合成生物学领域的规划与布局（例举）

国家/地区	规划与布局
中国	·973 计划、863 计划资助合成生物学项目 ·中国科学院成立合成生物学重点实验室 ·参与人工合成酵母基因组计划 ·启动国家重点研发计划"合成生物学"重点专项
美国	·成立合成生物学工程研究中心 ·能源部设立"电燃料"专项 ·国防部高级研究计划局启动"生命铸造厂"项目 ·建立合成生物制造创新研究所 ·发布工程生物学研究路线图
英国	·2012 年发布英国合成生物学路线图 ·建立合成生物学研究中心和产业转化中心 ·2016 年发布英国合成生物学战略计划 ·2019 年发布工程生物学优先发展事项 ·2023 年发布国家工程生物学愿景
欧盟	·第六、第七框架计划资助共 27 个项目 ·资助欧洲合成生物学研究区域网络 ·发布欧洲合成生物学路线图 ·工业生物技术创新与合成生物学加速器

续表

国家/地区	规划与布局
德国	成立合成微生物学中心
荷兰	·荷兰科学研究组织资助建立生物质可持续化学品催化（CatchBio）中心 ·荷兰代尔夫特理工大学、德国哥廷根大学、荷兰埃因霍芬理工大学共获得 6000 万欧元用于组建合成生物学研究中心
瑞士	8 所高校和 3 个研究所组建系统生物学研究联合会，资助 6670 万欧元
日本	文部科学省资助生物合成机器项目
韩国	2022 年发布国家合成生物学倡议
新加坡	新加坡国立大学成立合成生物学研究协会，投资 2500 万新元设立合成生物学项目
澳大利亚	2021 年发布国家合成生物学路线图

本章以过去十年来国际上较为典型的合成生物学相关路线图为起点，从路线图的顶层"设计"、研究网络的"构建"、研究项目的探索"试验"、交流研讨的"学习"等的经验启示出发，对国内外合成生物学领域的政策规则进行梳理和解读，以期为未来的规划与布局提供参考和借鉴。

第一节　路线图的顶层"设计"

"先谋后事者逸，先事后谋者失。"纵观近 20 年合成生物学的发展历程，可以看出政策和规划起了极大的推动作用，而科学合理的政策和规划始于对未来的准确预见。因而，以技术预见为起点，以情景分析为支点，以战略研究为立足点，编制发展路线图就成为一个国家（地区）发展合成生物学的重要基础。2009 年，欧洲分子生物学组织在《欧洲分子生物学组织报告》（*EMBO Reports*）上发表了"充分利用合成生物学：欧洲合成生物学发展战略"，就接下来若干年的合成生物学路线图进行了介绍[1]。2012 年 7 月，英国技术战略委员会（United Kingdom Technology Strategy Board）发布了首个《英国合成生物学路线图》（*A Synthetic Biology Roadmap for the UK*）[2]，明确了英国合成生物学领域的短期（2012～2015 年）、中期（2015～2020 年）和长期（2020～2030 年）的发展愿景与重点方向。在合成生物学早期发展较快的美国，研究机构与企业联合，通过发布各类合成生物学路线图，提出颠覆性的创新思路和目标，进一步引导合成生物学领域的跨界合作[3]。美国半导体行业协会与半导体研究联盟早在 2013 年就将目光投向了合成

1 Gaisser S, Reiss T, Lunkes A, et al. Making the most of synthetic biology. Strategies for synthetic biology development in Europe. EMBO Reports, 2009, 10: 5-8.

2 UK Synthetic Biology Roadmap Coordination Group. A Synthetic Biology Roadmap for the UK. 2012. https://admin.ktn-uk.co.uk/app/uploads/2017/10/Synthetic-Biology-Roadmap-Report.pdf [2022-8-9].

3 马悦, 汪哲, 薛淮, 等. 中英美三国合成生物学科技规划和产业发展比较分析. 生命科学, 2021, 33(12): 1560-1566.

生物学，经过多年的研讨和策划，于 2018 年发布了《半导体合成生物学路线图》。在充分认识到生物学和工程学的交叉融合发展潜力之后，2019 年，美国工程生物学研究联盟（Engineering Biology Research Consortium，EBRC）发布《工程生物学研究路线图》。这些路线图对合成生物学的技术发展及应用场景进行了展望，有助于研究者、开发者、投资者、政策制定者以及其他相关方积极参与交流，从而促进对该领域的科学布局。透过发达国家的这些路线图演变历程，我们依稀可见合成生物学的工程范式近 10 年的演进历程（图 2-1）。

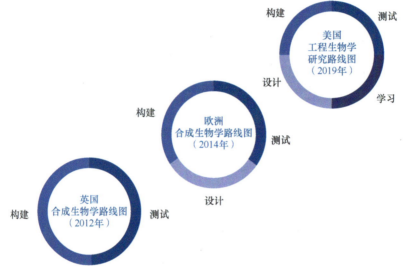

图 2-1　从路线图看合成生物学工程范式的演进历程

一、英国的合成生物学路线图

英国是合成生物学领域的早期战略研究和布局的先行者之一。21 世纪以来，英国较早地进行了合成生物学相关的政策布局，以把握其发展带来的机遇，促进生物经济的新一轮发展。

英国在一系列战略研究和布局的过程中，采用研究报告或路线图的方式，适时对全球和英国的合成生物学发展态势加以研判，并进行科技布局和项目支持，这成为重要的经验（图 2-2）。2009 年，英国皇家工程院发布了《合成生物学：范围、应用和启示》（*Synthetic Biology: Scope, Applications and Implications*）报告[1]，对当时全球范围内合成生物学的发展基础和现状进行了阐明，并展望了短期（5 年内）、

1　The Royal Academy of Engineering. Synthetic Biology: Scope, Applications and Implications. 2009. https://www.raeng.org.uk/publications/reports/synthetic-biologyreport [2011-6-3].

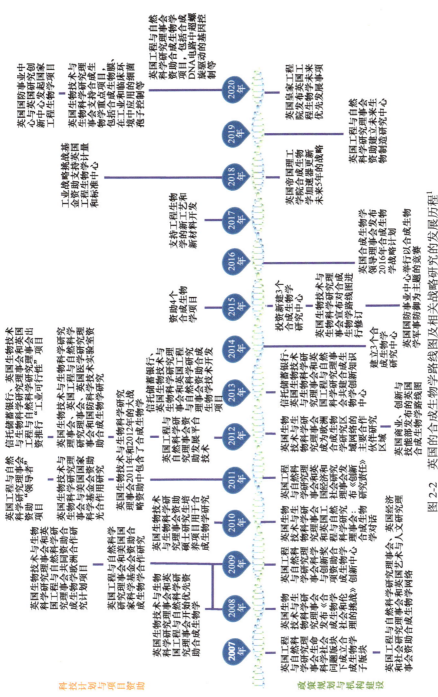

图 2-2　英国的合成生物学路线图及相关战略研究的发展历程[1]

1 国家发展和改革委员会创新和高技术发展司, 国家发展和改革委员会创新驱动发展中心, 中国生物工程学会. 中国生物经济发展报告 2023. 北京: 科学出版社, 2023: 559.

中期（10 年内）、长期（25 年内）合成生物学技术发展及应用对社会经济的影响。该报告认为，英国很适合成为世界合成生物学的领导者。同时，该报告明确了以国家力量来推动合成生物学研究和应用的必要性，并指出产业界的参与对合成生物学的发展必不可少。在这个战略研究的框架下，鉴于合成生物学的学科交叉融合特点，英国提出从战略层面系统地研究与合成生物学发展相应的法律、法规、框架和标准体系。在这份报告中，英国提出了建立合成生物学中心的计划，并指出这些合成生物学中心必须和产业界合作建设。此外，该报告还对相关的伦理、社会治理等问题进行了深入探讨，指出哲学家和社会科学家的参与研究对合成生物学的可持续发展非常重要。尽管该报告没有以技术路线图为题，但是已经具备了合成生物学技术发展路线图的基本要素，同时就技术发展相关政策问题进行了探讨，从战略研究角度对基础设施布局以及伦理、科学普及等方面提出了建设性意见。

在该报告发布后，合成生物学成为英国政府的"八大技术"之一。英国政府、产业界和学术界也都认可需要将国家现有研究优势充分发挥出来，把握住该领域的发展机遇，引领合成生物学研究和产业发展。基于这些考虑，英国将合成生物学作为未来重点发展新兴技术予以高度重视，并成立了合成生物学路线图协调小组，开展路线图研究并制定发展路线图。2012 年，英国发布了《英国合成生物学路线图》，并成立了合成生物学领导理事会（SBLC）。路线图重点围绕 5 个主题进行分析，包括基础科学和工程、持续负责任的研究和创新、开发具有商业应用途的技术、应用和市场以及提高国际合作，并提出了 5 条关键建议（信息框 2-1）[1]。在路线图的指引下，英国政府对合成生物学创新进行了投资，公共部门的投资总额约为 3 亿英镑，其中包括用于合成生物学增长项目的 1.02 亿英镑，这项投资的成果是建立了 6 个多学科的合成生物学研究中心（布里斯托大学、诺丁汉大学、剑桥大学、爱丁堡大学、曼彻斯特大学、华威大学）、1 个创新中心及其产业转化中心，以及围绕这些合成生物学中心不断衍生和壮大的初创公司与种子基金。

信息框 2-1　《英国合成生物学路线图》（2012 年）

5 个核心主题如下。

主题 1　基础科学和工程：英国需要有足够的能力保持该领域的领先优势

英国合成生物学的研究资金主要来自生物技术与生物科学研究理事会（BBSRC）及工程与物理科学研究理事会（EPSRC）。资金主要支持社区网络活动，建立研究伙伴关系、研究中心，开发技术和应用等，以及对高风险/高奖励研究的投入。同时，英国成立合成生物学联盟，包括帝国理工学院、剑桥大学、爱丁堡大学、纽卡斯尔大学和伦敦国王学院，在支持

---

1 UK Synthetic Biology Roadmap Coordination Group. A Synthetic Biology Roadmap for the UK. 2012. https://admin.ktn-uk.co.uk/app/uploads/2017/10/Synthetic-Biology-Roadmap-Report.pdf [2022-8-9].

国际合作的基础上,进一步为英国境内的合成生物学研究建立重要的基础设施。

主题2　负责任的研究和创新:包括认识、培训和监管框架等

对合成生物学持续负责任的研究和创新的要求:要承认不可避免的不确定性,并采取措施,确保在发生问题时能够安全、快速和有效应对,维护和发展与合成生物学有关的环境、健康及安全风险的监管和执行制度。从国际角度看,"参与"意味着真正赋予各种社会群体权利,特别是这些技术的最终用户和潜在的受益者,使他们能够参与整个技术的发展历程。

主题3　开发具有商业用途的技术

在借鉴英国技术战略委员会新兴技术和产业战略的总体框架、其他路线图与文献以及部门专业知识和两个路线图讲习班的成果基础上,总结了英国加速这一技术发展的机会,发现关键因素之一是通过迭代将一些潜在市场的商业需求与该技术正在实现或可能实现的性能相匹配。

主题4　应用和市场:确定市场增长与加速发展的应用

合成生物学令人兴奋的一点是,它可能会被广泛地应用于各领域。作为一种平台技术,合成生物学有潜力在广泛的市场中创造价值。英国也将从中受益,并且其中许多益处可以通过可再生能源和低碳生物材料实现。

主题5　提高国际合作

实现合成生物学的愿景是使英国在应对全球挑战方面发挥主导作用,包括帮助制定标准和适当的操作框架。通过这种方式,英国可以充分发挥现有优势,在合成生物学领域占据国际领先地位。

5项关键建议如下。

建议1　建设多学科中心网络,构建卓越的英国合成生物学资源体系

1.1　应在英国部署足够的资源,确保研究能力和设施建设,包括测序、合成和新一代机器人。

1.2　协调多学科中心网络,提供"一站式"获取关键资源和专业知识的途径,加强学术界和工业界的发展合作,包括适当地利用其他相关机构(如欧洲生物信息学研究所)的资源和能力。

1.3　核心网络中心还应为会议和其他重要的利益方的互动提供一个高效的环境和场所。

1.4　应该立即启动制定一个基础设施建设的方案,如建立符合路线图总体需求目标的多学科中心网络,建立一个合成生物学创新和知识中心(IKC),编制现有资源清单以确定基本的资源需求,基于库存和路线图目标,确定适当的配置(和最佳数量),在2012年秋季向拟议的领导理事会提交整体概念和时间规划报告。

建议2　建立专业的、充满活力的、资金充沛的全英国的合成生物学团体

2.1　建立一个合成生物学特殊利益小组(SIG),通过促进协调、举办展示活动和提高对资助机制的认识,促进整个社区的互动。

2.2　嵌入负责任的创新。公共部门对合成生物学的投资应考虑到社会、伦理和监管问题,并通过培训方案提高对负责任的创新的认识,包括利益相关者的持续参与和其与更广泛的社会团体的对话。

2.3　生物学界需要具有核心学科深度和跨学科合作能力的研究人员,以及高水平、广泛的合成生物学跨学科专业知识。培训还应整合更广泛的社会和商业背景。博士培训应作为多学科中心网络的一个重要组成部分。其他培训机制还包括：通过专业实习获得跨学科指导和行业工作经验。学生应接受社会和伦理方面的教育，并提供暑期技术和管理培训与短期课程的机会，以满足行业和学术研究人员的各种需求。课程可以包括核心原则导论、平台技术培训和业务发展等方向。

建议 3 加速技术市场化

3.1 帮助企业评估合成生物学在市场中的潜力，将杰出的科学研究与现实世界的商业机会联系起来，如通过优化专业知识和设施的获取渠道，制定激发市场需求的战略目标。

3.2 技术战略委员会应与研究委员会和其他投资者建立合作伙伴关系,进行小规模可行性研究，以测试技术是否具有广泛的应用领域；进行大规模研发项目，以证明技术的实际应用价值。

3.3 利用有针对性的知识转移伙伴关系（KTP）计划，帮助公司将合成生物学技术的最佳实践融入其运营体系。

3.4 确保提供公正的资源，支持该领域的创新者评估其技术的伦理、社会、监管和商业互动等，从而实现技术最大效益。

3.5 促进负责任的创新：增加合成生物学研究界和风险监管机构之间的互动，确保立法框架包括新实体将负责任的研究和创新的原则纳入本路线图中建议的资助机制与相关活动中。

建议 4 承担国际领导地位

4.1 英国政府应在国际上对合成生物学的发展发挥积极的引领作用,如利用欧盟生物经济倡议和"地平线 2020"计划等国际合作平台。

4.2 英国应该与其他国家合作，开发知识产权框架，在促进基础层面信息共享与保护专有技术开发之间建立平衡。

4.3 英国应与其他国家合作，建立稳健、适当且符合国际化标准的规则与治理模式。

4.4 英国应建立有效机制促进其成为该领域的国际会议中心，并帮助协调成生物学高级培训活动。

建议 5 建立领导理事会

5.1 领导理事会应作为英国合成生物学发展的核心机构，汇集主要利益相关者，包括企业家、领先研究人员、监管机构、社会科学家、研究委员会、技术战略委员会、学术协会、非政府组织，以及其他利益相关机构和政府部门。

5.2 理事会应该提供一个开放和透明的范例，以双向利益相关者参与作为核心原则。

5.3 理事会每年召开三次会议，至少举行一次公开会议。该理事会的活动应通过社交媒体开展持续活动以得到公众的支持。

5.4 理事会应协调该领域各个机构的不同职责，并通过路线图推动成员之间的合作，在适当的情况下引导其他机构共同推进相关工作。

5.5 理事会的工作应得到由该理事会任命的小组的支持，这些小组将专注于特定任务，如参与、监管或开展国际合作，为确保广泛代表性，这些小组应纳入更广泛的利益相关者。

此后，英国持续开展合成生物学的战略研究，这也是英国在发展合成生物学过程中的有益经验。2015 年，英国 SBLC 在 2012 年路线图的基础上，广泛咨询了产业界和学术界的意见，并于 2016 年发布《生物经济的生物设计——英国合成生物学战略计划 2016》（*Biodesign for the Bioeconomy: UK Synthetic Biology Strategic Plan 2016*）[1]。该战略计划重点聚焦 5 个关键领域的发展，包括加快工业化和商业化、最大限度地提高创新的能力、建立专业员工队伍、开发支持性商业环境，以及建立有价值的国内和国际伙伴关系。该战略计划指出，路线图的制定保障了对合成生物学领域持续的资金和政策支持。此外，负责管理这一领域的 SBLC 也呈持续壮大趋势。这份以战略计划为题的报告，还提出了 5 条建议和 31 项行动计划（信息框 2-2）。根据该战略计划的展望，2030 年英国的合成生物学将达到百亿英镑市场规模，并在全球范围内开拓更广阔的市场。

信息框 2-2　《生物经济的生物设计——英国合成生物学战略计划 2016》建议

建议 1　加快工业化和商业化进程

通过对生物设计技术的投入和转化，推动生物经济的增长。具体行动如下。

1.1　通过知识转移网络（KTN）与创新和知识中心（IKC）的合作，加强产业界的紧密联系，结合前沿技术与商业需求、市场机遇，促成新合作，提升市场价值。

1.2　对合成生物学的商业化新需求进行评估，鼓励更灵活的规划和投入，促进新兴产业的协同发展。

1.3　关注前期准备项目的投入，增强投资者的认知和能力，在英国建立基于风险投资的竞争机制。

1.4　利用现有的框架，为企业开发潜在的合成生物学产品/工艺提供竞争力强、分阶段的资金支持，及时响应私营部门商业化进程中的资金需求。

1.5　明确需要扩大的资源投入，用于培训学术界和产业界的研究人员，同时利用现代机器人、数据分析和实验设计以及跨部门生物机器人研发的资金支持。

1.6　建立资本投资或贷款担保计划，支持公共机构和私营机构投资生物机器人技术及自动化实验室。

1.7　明确合成生物学产业在英国的核心地位，建立并遵守相关技术标准（如数据格式、流程自动化程序和工具、元件等），促进英国标准机构和计量机构的联系，以及与其他国际标准机构的交流合作。

建议 2　实现创新能力的最大化

加强平台技术开发，提高生产效率，迎接未来更大的机遇。具体行动如下。

2.1　利用国内外合作推动工程化进程以及天然生物或软件开发等相关平台技术的发展，促进合成生物学的持续进步和研究成果的产业转化。

---

1 Synthetic Biology Leadership Council. Biodesign for the Bioeconomy: UK Synthetic Biology Strategic Plan 2016. 2016. https://admin.ktn-uk.co.uk/app/uploads/2017/10/UKSyntheticBiologyStrategicPlan16.pdf [2020-9-10].

2.2 将软件开发作为发展新技术、新方法的关键，确保合成生物学工作流程的各部分能够通过信息基础设施进行有效沟通。

2.3 将先进的底盘特性作为系统设计的重要组成部分，如利用合成生物学工具箱的最新技术为特定工业应用开发新菌株。

2.4 利用智能设计、生物信息和控制系统的研究，开发控制细胞内部功能的新机制。

建议 3　建立专家团队

通过教育和培训，掌握生物设计所需的技能。具体行动如下。

3.1 英国研究理事会应进一步与高校和其他机构合作，资助更多多学科融合的学生培养项目。

3.2 英国合成生物学领导理事会-社会-教育家联合工作小组应尽快构建合成生物学教育框架和资源，在教育系统中强化合成生物学的教学。

3.3 建立合成生物学教育基金，通过更广泛交流，促进已成功的科技和商业项目的进一步发展[如国际遗传工程机器大赛（iGEM）、商业模式课程、生物技术青年企业家培养计划、负责任创新培训]。

3.4 相关科学团体、学术机构和卓越中心应成立工作组，使其成为合成生物学学生和博士后的培养机构。

3.5 相关科学团体、学术机构和卓越中心应开发专业化的发展项目，鼓励跨学科的行业发展和产学研互动，最大可能地促进知识交流。

3.6 有关行业协会应支持见习制，建立合成生物学见习学位，鼓励和支持合成生物学的职业技术培训。

建议 4　营造支持性商业环境

完善监管和治理体系，满足产业与利益相关者的愿望和需求。具体行动如下。

4.1 利用英国合成生物学领导理事会及其监管机构（GSG）成立包含部门和特定监管人员的工作小组，分享自适应调节监管系统的经验，支持适度和有效的监管。

4.2 英国合成生物学领导理事会和 GSG 应与英国标准学会（BSI）合作，为更多的自适应调节监管系统建立标准，在保证安全性和有效性的同时，满足快速发展的工业化需求。

4.3 在技术标准和其他标准建立的过程中，创新英国（Innovate UK）应支持专家和其他利益相关者进行有效、务实的国际讨论。

4.4 英国合成生物学领导理事会和 GSG 应建立利益相关者的对话机制，确保负责任研究与创新（responsible research and innovation，RRI）作为合成生物学决策过程中的核心价值，并推动适合 RRI 的标准发展。

4.5 英国合成生物学领导理事会通过与相关组织合作，提供合成生物学研究和未来创新发展的信息，尤其是能够强烈吸引媒体关注的议题。

4.6 英国的学术和商业运作应有足够的措施，确保存储、信息流和相关合成生物学项目材料的安全，定期审查并分享最佳的实践经验。

建议 5　国内外合作共同创造价值

全面整合英国合成生物学团队，促进英国科研、产业、决策的发展，使英国成为国际合作的首选伙伴。具体行动如下。

5.1　合成生物学研究机构应协调项目及相关活动，分享最佳实践，从最新的科技发展中受益，建立能够展示英国全球领先地位和真正跨学科能力的平台。

5.2　合成生物学的知识转移网络应通过加强跨学科链接而进一步扩展，并邀请在目标市场应用中运营的公司和组织参与。

5.3　知识转移网络将利用公共资源，为合成生物学提供工具和措施，更好地展示其商业价值，促使企业和其他利益相关者更加积极地参与。

5.4　应对英国合成生物学领导理事会的成员及职权范围进行定期审查，以确保其符合英国合成生物学的真正需求。

5.5　英国合成生物学领导理事会应不断调整战略，加强与其他领导理事会和组织的协调，提供创新机会，尤其是针对最终用户和其他"大科技"。

5.6　英国合成生物学领导理事会应通过研讨会和讨论等定期评估与完善知识产权的相关建议。

5.7　英国合成生物学领导理事会应在国际代表组织中持续坚持互惠互利的原则，并开展以下工作：①发展有效的技术合作伙伴关系；②制定政策路线；③建立基于相互需求和能力的优先合作，为英国和全球创造价值。

5.8　合成生物学的相关高校/行业/初创企业应通过评估来确定需排除的障碍。此外，英国贸易投资署应继续推动英国合成生物学的发展，以吸引更多的投资。

2016年的战略计划重点围绕建立高效成果转化体系，推动合成生物学领域的商业化进程。第一，利用对生物设计技术的投入和转化，推动生物经济的增长。建立以风险投资为基础的竞争机制，与产业界紧密联系，通过更加灵活的规划和投入，将优势前沿技术与商业需求、市场需求结合，产生更大的市场价值。第二，加强平台技术开发，提高生产效率，迎接未来更大的机遇。战略计划指出，推动工程化、开发新软件、系统设计先进底盘、生物信息与智能设计等方面将是英国推进合成生物学研究成果产业转化的几大重要方向。第三，通过教育和培训，掌握生物设计所需的技能。需要加强高校与其他机构的合作，开展多学科融合的学生培养项目，建立相关教育基金和有关行业协会见习制，最大程度地促进行业发展和产学研融合。第四，完善监管和治理体系，满足产业与利益相关者的愿望和需求。英国合成生物学领导理事会需要成立由部门及特定监管人员组成的工作小组，在保证安全性和有效性的同时，满足快速发展的产业部门的需求。

在英国合成生物学战略计划发布的同一年，美国工程生物学研究联盟（EBRC）成立，"工程生物学"（engineering biology）成为美英等发达国家关注的新前沿。英国皇家工程院在2019年发布《工程生物学：优先发展事项》（*Engineering Biology: A Priority for Growth*）[1]，通过召开研讨会，与利益相关者交流等，对适合英国的

1　Royal Academy of Engineering. Engineering Biology: A Priority for Growth. 2019. https://raeng.org.uk/media/buddlvix/engineering-biology-a-priority-for-growth.pdf [2021-10-10].

"工程生物学"定义进行了探讨。英国对工程生物学的定义涵盖了整个创新通路：从研发进展，特别是在合成生物学领域，通过工业生物技术渠道，到最终提供新的、商业上可行的解决方案，包括应对社会需求和挑战的解决方案。在这种情况下，工程生物学有潜力支撑和变革世界范围内的生物　经济。

英国皇家工程院在 2018 年 1 月到 2019 年 6 月的 18 个月期间，收集了利益相关者提供的证据，并召开研讨会，以便让更广泛的群体参与。在英国发布的工程生物学相关报告中，重点关注加速英国在该领域发展与商业化所需的条件，提出了 4 项英国工程生物学的优先发展事项，列出了具体执行这些行动的相关政府机构和部门，旨在利用英国现有的基础加速转化并实现经济和社会效益（信息框 2-3）。

信息框 2-3　英国工程生物学的优先发展事项

建议 1　立即行动，提高英国发展工程生物学业务的能力

随着对转化的重视以及私营投资的激增，英国工程生物学公司需要向下一阶段的商业化迈进。英国虽然已经建成了一定规模的工程生物学初创公司和衍生公司集群，但其中绝大多数是小型或微型企业，很多公司仍处于发展的早期阶段且尚未产生收入。为了加速增长，它们将需要证明自己的技术，确定合适的客户和市场，独立或通过与现有大公司的合作来实现发展。

1.1　增加发展、商业化和规模化的风险资金

英国在创新和研发的"开发"方面存在历史性投资不足的问题。对工程生物学而言，需要支持转化阶段的资助机制，但由于对工业生物技术催化剂的支持不稳定，影响了商业参与和投资的信心。政府对创新和发展的支持在降低投资风险、弥补私营投资资金缺口方面具有关键作用。创新英国（IUK）应该提供预算及帮助英国解决在研发（R&D）中"开发"方面的历史性投资不足问题，并在先前的基础上制定工程生物学领域的特定计划。

与非颠覆性技术相比，工程生物学公司通常要到开发的更晚阶段，才能验证其技术的可行性，从而说服企业、客户或者投资者来进行合作。工程生物学应用的发展周期较其他技术更长，这些都会降低资本的吸引力。因此，IUK 应该探索是否可以减少因匹配资金需求造成的障碍，尤其对于拥有颠覆性技术的公司需要更长的交货期才能进入市场，并为其提供充足的长期融资选择。

私营部门的投资对帮助公司扩大规模至关重要。政府有很多利用杠杆刺激私营投资的权力，包括能够影响投资者行为的高效机制。种子企业投资计划（SEIS）和企业投资计划（EIS）为改善投资机会作出了重大贡献，英国政府在企业成长基金（BGF）方面也发挥了重要作用。有这些成功先例奠定的基础，政府应最大限度地利用好私营投资。

涉及的相关机构和组织包括英国研究与创新基金会（UKRI）、IUK、英国财政部（HMT）等。

1.2　支持公司获得专业指导和转化基础设施

对技术开发的支持、指导以及技术规模对公司来说非常重要。这需要在技术开发和公司发展早期就开始考虑。然而，公司往往低估了它们的技术获得商业成功所需的时间、成本等。

支持技术拓展活动，包括提供技术专长、指导以及相关设备，帮助公司以降低风险的方式证明其技术的可行性。这些设施还可以提供商业指导。英国已经通过重大投资建立工艺创

新中心（CPI）等设施，但对于缺乏时间和资金的公司，特别是中小企业，访问这些设备存在一定困难。

合成生物学研究中心（SBRC）、其他研究中心及领导理事会应共同推动早期介入转化基础设施的建设，知识转移网络（KTN）在这一过程中发挥关键的作用，并动员其他各方参与。为了使工程生物学公司扩大规模，应该对它们提供支持，帮助这些公司获得商业、技术方面的专业指导以及使用转化基础设施。其他的激励计划，如创新凭证，可用于鼓励和促进中小企业使用这些基础设施。

涉及的相关机构和组织包括 UKRI、IUK、研究基地、创新中心、KTN 等。

1.3　提高对创新支持的意识和简化系统导航流程

英国为公司提供了一系列创新支持机制。IUK 是主要来源；许多其他公共部门也提供了支持，包括研究理事会、独立政府部门、地方企业合作社（LEP）和创新中心等，因此形成了复杂的创新支持生态系统。创新本身是一个复杂的非线性过程，因此，创新生态系统的复杂性在一定程度上是不可避免的。系统导航复杂和意识不足是公认的挑战，这些挑战也为企业间的合作带来了障碍。缺乏有效的沟通工具进一步加剧了这一问题。系统的复杂性使得政府很难从整体角度来看待其创新支持，尽管 UKRI 的创建提供了更具战略性和系统性的机会。

降低复杂性、简化系统导航可以从创新支持中获益，有助于提高工程生物学的成功率。为了实现这一点，UKRI 应该"隐藏线路"并提供简洁的单用户界面，引导公司在政府系统中获取最有力的支持。同时，利用数据分析，开发涉及创新支持各方之间的连贯沟通方案，提高政府支持服务的意识。最后，创新英国应该与领导理事会和 KTN 合作，精准支持最能从创新资助中受益的企业。

涉及的相关机构和组织包括 UKRI、IUK、创新中心、KTN 等。

建议 2　激励企业与高校进行高效、灵活的合作

产学研合作对加快工程生物学的商业化进程具有重要意义。与学术界合作对各种规模的企业都很重要。合作有助于识别市场、拉动机会、开辟学术研究的商业化途径。同时，合作可以为企业和学术界提供专业技术，分担和降低新型商业模式的风险。尽管英国在商业-高校合作方面已具备良好的基础，但在工程生物学领域仍有进一步发展和改进的空间。

2.1　增加灵活的小规模、短期融资，支持试点创意项目

对工程生物学来说，少量且灵活的资金能够帮助高校和企业快速应对商业需求，这类资金能迅速降低创意风险并支持试点项目，进而确定是否需要更大规模的合作。最关键的是，如果资金能够及时到位，那么创意或许可以与行业时间表保持同步。这样的资金可以用于资助研究人员开展短期项目以满足业务需求。提供资金，使高校能够接受行业内短期借调，并雇佣专业从事行业访问研究的员工。这些活动可以降低风险，从已建立的机制中寻求今后投资的主要合作伙伴，从而进行更大规模的合作。

研究理事会的影响加速账户（IAA）和英国的高等教育创新基金（HEIF）都被认为是此类活动资金的重要来源。专门针对工程生物学的知识与创新中心（SynbiCITE）提供概念证明资金，可以通过原型开发奖项获得更长期、更大的资金项目。工业生物技术创新中心（IBioIC）还提供项目资金，并为企业对接其他资助机构，目前支持了 130 多家公司。为了

确保试点创意的商业潜力，维持并增加灵活的小规模、短期资金的可用性至关重要。

涉及的相关机构和组织包括 UKRI、IUK、创新中心等。

2.2　加强产业界与工程生物学研究基地间的联系

加强产业界与工程生物学研究基地间的联系将增加产品商业化的机会。需要采取各种不同的形式增强联系，帮助学术界的工作人员和学生有机会获得行业相关技能，增强高校与具有拓展潜能的公司的有效关联。

作为全英国范围的网络，合成生物学研究中心（SBRC）与卓越中心合作，采用战略方法利用整个网络加强行业联系。SynbiCITE 作为实现合成生物学商业化的国家中心已经在该领域扮演着重要角色，但 SBRC 需要为进一步提高英国研究能力提供持续的支持，目前尚处于一个可以设计商业化战略的阶段。

涉及的相关机构和组织包括研究基地、创新中心等。

建议 3　使工程生物学更容易了解，确保企业、政策制定者和公众了解可能的机会

沟通贯穿了该领域的方方面面。从工程生物学的定义来看，不同部门之间的沟通有助于认识到现有工程生物学的激励和支持措施。沟通的改进致力于简化解决方案，可能会对加速工程生物学商业化产生积极影响。

作为一项快速崛起、涉及多个行业和学科的技术，其描述方式尚未统一，不同领域对其理解和表述存在差异。然而对的企业来说，定义本身不是核心，他们更看重技术给公司带来的实际价值。

3.1　传播和推广工程生物学应用及其解决方案

在与企业、终端用户及政策制定者沟通时，专注于工程生物学应用及其能解决的产业问题更有意义。同样地，工程生物学及其应用在应对政治和社会挑战中的作用应该重新得到公众与政策制定者的关注。

涉及的相关机构和组织包括合成生物学领导理事会（SBLC）、工业生物技术领导论坛（IBLF）等。

3.2　加强合成生物学领导理事会和工业生物技术领导论坛的合作

工程生物学涉及多个学科和行业部门。为了充分发挥其潜力，需要更多的投入，其中有效的沟通和资源配置至关重要。不同群体之间需要"说对方的语言"并尊重彼此的文化，以实现相互理解和高效合作。

弥合合成生物学与工业生物技术之间的差距，将最大限度地实现工程生物学的发展与应用。例如，工业生物技术团队可以应用工程生物学方法并以市场需求为导向推动技术发展，而合成生物学团队为工业生物技术带来挑战从而进行创新，并可能为其产品、工艺和服务找到客户。一些合成生物学公司已经在寻找扩大规模的途径，如英国绿色生物制品公司和美国 Amyris 公司。

每个领域都有明确的基础设施，通过领导理事会、行业网络等，并利用战略和路线图等制定目标。但是，在所有层面上都需要增强互动。应该支持 IBLF 和 SBLC 实现彼此更有目的的交流以及与其他相关部门团体的联系，包括医药制造业伙伴关系（MMIP）、化学理事会、食品与饮料理事会以及农业技术部门。交叉工作已经有很好的先例，尤其是在生物经济战略领域。"生命科学部门协议"（Life Sciences Sector Deal）展示了协调战略目标与跨行业协同的成功模式，而工程生物学正是这一领域最具影响力的推动力量之一。

涉及的相关部门包括 SBLC、IBLF 等。

建议 4　立即采取行动，通过长期投资维持英国在工程生物学领域的全球领先地位

政府的战略投资提升英国的研究能力，推动基础设施建设，并吸引了人才，由此形成了一个不断壮大的社区。这样的研究基地是英国实现科研成果转化的基础，并在私营投资中发挥杠杆作用。然而，其他国家也在大力投资。从长期看，英国的领导地位将受到威胁。

制定一个可持续的计划以支持合成生物学研究基地，包括 SBRC 和其他关键的转化基础设施，新的基础设施和基地需要时间完善才能发挥其业务能力。在过去 6 年间，英国主要的合成生物学关键基础设施已经建立，包括 7 个 SBRC、5 个 DNA 铸造厂、1 个知识与创新中心（SynbiCITE）以及博士培训中心，还有其他卓越中心。这些基础设施已经完成建立和启动阶段，并已投入运行。现在需要制定新的计划确保它们的可持续性，重点应放在行业转化和合作关系上，在向现有设施提供竞争基础的同时，也允许新的参与者参加竞争。

涉及的相关机构和组织包括 UKRI、IUK、KTN、研究基地、创新中心等。

随着英国工程生物学的发展，英国研究与创新基金会（UKRI）和国防科学技术实验室（DSTL）于 2021 年 6 月发布了一份新的英国国家工程生物学计划（National Engineering Biology Programme，NEBP）[1]。该计划以英国合成生物学的能力为基础，通过协调和整合资源，加速提升英国在该领域的水平，使其达到新的高度。该计划主要包括推动合成生物学基础研究的直接商业转化，提供可行性解决方案，促进英国的产业发展，应对未来将面临的社会挑战。根据英国现有的基础，目前初步计划列出的聚焦重点主要包括应用主题（生物医药、清洁增长、食品系统和环境解决方案等），以及在生物设计、生物工程细胞与系统、新型材料等方面的前沿研究主题。该计划还将支持变革性基础技术，包括传感器技术、工艺制造和放大、自动化、人工智能/机器学习、可预测设计等。此外，创建有利于实现工程生物学潜力的、充满活力的创业环境也至关重要，因此，该计划也将支持包括培训、交流、行业参与、国际合作、基础设施建设、标准制定等方面的活动。

同样值得关注的是，在国家层面的路线图的引导下，英国一些咨询机构也主动参与具体层面的探讨。例如，为了探讨阻碍合成生物学广泛商业化的因素，并实现合成生物学向生物设计的转化，剑桥咨询（Cambridge Consultants）公司召集合成生物学顶尖专家于 2018 年举办研讨会，探讨和发现阻碍合成生物学商业化的因素，为当前的合成生物学面临的挑战制定切实可行的方案，并发布《构建生物设计的转化之路：合成生物学产业已准备就绪》（*Building the Business of Biodesign: The Synthetic Biology Industry is Ready to Change Gear*）报告，重点阐述了合成生

---

1 UKRI. Overview of the proposed National Engineering Biology Programme. 2021. https://www.ukri.org/wp-content/uploads/2021/07/BBSRC-010721-Funding-Opp-DevelopingEngineeringBiologyBreakthroughIdeas-Overview.pdf [2022-10-8].

物学技术产业转化面临的机遇与挑战（信息框 2-4）[1]。

信息框 2-4   《构建生物设计的转化之路：合成生物学产业已准备就绪》概要

技术进步后必须有基础研究的突破才能将合成生物学发展成产业，这需要应对三方面的挑战：①可预测的工程学科——合成生物学将成为一门具有高度可预测性的生物设计工程化学科，制定用于跨行业数据生成、收集、管理和交流的有效标准。②竞争性供应链——满足生物系统复杂要求并将其转化成竞争性产品和服务的整合供应链。③可获取的、理想的产品和服务——到 2023 年，合成生物学产品和服务将被利益相关者（领域内与领域外）视为解决重大挑战的、满足个人需求的、可行且可取的解决方案。

（1）可预测性——"生物学是不可预测的？"

挑战：目前还无法做到进行生物体的工程学设计并确保它们可以满足最初设计的要求、获得预期结果。

从工程角度看，合成生物学与半导体行业虽然都涉及一整套设计工具和各种工艺，并将原材料转化成先进的设备和系统，但是，合成生物学还没有达到充分定义工具和工艺、进行标准化，并根据投入预测产出的程度。合成生物学与半导体行业的比较有助于理解提高可预测性所需的因素。首先，半导体行业的设计和制造可以在早期设计阶段确认所需的特征。但对合成生物学来说，只有当"设计-构建-测试"循环已经运行足够多次后才能确定输入信号的预期结果，因此，需要在设计循环中持续测试并获取足够的数据支持。

其次，半导体设计中的工程学团队具备熟练的计算机辅助设计和产品设计技能，并有先进的设计工具满足特定产品的设计需求。工程师利用专业知识和工具来设计所需的功能特征、验证工艺并对方法学进行测试。合成生物学要达到这种精度水平，需要将现有工具整合成一整套成熟的、可互操作的、能可靠应用于所有生物设计人员的工具。此外，生物设计人员也必须具有使用这些工具的能力。

最后，通过模拟建模工具，初步的半导体设计只具有系统水平的特异性，并能验证建模阶段的准确性。同样，对生物设计来说，模拟和计算机建模在设计输入转化为可预测结果的过程中发挥着重要作用。只有当合成生物学领域在数据收集、生物设计工具和技能、基于计算机的模拟方面发生巨大变革时，才可能实现可预测的生物学。

机遇 1   数据收集

推动生物设计的关键因素之一是收集并分析高质量数据的能力。目前的合成生物学研究通常依靠简单的温度、溶解氧和 pH 等对微生物或细胞培养过程进行评估，几乎没有细胞生理学、产物表达或碳输入浓度的直接、实时、在线测量。相关数据的缺乏限制了可预测模型的构建、测试和模拟能力的提升。此外，即便已经拥有足够的数据，如果分析能力缺乏，也无法利用这些数据，因此分析软件工具的开发至关重要，尤其是这些工具可以促进预测模型的发展。机器学习/人工智能方法有助于收集有用信息的数据集，如果能够收集到预测和整

---

1 Cambridge Consultants. Building the Business of Biodesign: The Synthetic Biology Industry is Ready to Change Gear. 2018. https://www.cambridgeconsultants.com/sites/default/files/uploaded-pdfs/Building%20the%20business%20of%20biodesign%20%28workshop%20report%29_0.pdf [2021-5-10].

体建模所需的广泛、多因素的数据，或许会带来突破。

机遇2　生物设计工具和技能

合成生物学目前的问题在于将元件组合成遗传线路，并不一定会产生预期的结果。为了避免这个问题，合成生物学家通常选择高通量方法。因此，这就需要一套能够用于供应链的标准化生物设计工具，这些工具具有无缝互操作性、可扩展性以及支持特定性能生物产品开发的能力。未来生物系统建模和理解的主要障碍在于需要掌握正确的技能。生物学家并不难找到，但是具备机器学习等领域专业知识的工程师却十分稀缺。"掌握正确技能的人员才是最重要的资产。"生物学家要不断学习新技能，这很可能成为被广泛采用、克服技能空白的解决方案之一。同时，相关的学术培训也需要不断完善，以确保毕业生掌握这些技能。

机遇3　基于计算机的模拟

计算机建模是半导体、航空和汽车等行业的重要组成部分，它们长期使用模拟技术进行系统集成和多因素优化。这项技术的应用将为合成生物学产业带来巨大效益。通过复杂生物系统设计的计算机建模，使合成生物学具有预测细胞功能的潜能，避免进行成百上千次探索试验。改善数据分析的解决方案可能包括：保证数据的完整性；开发工具以加深对生物系统（如发酵罐）关键过程的理解；建立伙伴关系、协作关系，实现机器学习、自然语言接口和人工智能从其他领域的转移，这可能是应对挑战的现实方案。

（2）供应链竞争力——制造商必须应对挑战

挑战：合成生物学的供应链竞争力不够。将合成生物学转化为竞争性生物设计产业的重要因素之一是提供整合、协作和具有竞争力、能够组装商业化产品的供应链。与现有供应链相比，它更具有商业吸引力。生物设计行业竞争性供应链的几个关键方面包括：专业化、标准化、可扩展性和下游加工。

机遇1　专业化

供应链的基础是生态系统，由产品开发和制造过程等不同阶段的多种组织构成，能够无缝地将物质和数据从一个组织转移到另一个组织。供应链中的每家公司都有其各自的重点和专业，在降低成本的同时提高各个环节的通量和产品质量。由于当今合成生物学领域的碎片化，建立高效、综合供应链的同时，保持市场发展速度并为供应链上的伙伴创造价值存在巨大挑战。目前，合作制造组织（CMO）在合成生物学和生物技术行业发挥着重要作用。按照协商好的标准在实验室水平进行产品的设计和开发，并生成下一步所必需的数据，那么CMO能够使用这种产品并拓展工艺，并将其转移到供应链的下一环节。但是，也存在下一环节没有适合公司的情况，这就需要为每种产品开发定制解决方案，增加成本的同时也会降低通量、影响产品质量。

机遇2　标准化

标准化是推动合成生物学发展的关键因素，也是该领域转变成真正生物设计工程学科的必然需求。从研发阶段对原始数据的记录和分析看，利用定制硬件实现工作流的自动化，有助于推动设计转移、数据管理、综合处理、商业制造以及管理批准。目前，标准化也是难以解决的问题之一。关于在哪些情况下使用哪些最佳标准工具，尚且没有达成共识。在基本的执行层面，实验室中不同设备之间的交叉通信仍然存在难度，这也为实验室信息管理系统（LIMS）工具供应商创造了机遇。

标准化的缺乏也将影响结果的交流、记录和分析。缺乏清晰明确的数据结果交流标准，导致不同来源的数据整合及共享方式存在巨大差异。解决这些问题的潜在方案是制定标准化、国际通用的生物设计语言，并由国际标准化组织（ISO）等机构以技术标准的形式发布。此类标准将会定义明确的数据类型，确定在什么情况下需要怎样的数据，如何标记和展示数据，更关键的是如何维持数据的质量。同时，标准化是生物设计行业和供应链上各方利益相关者之间合作的关键。从参数设定、实验室流程转化、商业化生产到投入公共市场，简便地交换信息的能力对建立生物设计领域的信任至关重要。

机遇3 可扩展性

可扩展性也是合成生物学的主要挑战，目前其主要瓶颈在于缩短实验室规模和生产规模间的差距。如何平衡风险与收益，特别是在高产量低利润产品行业中原料成本或产品价格的微小变化都会导致效益的巨大变化。具有新型产品的初创企业的商业量，可能不足以支持其建立专用工厂所需的设备。为了最大限度地利用工厂和资本获得一系列产品，需要实现标准化需求与确保小批量研发到商业规模转化效率的平衡。

此外，目前研究人员在利用小规模的模拟器来解析细胞内转录及代谢反应的差异，并将这些认知转化为模型，以拓展预测能力。随着此类系统收集到越来越多的多因素数据，模拟器的预测能力也会有所提高。生物学可预测性的提高将适当消除规模扩大阶段的风险，并可能将实验室规模转化为商业规模，能够快速扩展多样化的产品组合并管理其风险。

机遇4 下游加工

为了将产品推向市场，生物设计公司需要对有机体进行改造，在实验室水平上验证可行性、扩大到产品规模并进行终端产品的下游加工。尽管合成生物学公司通常专精于有机体改造并在实验室规模下进行验证，但是完成整个工艺至终端产品依然具有挑战性。由于需要根据具体情况定制工艺，价值链下游加工部分可能花费整体制造成本的60%~70%。下游加工工艺中的其他挑战还包括提纯。为了解决这些问题，生物设计者需要考虑下游的限制，设计能够满足简化需求的产品，例如，在生物体中定制更具选择性的酶。研发团队需要在实验室规模及预生产过程中关注副产品和杂质，并在大规模生产之前及时发现并解决，从而避免后续高昂的调整成本。同时，通过化学和生物技术的结合，确保从大规模上游生产到后续下游加工的无缝衔接。

（3）可获取性——"非专业领域的认知阻碍了需求"

挑战：以更通俗易懂的方式介绍生物设计的潜力至关重要。用户和评论员的观点与合成生物学领域的专业观点相差甚远。这意味着其他行业的非专业人士没有将生物设计视为可被终端用户接受、可获取的产品制造方式。合成信息学领域信息共享的缺乏也会降低可获取性。为了让生物设计像电子或机械工程一样成为工程学科，有必要提高领域内的可获取性、公众和商业买家的可接受性。

机遇1 公共认知

提高公众对合成生物学认知的方式之一是直观地展示其在其他技术难以解决的问题上的优势。利用清晰的表述，使其实际效益易于理解，从而赢得公众认可，如使用重组DNA技术生产抗体类治疗药物。给人们生活带来巨大影响的产品和服务可能会获得更多公众的接受，有助于抵消转基因（GM）技术长期以来的负面认知，如生物设计具有生产无污染生物塑料的潜能。合成生物学新产品和新服务的应用依赖于公众舆论，同时舆论也可能会影响政治和监管当局。不管是否存在强有力的科学证据来证实产品的安全性，公众对合成生物学和生物设计的接受度才是最关键的。

机遇 2　商业可接受性

对商业客户和合作伙伴来说，可接受度取决于具体的商业案例。目前，合成生物学领域的投资者有显著的不确定性，这种不确定性与成本估算以及合成生物学新型产品的商业化时间线相关。合成生物学需要打造比现有技术更具可比性、更吸引商业客户的技术平台。客户有可能只对成本/收益感兴趣，但合成生物学的语言是技术性的。如果可以清晰地阐明效益、满足需求，商业客户不一定必须了解生物学平台运行的细节。另一个不利于商业应用的因素是与产品安全性相关的现行管理要求。监管流程的更新与行业发展并不同步。研讨会提出了一个积极的解决方案：开发用于"提前预测和证明安全性"的工具，使公司能够向监管机构反映风险水平，同时在整个供应链中减少风险步骤。

机遇 3　生物设计领域的共享

合成生物学领域需要建立能够实现和鼓励数据共享与开放资源的商业模式。数据共享（包括提供完整的元数据）是技术进步的关键。但是，数据共享存在许多限制因素，如一致性、所有权、知识产权、监管限制等。如何在不损害竞争优势的情况下共享科学数据？目前，工具和工艺可能是合成生物学公司竞争力的核心，而实验数据则是其最关键的部分，这导致了科学界普遍缺乏开放性。标准化在数据可获取性中发挥着重要作用。例如，创建合成生物学领域各种数据类型的数据库，使所有用户能进行访问。除了理解数据本身，用户还需要了解数据的产生方式以及其背景语境。

目前，很难定义自由实施（FTO），而且也没有充分的法律先例，不同司法管辖区间的侵权法规存在很大差异。因此，清晰明确的监管框架是必需的。尽量在早期开发阶段就进行新产品的安全检测，为管理人员提供能够证实环境和健康安全的详尽数据，将会促进后期阶段的安全评估流程。监管的关键点在于意识到监管框架既需要及时发布，也需要经过充分考虑。制度变革具体执行起来也会产生高昂的成本，并且非常耗时。

总之，通过梳理英国合成生物学路线图及相关政策的制定过程，主要可以得出以下三方面的经验与启示。

首先，开展深入的政策研究与公众对话。英国合成生物学的快速发展，与政府的战略引导和大力支持密不可分。英国围绕国家需求，在开展科学研发的同时注重政策研究，不仅为国家路线图的制定奠定了基础，也为后续各项政策制定和项目实施提供了良好的保障。英国的路线图研究吸收了来自产业界、学术界以及政府等各方力量，通过对合成生物学领域的现状和趋势、本国的优势与不足以及目标等多个方面的深入分析，提出了英国在该领域未来发展的重点以及政府应该支持的方向和措施。尤其值得关注的是，在合成生物学的早期发展过程中，政府及时引入公众对话和相关科普活动，了解民众对合成生物学的认知、可接受性与相应的科普需求，营造公共理解与科学传播的理性文化氛围，对促进合成生物学及其产业走向社会应用起到了积极作用。

其次，构建网络化的平台和基础设施。合成生物学的工程化平台和基础设施是实现"自下而上"工程化设计思路的基本保障。英国围绕工程化平台的体制与机制创新，值得深入研究与思考，其经验值得借鉴：英国通过政府顶层设计、相关资源保障、长期支持等各种方式，保证平台和设施可以充分发挥作用。一方面，英国政府通过建立合成生物学研究中心和博士培训中心，形成全国范围内的研究与教育基础设施网络，这些中心互补优势、聚集资源和培育人才。国家级的基础设施不仅能解决学科会聚融合的问题，还能更有效地发挥研发机构、资助机构和监管机构的作用。另一方面，英国通过政策引导建设了 DNA 合成铸造厂、DNA 片段组装平台设施、合成生物学软件工具系统与测试开发平台等通用性和专业性平台，不仅提供了技术和工具支持，还通过设备与研究中心、科研人员等建立联系网，促进新技术的开发。英国这种从政府顶层设计到全国布局的研究网络，不仅极大地促进了研究和技术开发，也促进了创新和产业文化的形成。

最后，完善全链条的成果转化和发展模式。英国合成生物学产业的快速发展不仅有国家和政府部门经费的支持与政策引导，更是充分调动了产学研各方的积极性，基本形成了具有科技创造活力、产业转化能力和社会经济效益的创新价值链。首先，英国建立了产业转化中心，在国家层面统一协调学术研究成果的转化，并提供持续的经济支持和必要的技能培训，同时，为国内合成生物学领域的创业项目提供资源，通过政策激励、鼓励企业。其次，英国非常重视其在合成生物学标准和指南制定中的话语权。合成生物学产品研发与产业应用的推进，相关元器件和技术服务标准的建立至关重要，英国从发布路线图开始就积极开展有关技术/科学标准制定的研究，并参与到国际标准制定的活动中。英国对技术和产品研发过程中标准及指南的建立与推广，对产业转化起到了极大的促进作用。最后，英国初创公司的快速发展，与国家对加速器项目的大力支持密不可分。加速器公司帮助非技术转化型公司在创业初期完善技术，并提供接触投资者的机会等各种服务，推动新产品早日进入市场。

二、欧盟的合成生物学路线图

欧盟最早推动了合成生物学路线图的制定，其路线图既是技术路线图，也是政策路线图，体现了欧盟从 2008 年到 2016 年在合成生物学领域的设计和规划[1]。欧洲分子生物学组织 2009 年发布的《欧洲合成生物学发展战略》，概述了欧洲合成生物学的发展现状，就欧洲未来合成生物学发展路线进行了展望。该战略提出，

---

1 刘晓, 曾艳, 王力为, 等. 创新政策体系保障合成生物学科技与产业发展. 中国科学院院刊, 2018, 33(11): 1260-1268.

欧洲必须加速各种研发计划的整合，在该领域进行全面的战略布局。这种战略布局既包括科技支撑和研发投入，也包括建立科学的监管体系、技术转移体系。同时，该战略也指出公众的理解和支持，对合成生物学的发展必不可少，只有合理的监管体系和公众交流，才能促进合成生物学的良性发展。该战略中首次提出的欧洲合成生物学迈向成功的里程碑、措施及知识产权[1]，为欧盟层面制定更详细的合成生物学发展战略及路线图奠定了基础。同时，根据该路线图，欧盟至少资助了 20 多项合成生物学相关的项目。

　　此后，欧盟在合成生物学领域的布局更加深入。例如，以欧洲国家为主成立的欧洲研究区域网络（ERA-Nets），为跨国的研究活动的设计和实施提供资助，并促进特定领域的合作研究。该网络计划重点对生物能源、合成生物学、植物科学三个领域进行投资，其中从 2012 年 1 月开始对欧洲合成生物学研究区域网络（ERASynBio）进行了为期 3 年的资助。ERASynBio 致力于通过协调国家经费、研究团队建设、人才培养，以及通过解决伦理、法律、社会和基础设施需求等问题，提升欧洲合成生物学领域的水平。2014 年，ERASynBio 发布了《欧洲合成生物学下一步行动——战略愿景》（*Next Steps for European Synthetic Biology: A Strategic Vision from ERASynBio*）报告[2]。在该报告中，合成生物学被定义为"工程化的生物学"，基于生物及生物组件的重新设计，使其构建成能够执行新功能的装置或系统，在这个过程中借鉴了生物学和工程学的原理。合成生物学融合生物学、工程学、化学、物理学和计算机科学等方面的专业知识，使用具有跨学科属性的生物工程学新方法，并且因为这种真正的跨学科属性而具有广阔的应用潜力。要将长期潜力转化为实力，战略性的国际合作是必要条件，为此，建议欧洲合成生物学研究从 5 个方面展开：开展全球领先的创新合成生物学研究；负责任的研究与创新；建立网络化、跨学科和跨国研究团队；形成技术娴熟、富有创造力且相互合作的人员队伍；开发开放、前沿的数据和基础技术。在这 5 个主题的基础上，报告从多学科交叉、数据和技术的开放合作、人才团队建设、负责任的研究与创新等方面提出了具体的建议。同时，报告还就合成生物学研究发展带来的基础科学机遇和产业应用发展前景进行了展望，绘制了欧洲合成生物学在基础科学、支撑技术、产业和应用领域的短期（2014～2018 年）、中期（2019～2025 年）与长期（2025 年以后）战略愿景及发展路线图（信息框 2-5）。

---

1 Gaisser S, Reiss T, Lunkes A, et al. Making the most of synthetic biology. Strategies for synthetic biology development in Europe. EMBO Reports, 2009, 10: S5-S8.

2 ERASynBio Project. Next Steps for European Synthetic Biology: A Strategic Vision from ERASynBio. 2014. https://www.erasynbio.eu/lw_resource/datapool/_items/item_58/erasynbiostrategicvision.pdf [2020-2-10].

信息框 2-5 欧洲合成生物学的战略愿景及发展路线图（2014 年）

合成生物学的重要基础技术

当前 （2013 年）	短期 （2014～2018 年）	中期 （2019～2025 年）	长期 （2025 年后）
系统工程	计量指标	合成生物	设计技术的安全性
系统工程的生物信息学	3D、并行化和小型化实验	合成基于非 DNA 的生命	
控制良好的生物反应器	自动化	重新放大	数字生物
定义明确的底盘生物	基于网络的信息系统		
DNA 测序	体内组装		
DNA 合成	专业化登记		
定量表征	优良的模型库		
异质性和干扰信息/单细胞分析	可预测的设计工具		
对系统生物学各部分进行更好的定义	系统生物学的通用标准		
对系统生物学底盘进行更好的定义	系统生物学处理的容量、线路		

合成生物学的基础科学机遇

	当前 （2013 年）	短期 （2014～2018 年）	中期 （2019～2025 年）	长期 （2025 年后）
代谢工程：进行复杂修饰，使用生物合成途径预测模型或扩大功能性产品的生产	消除复杂性 底盘和线路 自动操作 模型驱动设计 进入设计循环	木质纤维素处理 生物塑料 自动操作 降低成本 强化底盘与优化进程 进入设计循环	生物传感器 治疗试剂 海洋平台 更多路径 更强的可预测性 宏基因组学平台	工程化改造植物 智能催化剂 可替代的生化过程 扩大物种多样性
最简基因组：了解构成生命的最少元件（基因）数，为底盘生物建立最简细胞工厂进行功能开发		优化细胞工厂 细胞器基因组 与正交系统相符 有助于提升生物转的可行性利用	快速合成：支原体及其他 胞内生命活动 可降低风险的简易系统 可用于疫苗的最简基因组	细胞器 最简基因组的完整计算机复制
调节基因：设计和插入特征明显、模块化的人工网络，在胞内和体内提供新型功能	加强其他领域的合成生物学研究	简化内源网络系统 重组合适的行为模式	自操控发酵 群体调控的感应系统	自操控发酵 智能胞内系统/群
正交系统：在自然界不存在或不能化学合成的工程细胞，包括系统或元件	新型氨基酸编入，基因编译 DNA 的编码活性	独立于细胞进程的基因线路	正交元件的配置	半正交生命形式，新功能，与自然界无相互作用

续表

	当前 （2013 年）	短期 （2014~2018 年）	中期 （2019~2025 年）	长期 （2025 年后）
	酶促非天然核 酸（XNA）	XNA，扩大基因库， 多聚物	生物元件的质量控制 控制使用/释放入环境	

合成生物学的重要技术支持				
	当前 （2013 年）	短期 （2014~2018 年）	中期 （2019~2025 年）	长期 （2025 年后）
	系统工程	度量	合成生命体	安全设计
	系统工程的生物信息学	三维化、平行化、小型化 实验	以非 DNA 为基础的生命合成	
	控制良好的生物反应器	自动操作	重新放大	数字生物
	定义明确的底盘生物	基于网络的信息系统		
	DNA 测序	体内组装		
	DNA 合成	专业注册		
	定量表征	优质模型库		
	异质性和噪音/单细胞分析	设计预测工具		
	高级系统生物学/部件定义	与系统生物学通用的标准		
	具有明确定义的系统生物学底盘	系统生物学处理能力、 线路		

合成生物学在产业领域中的应用				
	当前 （2013 年）	短期 （2014~2018 年）	中期 （2019~2025 年）	长期 （2025 年后）
用于医药的合 成生物学	标准治疗的基因线 路（体内、老鼠上）	系统工程	用于制备复杂药物的植 物产品体系	药物传递架构
	用于生物治疗的生 物过程蛋白质	药物发现	干细胞生物工程	基因治疗的应用
	公共卫生干预—— 蚊虫控制、水源净 化等，如砷探测传 感器	细胞治疗	药物传递构架	组织器官生物合 成的发展
	生物活性分子产品 ——青蒿素	免疫治疗	诊断和治疗的集成	
		抗体制备		
		制药媒介		
		个性化药物		
		用于诊断的生物传 感器		
用于工业生物 技术和生物 能源的合成 生物学	生物能源方面—— 油价、碳效应、碳 中和	高附加值产品	新应用的新活性物质和 化学物质	个性化化学品
		生物能源发展路径	高聚合物和生物材料	智能材料

续表

	当前 （2013 年）	短期 （2014~2018 年）	中期 （2019~2025 年）	长期 （2025 年后）
		新型食物/种子，如蛋白质	变废为宝	个性化食物
			可持续生产的大容量化学制品（较少投入）	混合能源转化——从物理学到生物学
用于环境、农业研究的合成生物学	传感器，药物传送等	智能食物存储	排污除毒	工程动物
	生物燃料与非食物产品	诊断和生物传感器	食品与生物产量	水产养殖
	虫鼠防治	虫鼠防治		设计型作物，固氮，气候变化
		生物-农业类化学产品	生物除污	人造食物
			合成型食物	工程种子的结构、大小和质量
			作物对生物胁迫和非生物胁迫的抵抗	
开发新型研究工具的合成生物学	用于分析/操纵的分子，重组细胞、组织、器官的工具	模式生物（用于研究癌症等疾病的工具）	蛋白质偶联工程——分子机器	人造/合成细胞
	基因工程，如锌指结构和转录激活子样效应因子核酸酶（TALEN）技术	用于药物筛选、细胞生物学和系统生物学的体外活体组织	信号转导、分子机器	胞内合成反应器
	蛋白质工程	非细胞体系和报告系统	分子机器网络	
	工程细胞			

随着发展战略及未来行动的日益明确，欧盟继续从各个角度关注合成生物学，尽管再未发布针对合成生物学的路线图，但是相关的概念和具体措施更加明晰。例如，在欧洲研究基础设施战略论坛（The European Strategy Forum on Research Infrastructures，ESFRI）定期更新其路线图的过程中，2018 年的路线图报告提出了建设工业生物技术创新与合成生物学加速器（industrial biotechnology innovation and synthetic biology accelerator，IBISBA 1.0）。IBISBA 1.0 是由欧盟"地平线 2020"（H2020[1]）资助的项目，旨在建立欧洲分布式的研究设施网络，提供创新服务，加速生物科学研究向工业应用的转化。IBISBA 1.0 将为所有从事工业生物技术的

---

1 "地平线 2020"是有史以来最大的欧盟研究和创新计划，在 7 年内（2014~2020 年）提供了近 800 亿欧元的资金，此外，还将吸引私人资助。计划承诺通过从实验室到市场的转化，将实现更多科学研究的突破和发现，以及创造更多的世界第一。

研究人员、中小企业和大企业提供专业研究设施；同时，还通过其跨国访问
（transnational access，TNA，免费提供 IBISBA 1.0 的专业研究指导和科研设施，
包括为外国用户提供旅行和生活的费用）计划为科研人员提供补贴，并开展各种
培训活动等。IBISBA 1.0 还开发一个专门的知识中心，为用户提供对各种项目资
产的公平访问（fair access，即所有用户具有相同的访问权限），如标准操作协议
（SOP）、公开的工作流程、项目成果和数据库等。IBISBA 1.0 的首要目标是建立
一个欧洲分布式研究基础设施，为欧洲和全球的工业生物技术群体提供一系列研
究支持服务。IBISBA 1.0 最终的目标是将工业生物技术作为成熟的制造技术加以
推广，从而促进欧洲循环生物经济的发展。

再如，欧盟委员会联合研究中心（European Commission's Joint Research Centre，
JRC）于 2021 年 4 月发布报告《新基因组技术当前和未来的市场应用》（*Current and
Future Market Applications of New Genomic Techniques*），总结了新基因组技术现阶
段的市场应用情况，涵盖新基因组技术在农业、食品、工业和医药等领域中的应
用[1]。在该报告中，新基因组技术（new genomic techniques，NGT）被定义为"能
够改变生物体遗传物质的技术"，合成生物学技术与此密切相关。其中，"新"的
界定以 2001 年欧盟发布关于转基因生物（GMO）指令（2001/18/EC）为临界点，
在此之前已经使用的技术不属于新基因组技术（如农杆菌介导技术或基因枪）。该
报告中提出的新基因组技术包括 4 类，分别是：①DNA 双链断裂（DSB）技术，
包括定向核酸酶（SDN）技术，如成簇规律间隔短回文重复（CRISPR）、转录激
活子样效应因子核酸酶（TALEN）与锌指核酸酶（ZFN）和归巢核酸内切酶技术，
这些技术可以导致诱变以及同源转基因；②基因组单链 DNA（ssDNA）断裂或不
断裂技术，如寡核苷酸定点诱变（ODM）、碱基编辑和引物编辑；③DNA 甲基化
和 CRISPR 干扰等表观遗传技术；④直接用于 RNA 的编辑技术。该报告分析了这
些新基因组技术的应用现状，并认为这些技术具有广阔的发展前景。

三、美国的合成生物学战略研究及路线图

美国是合成生物学领域的积极倡导者。从 2008 年开始，美国能源部
（Department of Energy，DOE）、美国国家科学基金会（National Science Foundation，
NSF）、美国国防部（Department of Defense，DOD）、美国农业部（United States
Department of Agriculture，USDA）、美国国立卫生研究院（National Institutes of
Health，NIH）等部门就对合成生物学研究持续关注，支持合成生物学的基础研究、
技术研发和相关机构的建立，促进了合成生物学的发展。在进一步的发展中，美

---

1 JRC. Current and Future Market Applications of New Genomic Techniques. 2021. https://op.europa.eu/
en/publication-detail/-/publication/8940fa16-a17e-11eb-b85c-01aa75ed71a1/language-en [2022-5-5].

国半导体合成生物学（SemiSynBio）联盟和美国工程生物学研究联盟（EBRC）的成立，是美国合成生物学领域进行前瞻布局的重要节点。两个联盟成立后，通过研讨和编制《半导体合成生物学路线图》《工程生物学：下一代生物经济的研究路线图》等，对合成生物学的未来发展进行系统的技术预见，提出颠覆性的创新思路和目标及针对性的建议，为国家、行业以及各类研发机构的布局提供参考。同时，针对信息、能源、材料等细分领域的技术预见和战略研究报告也不断出炉，成为推动科技和产业进一步发展的重要引导力量（图 2-3）。

（一）《半导体合成生物学路线图》

21 世纪初，美国就已成为合成生物学领域的领先者，同时也是半导体领域的引领者。在这两大领域的发展中，美国积极倡导的跨界融合颇具启示意义。半导体促进了人们日常生活各个方面所依赖的信息技术基础设施的发展，包括金融、交通、能源、医疗、教育、通信和娱乐系统及服务。摩尔定律所描述的趋势推动了半导体的性能和功能的改善，同时降低了成本。然而，计算和存储的设备扩展与能耗已成为现代信息和通信技术的战略性问题，半导体行业面临着基本的物理极限、技术开发以及加工成本上升的挑战。为了实现物联网和"大数据"效益，需要收集、共享、分析和存储数据与信息的新方法。新的解决方案之一就是"向自然学习"。美国半导体行业协会和半导体研究联盟（Semiconductor Research Corporation，SRC）在 2017 年发布的《半导体研究机会：产业前景和指导》（*Semiconductor Research Opportunities: An Industry Vision and Guide*）[1]报告中指出，未来超低能量计算系统可能建立在源自化学、生物学和工程学交叉的有机系统原理的基础之上。早在 2013 年，美国的半导体业界就已经前瞻性地认识到合成生物学所带来的机遇，以及半导体与合成生物学融合发展可能带来的前景，半导体研究联盟开始尝试启动"半导体合成生物学"（semiconductor synthetic biology，SSB）研究项目，以期探索受生物启发的半导体系统。

为了实现半导体与合成生物学接口新型技术的转化潜能，美国的半导体制造商、生物技术和制药公司、互联网企业、软件企业、电子设计自动化（EDA）企业和生物设计自动化（BDA）企业、高校、科研机构和政府部门等机构，于 2015 年成立了半导体合成生物学（SemiSynBio）联盟。该联盟在成立之初，对半导体合成生物学的理解和认知仍然十分有限，因而并未制定详细的路线图或者研究规划，主要采用先导项目的形式向麻省理工学院、耶鲁大学、华盛顿大学等多所大学进行资助，以积淀相关的知识。

---

1 Semiconductor Research Corporation. Semiconductor Research Opportunities: An Industry Vision and Guide. 2017. https://www.prnewswire.com/news-releases/semiconductor-industry-sets-out-research-needed-to-advance-emerging-technologies-unleash-next-generation-semiconductors-300431510.html [2022-5-9].

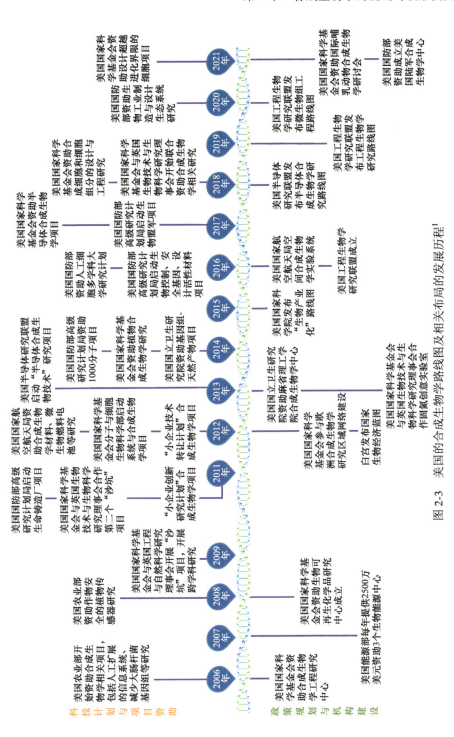

图 2-3　美国的合成生物学路线图及相关布局的发展历程[1]

1　国家发展和改革委员会创新和高技术发展司，国家发展和改革委员会创新驱动发展中心，中国生物经济发展报告 2023. 北京：科学出版社，2023: 558.

美国 SRC 和国家标准与技术研究院（National Institute of Standards and Technology，NIST）整合了来自产业界、学术界以及政府的多位专家的意见，经过 5 年的探索与酝酿，于 2018 年在全球首次发布《半导体合成生物学路线图》（*Semiconductor Synthetic Biology Roadmap*）[1]，对面向 2022～2038 年的半导体合成生物学进行了展望。

《半导体合成生物学路线图》的制定汇聚了来自生物学、化学、计算机科学、电气工程、材料科学、医学、物理学与半导体技术等不同领域的科学家，该路线图报告对半导体合成生物学的研发现状，以及未来 20 年可能面临的挑战、预期发展方向等进行了总结和预见，并以路线图作为规划工具，将社会趋势、产品或产业所面临的挑战与解决这些问题所需的技术联系起来，为科学家、工程师、创业者等提供指南，也有助于指导该新兴领域未来的投资。

该路线图详细描述了 5 个技术领域的发展目标：①基于 DNA 的大规模信息存储；②高能效、小规模、细胞启发的信息系统；③智能传感器系统和细胞-半导体接口；④电子生物系统自动化设计；⑤半导体制造与整合的生物学路径。该路线图预计，未来 10 余年将会有一批创业公司在该领域脱颖而出，实现新技术的商业化。以路线图为引导，美国加强了对半导体合成生物学的布局，并通过一系列的项目支持以推动具体研究的落实（信息框 2-6）。

信息框 2-6　美国半导体合成生物学相关项目布局（示例）

• 半导体合成生物学项目：美国 NSF 与 SRC 共同投入 1200 万美元设立了该项目。该项目始于 2018 年 8 月，为期 3 年，每年资助额度为 400 万美元。项目目的是探索用于信息处理与存储技术的半导体合成生物学，促进研究和产业的整合。同年，两个机构资助了 8 个项目，分别是基于 DNA 的电子可读存储器、基于嵌合 DNA 芯片的纳米存储系统、基于纳米孔的可伸缩性随机存取的 DNA 数据存储、核酸存储器、自动化大规模基因线路设计、具有氧化还原功能的生物电子技术用于分子通信和记忆、用于酵母细胞通信的神经网络 YastOns、用于集体计算的基于心肌细胞的耦合振荡器网络。

• 爱达荷全球创业使命奖：博伊西州立大学半导体合成生物学小组收到了由爱达荷州教育委员会颁发的 200 万美元的高等教育研究委员会爱达荷全球创业使命奖，用于建立世界领先的核酸存储（NAM）研究所。该项目始于 2018 年 8 月，目的是支持未来的产业，研究所将整合开拓核酸存储技术，为培育未来的核酸存储人才开发教育基础设施、资源和专业知识。

• 海军研究中心（ONR）多学科大学研究计划（MURI）项目：海军研究中心多学科大学研究计划的主题源于半导体合成生物学路线图委员会的引导。该项目始于 2018 年 2 月，目的是探索利用合成生物学以实现微生物或由微生物生产的电子材料、通路和组分的合成、传感与控制。项目为期 5 年，每年资助金额约 150 万美元。

---

1 Semiconductor Research Corporation. 2018 Semiconductor Synthetic Biology Roadmap. 2018. https://www.src.org/library/publication/p095387/p095387.pdf#search=Semiconductor%20Synthetic%20Biology [2020-10-1].

•美国情报高级研究计划局（IARPA）分子信息存储（MIST）项目：该项目源于半导体合成生物学路线图委员会制定的编程支持项目。该项目于 2018 年 2 月启动，目的是开发最终可以扩展到更远区域的可拓展技术。

•用于信息存储和检索的半导体合成生物学项目：NSF 通过其电气、通信和网络系统学部（ECCS）、计算和通信基础学部（CCF）、分子和细胞生物学学部（MCB）和材料研究学部（DMR）于 2020 年 3 月启动"用于信息存储和检索的半导体合成生物学项目"（SemiSynBio-II）。该项目旨在征集对新概念和使能技术进行高风险/高回报的跨学科研究，以解决与半导体技术相结合的合成生物学的基本科学问题和技术挑战，将促进生物、物理、化学、材料科学、计算机科学和工程等各学科之间的交叉融合，实现意想不到的突破。根据该项目指南，3 年内投入 1200 万美元，资助 8～10 个项目。项目关注 5 个主题的研究：①基于生物分子的新型存储计算模型；②制定能解决生物学和半导体界面的基本问题的新策略；③促进基于可持续材料的新型生物-纳米混合器件的设计；④制造可用于信息存储和检索的生物基混合微纳米电子系统；⑤扩展和表征集成电子与合成生物学系统。

（二）《工程生物学：下一代生物经济的研究路线图》

在合成生物学的发展过程中，美国科学界充分认识到了合成生物学与工程化交叉融合的重要性。美国国家科学基金会、美国能源部、美国国防部国防高级研究计划局委托美国国家科学院等机构开展重大专题调研，并于 2015 年 3 月发布《基于生物学的产业：加速先进化工产品制造路线图》。该路线图报告建议美国政府科研资助机构支持"为推进和整合原材料、生物有机体底盘与线路研发、发酵过程等所需的科学研究及重大基础性技术"。一个月后，美国合成生物学工程研究中心和阿尔弗雷德斯隆基金会便组织了"面向科学和产业的工程生物学：加速进步"研讨会，以探讨美国工程生物学的战略发展，提出美国工程生物学研究路线图的主要考虑及推进该领域发展的可能解决方案。工程生物学的战略发展研讨会后，在美国国家科学基金会的支持下，基于 2016 年结束的合成生物学工程研究中心（SynBERC）项目，建立了 EBRC，主要负责美国工程生物学的相关工作。EBRC的成员包括一些美国顶尖的科学家和工程师，代表了工程生物学研究界的不同观点；联盟组成范围从小型初创企业到规模更大、更成熟的生物技术研究和制造公司，这些公司在帮助指导工程生物学领域的发展方面发挥着关键作用。

2019 年 6 月，EBRC 发布首个工程生物学研究路线图——《工程生物学：下一代生物经济的研究路线图》（*Engineering Biology: A Research Roadmap for the Next-Generation Bioeconomy*）[1]，通过对工程生物学的现状和潜力进行重点分析，旨在为研究人员和其他利益相关者（包括政府）展示具有可行性的、近期与远期技

---

1 EBRC. Engineering Biology: A Research Roadmap for the Next-Generation Bioeconomy. 2019. https://ebrc.org/focus-areas/roadmapping/engineering-biology-2019/ [2020-1-10].

术挑战及机遇。该路线图响应了 2015 年美国国家科学院关于"生物产业化"报告中提出的建议，以及国家科学基金会和国家科学技术委员会等美国政府部门的要求。该路线图的发布，为工程学/合成生物学研究和开发提供更好的资源。该路线图对工程生物学 4 个核心关键领域以及 5 个应用领域的科技发展态势、未来 20 年技术发展和应用前景进行了系统展望。这 4 个关键的技术领域分别是：①基因编辑、合成和组装；②生物分子、途径和线路工程；③宿主和生物群落工程；④数据整合、建模和自动化（信息框 2-7）。该路线图制定了 2 年、5 年、10 年和 20 年的里程碑，并且阐述了每个里程碑阶段预期或预想的瓶颈，以及创造性的潜在解决方案。2 年和 5 年的里程碑旨在根据当前或最近的实施情况制定资助计划，以及根据现有基础设施和资源制定能够实现的目标。10 年和 20 年的里程碑是期望达到的目标，由此可能带来重大的技术进步和/或财富、资源的增加以及基础设施的改善。该路线图阐明了很多工程生物学的潜在应用，并展示了这些工具和技术在解决与应对社会挑战时的潜在用途及影响，重点关注 5 个领域：①工业生物技术；②健康与医药；③食品与农业；④环境生物技术；⑤能源。

信息框 2-7　美国工程生物学路线图（内容概要）

技术主题 1　基因编辑、合成和组装

理性地改变 DNA 序列，结合基因编辑、DNA 合成和 DNA 组装的能力，是工程生物学的基础能力，使得人们能够编辑生物体的遗传系统以获得特定的功能。基因编辑、合成和组装等技术的进步，可以增加引入生物体功能的复杂性和广度，将对所有受工程生物学影响的领域产生显著的变革性影响。

DNA 合成的市场已经成熟，并且随着新技术的出现会进行重新调整。目前，使用现有的技术，一些服务提供商正在合成单链 DNA 分子（寡核苷酸）和双链 DNA 分子（DNA 片段）。它们积极参与多个标准的竞争，包括每个 DNA 碱基对的成本、序列保真度、周转时间、知识产权保密和客户服务。然而，一些早期技术有可能以显著降低的成本制造更长的 DNA 片段，从而显著改变商业前景。

基因编辑、合成和组装突出了几条技术路线，以实现制造兆级碱基长度 DNA 分子的总体目标，并设计具有所需功能的基因和基因组。该路线图还列举了上游新技术的发展进步（如寡核苷酸合成，或合成和测序同步进行的技术）如何能够直接导致下游过程（如 DNA 片段合成）的改进。

在基因编辑、合成和组装领域，未来有可能快速、从头合成完整基因组。该路线图列出了未来的可能实现的技术突破，例如，制造 10 000 个碱基对（bp）的高保真寡核苷酸，设计和组装兆碱基克隆 DNA 片段，以及高度精确、没有脱靶效应的基因编辑技术等。此外，还可将 DNA 用作载体进行信息存储。

技术主题 2　生物分子、途径和线路工程

生物分子、途径和线路工程专注于将各个生物分子活化和组装到网络中以实现细胞的更强功能，以及利用天然和非天然模块设计、创建与改造这些大分子，实现线路和途径的集成与调控。其目标是建立常规化的分子设计方法，预测大分子的结构与功能，实现非天然氨基酸和其他元件的生物合成，并控制决定细胞状态的转录因子表达。这些技术相结合，将推动宿主细胞和生物群落工程的发展，使单个细胞、完整生物体乃至整个微生物群落具备更强大、更复杂的功能。

如果研究人员能够像自然进化的生物分子一样，精确设计、生产、合成、组装和调控具有复杂功能的生物分子，并使其满足特定应用需求，将极大促进生物工程和合成生物学的各个领域发展。

该路线图概述了一些以探测、高通量测量、计算和进化设计方法为中心的变革性工具与技术，以更好地了解自然生物分子如何发挥功能，并快速改进它们以达到人们需要的功能。生物分子、途径和线路工程的路线图涉及单个生物分子的工程设计，用于获得和扩展新的功能；或将生物分子成分组合成大分子、途径和线路，在体内（细胞培养系统）和体外（无细胞和/或纯化的环境）发挥更大的功能。该路线图包含以下内容：①生物分子是由天然或人工改造的生物系统合成的；②生物分子由自然界存在的基本构件或其人工改造变体组成；③生物分子的产生可以是主要由遗传系统编码的。对于广义定义的路线图，即大分子组装体定义为通过物理相互作用形成的生物分子复合物，途径是指一组协同发挥特定功能的生物分子，线路是指调控和处理动态信息的生物分子网络。在这些定义下，典型的生物分子包括现有天然的和工程化的大分子（如 DNA、RNA、蛋白质、脂质与碳水化合物），以及含有非天然核苷酸和氨基酸的新生物聚合物；典型的大分子组装包括自组装的蛋白质纳米结构或核蛋白复合物；典型的途径包括产生所需次级代谢产物的天然的或工程化的酶；典型的线路包括以动态方式控制基因表达的天然或工程调控组件。

技术主题 3　宿主和生物群落工程

宿主和生物群落工程专注于实现定制无细胞系统与合成细胞的进展，按需生产和控制具有高度定义功能的单细胞与多细胞生物，以及多基因组系统和生物群落。虽然从传统上看，工程生物学重点关注以微生物作为生产工具，但该路线图的目标是扩展这一范畴，构建能够将细胞作为产品本身来实现植物、动物和多生物系统的复杂工程。

近半个世纪以来，无细胞合成生物学一直是生命科学研究的主要内容。最近的技术创造了无细胞基因表达系统，产生了可以达到克每升的蛋白质，并且可以从非模式生物中构建系统，并通过设计优化显著缩短原型系统和线路的测试周期。利用模型驱动的方法构建复杂的无细胞系统，可开发出用于高级生物传感的可编程宿主，用于生物制造，甚至为从头构建合成细胞奠定基础。

与单细胞宿主的工程学相比，多细胞系统和生物体的工程技术水平较低。迄今为止，这些方法主要依赖自然繁殖过程，通过编辑植物或动物的配子或胚胎，实现基因一致的细胞和组织构建。动植物中一些通过传统育种技术难以实现的优良性状，可以通过基因编辑技术精准引入生物化学和分子水平的变化来获得。随着技术进一步的发展，对多细胞真核生物进行选择性编辑和修饰的能力，将为农业和环境应用带来变革性影响。

宿主和群落工程致力于推动宿主细胞与生物体的功能，以及相关工具和技术的进步，并优化这些系统与环境的整合与交互，包括开发方法、工具和模型，以实现：①人工合成细胞和无细胞系统，执行现有自然宿主无法完成的任务和生物过程；②细胞的生物化学改造、功能重编程和分子运输优化，提升其生物转化能力；③环境信号的感知、整合与响应预测，增强系统适应性与可控性；④复杂多细胞系统与生物群落的分化、三维结构及功能调控。

技术主题 4　数据整合、建模和自动化

数据整合、建模和自动化突出了集成生物数据模型的潜力，构建生物分子、宿主和生物群落的设计框架，以及实现"设计-构建-测试-学习"（DBTL）过程的自动化，是设计基因组、非天然生物分子线路开发，以及定制细胞和生物工程制造的基石。

生物工程应用已经发展到不仅是化工生产，还包括实验室、动物和野外生物传感器的开发，农业生物改造（用于营养强化、病虫害控制及环境修复），生物制作，以及活细胞疗法、基因/病毒疗法等领域。随着该领域的迅速扩展，新的工具和新的方法不断涌现；然而，人们仍然面临着一个挑战：如何构建更稳定、更创新的计算工具和模型，以满足生物工程的需求。

自动化是实现可行的工程生物学设计和制造过程的关键，它需要全面描述生物系统的组成部分、功能互联关系，并建立计算模型，以预测环境参数对系统行为的影响。DBTL 框架的每个阶段和界面都需要明确驱动实验设计的新数据与算法；构建计算实验框架，以支持结果的区域性判断；确保全流程的数据测量具有高质量和可比性；集成算法预测，提高流程效率和性能；设计接口，优化自动化设计。

在 DBTL 循环中，一个关键的瓶颈是缺乏通用的"设计规则"，即适用于不同系统和应用的生物分子功能标准。此外，生物系统的利用、制造和配置的技术仍在发展之中。这些因素限制了标准计算框架的建立，而计算框架对于信息存储、生物组件行为预测及故障诊断至关重要。因此，全面的自动化仍无法实现。

数据整合、建模和自动化为生物工程应用提供了清晰的路线图，该路线图包括了从设计、构建、测试和学习循环到单个生物组分的高效且可重复的创建，再到细胞内系统、多细胞系统及其在不同环境中的运行。它包括了对与化学和其他工程学科相同的标准信息和建模方法，同时尊重生物系统的独特性。建立标准化、可访问的计算框架，将促进生物系统数据的有效开发与应用，使整个领域能够共享经验、加速创新。综合来看，设计-构建-测试-学习过程的协议、测量标准和计算工具将持续改进。

该路线图从应对普遍社会挑战的角度对工程生物学潜能进行了阐述，包括实现和建立更清洁的环境、保障日益增长的人口健康和幸福需求、推动产业创新和经济活力。对每项社会挑战，考虑了克服困难所必需的或有益的工程生物学的目标，确认能够实现目标的潜在技术成果。例如，工业生物技术领域着眼于可持续制造、新产品开发、生物相关产品和材料生产工艺流程的整合。健康与医药领域注重开发和改良对抗疾病的工具，工程学细胞系统可以为残疾人提供更多选择，以及解决环境对健康的威胁。食品与农业领域关注生产更多更健康、营养更丰富的食品，包括促进不常用和未充分利用的食品与营养素生产的渠道来源，如微生物、昆虫、替代植物品种和"清洁肉类"等。环境生物技术领域将会在生物修复、资源回收、工程化有机体、生物支持的基础设施等方面取得进展，实现更清洁的土地、水和空气。能源领域关注生产能源密集型和碳中性的生物燃料，以及能够减少能源使用和消耗的工具与产品。总之，该路线图各个部分都将拓宽工程生物学工具和技术的范围与应用，从而创造更好的世界。

2019 年 9 月，美国 EBRC 发起并召开了合成生物学路线图和战略的国际峰会——"工程生物学全球论坛",邀请来自美国、英国、德国、法国、芬兰、爱沙尼亚、澳大利亚、日本、韩国、新加坡、中国等 15 个国家的代表,分享了各国合成生物学的最新进展、亮点成果以及产业投资等发展情况,并共同制定了积极的合成生物学国家战略、计划和路线图,该论坛对推动合成生物学/工程生物学对全球企业的发展具有重要的意义。

（三）《微生物组工程:下一代生物经济研究路线图》

为进一步促进下一代生物经济的发展,美国 EBRC 在工程生物学路线图的基础上,于 2020 年 10 月发布第二份路线图——《微生物组工程:下一代生物经济研究路线图》(*Microbiome Engineering: A Research Roadmap for the Next-Generation Bioeconomy*)[1],旨在为致力于微生物组工程领域的科学家和政策制定者提供前瞻性的参考。路线图不仅对微生物组工程的现状及未来 20 年的研究与开发领域进行了评估,还详细阐明了微生物组领域的科学进步在不同产业领域的应用。

微生物组工程路线图涉及 3 个技术主题:时空控制(spatiotemporal control)、功能生物多样性(functional biodiversity)和分布式代谢(distributed metabolism)。时空控制主要考虑微生物组的设计,使其随着空间和时间的推移能够精确、可预测地定位与发挥作用;功能生物多样性重点讨论了如何根据功能相似但分类不同的有机体来设计微生物群落,从而提高工程化微生物在不同环境中的互作;分布式代谢侧重于设计利用单一微生物物种或具有独特代谢能力的某一类微生物组或微生物群落共同产生和/或降解特定化合物。3 个技术主题的目标都是围绕能够显著提高微生物组工程的突破性能力。变革性工具和技术的进步,将推进微生物组工程的研究,尤其是在完善微生物模型、细胞信号和通信,以及预测微生物群设计、生长和功能的计算模型等方面。

《微生物组工程:下一代生物经济研究路线图》的应用领域主要聚焦在微生物组工程的进展如何帮助解决广泛的社会挑战,基本源于 2019 年发布的工程生物学研究路线图中的五大应用领域,包括:工业生物技术、健康与医药、食品与农业、环境生物技术以及能源领域。目前,工程微生物已经应用于很多领域,开发类似应用的微生物组或微生物群落将有助于降低成本、扩展功能并实现更高的可访问性和可用性。在某些情况下,微生物组工程还将实现单一微生物无法实现的全新功能。因此,微生物组工程的发展不仅对现有技术的应用产生短期影响,也有望对人类与微生物世界的相互作用产生更具变革性的长期影响。

（四）《通过工程生物学实现国防应用:技术路线图》

工程生物学的相关技术在国防领域也有重要的应用潜力。2020 年 6 月,美国

---

1 EBRC. Microbiome Engineering: A Research Roadmap for the Next-Generation Bioeconomy. 2020. https://ebrc. org/focus-areas/roadmapping/microbiome-engineering-2020/ [2022-6-10].

EBRC 发布《通过工程生物学实现国防应用：技术路线图》(*Enabling Defense Applications Through Engineering Biology: A Technical Roadmap*)。该路线图分析了工程生物学在美国陆海空三军的应用需求，提出了工程生物学在军事国防领域的四大应用领域，主要包括：生产相关应用的生物制品和材料、构建工程生物系统、感知和响应人类与环境的相关信号、改善和增强人体与相关系统的性能等。同时，针对这些应用，提出了工程生物学国防应用的短期、中期、长期的技术路线图。该路线图指出，材料、传感器、人体性能提升和保护的创新成果的应用能为军队的环境改善与高效运行带来变革性的影响。这些应用可以通过工程生物学先进的制造能力、规模的扩大来实现。工程生物学的新兴工具与技术包括基因工程、基因组组装与修饰、生物分子工程、生物底盘工程以及细胞通信。这些工程生物系统的自动化，以及其与数据和信息科学领域变革性工具的整合，将有助于解决国防领域面临的挑战[1]。

该路线图从工程化的分子和细胞、工程生物系统、整合环境、复杂平台等 4 个方面阐述了工程生物学应用于国防领域时需要提升的使能能力 (enabling capability)。工程化的分子和细胞方向相关的使能能力包括：工程化的 DNA、蛋白质和蛋白质组，支持分子和聚合物的动态合成；实现自然界中不存在的设计和工程生物分子多样性，带来新的功能和特性；细胞代谢的工程化，能够快速产生所需生物分子并实现材料、传感器和生物系统合成的能力；控制生物自组装，从而合成高性能材料等。工程生物系统方向的相关使能能力包括：可以在不同环境中运行稳健操作、易于部署的工程生物系统；构建和维持稳定的工程微生物群落，用于提高人体性能和保护能力；为相关环境调控改造联合体的能力等。感知和响应人类与环境信号的整合环境方向的相关使能能力主要包括：通过快速定制的工程生物传感器和传感器阵列，提供决策信息的能力；耦合生物传感和信号处理，从而感测、报告和应对所需的特征；通过多个通道在远距离传输信息，工程化地集成生物传感器报告基因系统；用于测量、记录和调节哺乳动物生物标志物及生理学的工程生物学工具与技术等。复杂平台方向的相关使能能力包括：调节和控制功能活性材料动态响应的能力；工程化改造生物/非生物界面和相互作用进而强化相关系统；利用生物电子线路优化微生物组的集成等。

（五）《工程生物学与材料科学：跨学科创新研究路线图》

工程生物学与其他领域的融合，将有助于跨学科领域的创新。2021 年 1 月，美国 EBRC 发布了第三份研究路线图——《工程生物学与材料科学：跨学科创新研究路线图》(*Engineering Biology & Materials Science: A Research roadmap for*

---

1 EBRC. Enabling Defense Applications Through Engineering Biology: A Technical Roadmap. 2020. http://ebrc.org/wp-content/uploads/2021/03/Enabling-Defense-Applications-through-Engineering-Biology-A-Technical-Roadmap_EBRC-DISTRO-A.pdf [2022-10-12].

Interdisciplinary Innovation）[1]，旨在通过路线图全面了解两个领域交叉融合的现状，帮助制定该领域的长期目标，推动该领域的发展。该路线图报告讨论了合成生物学和材料科学领域的趋势与创新，确定了与新型材料以及材料特性交叉融合的合成生物学的挑战与瓶颈。同时，该路线图还详细阐明了这些科学进步能够以何种方式应用于不同的产业领域。

工程生物学与材料科学跨学科创新研究路线图由 4 个技术主题组成，重点聚焦利用从工程生物学获得材料的工具和技术。这 4 个技术主题分别是：合成（synthesis）、组成与结构（composition and structure）、加工处理（processing）及性质与性能（property and performance）。

4 个技术主题都围绕能够显著提高两个领域交叉融合的突破性能力。突破性能力进一步被分别划分为 2022 年、2025 年、2030 年和 2040 年（分别是未来 2 年、5 年、10 年和 20 年）能够实现里程碑研究的路径。

1. 合成

利用工程生物学制造材料成分，或是研发和生产原始的材料成分。其主要包括利用或运用工程生物学生产单体、聚合物、生物分子和其他大分子，并用作材料的组成部分。

2. 组成与结构

利用工程学设计或控制材料的成分，涉及生物活性或生物组分的工程学改造，以及这些组件的二维和三维空间。其主要包括材料内部工程化的相互作用，如生物-非生物界面，以及嵌入的生物分子、酶和细胞；还包括对材料的物理和容量特征进行工程化改造，如生物分子（如蛋白质）结构和材料的三维结构。

3. 加工处理

对生物进行工程化改造，通过聚合和降解、模板化、图案化与打印等"单元操作"，构建或破坏材料。其主要包括工程化的生物挤压（biological extrusion）或材料的分泌、沉积、自组装和自拆卸；还包括利用以工程生物学为基础的技术、工具和系统（如无细胞系统）进行材料的制造、回收与净化，以及生产在非自然环境和极端条件下发挥作用的工程生物材料。

4. 性质与性能

对材料动态特性和活性的工程化，包括传感和响应、通信与计算，以及通过生物成分的加入或激活进行自我修复。其主要包括工程化材料以用于提供信号、

1 EBRC. Engineering Biology & Materials Science: A Research roadmap for Interdisciplinary Innovation. 2021. https://ebrc.org/focus-areas/roadmapping/roadmap-for-materials-science-engineering-biology/ [2022-1-3].

储存和释放能量或信息，通过工程学改造生物成分，以及材料中生物成分和非生物成分的动态相互作用的工程化修饰。性质与性能还关注用于表征活体材料和含有生物成分材料的动态活性与性能的相关工具、方法及技术的挑战。

该路线图的应用领域来源于 2019 年发布的工程生物学路线图中的五大应用领域：工业生物技术、健康与医药、食品与农业、环境生物技术以及能源领域。每个应用领域都强调了工程生物学材料应用的实例，它们或将有助于克服普遍存在的社会挑战，如实现并建立更清洁的环境、支持不断增长的人口健康和福祉需求、加速产业创新与经济活力等。该路线图报告进一步确定了这些典型应用所需的潜在技术成果。这些典型应用和技术成果反映并结合了路线图技术主题中所设想的成果。应用领域的内容是"自上而下"构建的：考虑到公认的社会挑战，路线图工作组对工程生物学材料的无数选择和创新机会进行了考量，从而确定了克服这些挑战的解决方案，以进一步促进技术的进步。

（六）《气候与可持续发展的工程生物学：更清洁未来的研究路线图》

2022 年 9 月，美国 EBRC 发布《气候与可持续发展的工程生物学：更清洁未来的研究路线图》（*Engineering Biology for Climate & Sustainability: A Research Roadmap for a Cleaner Future*）[1]。这是 EBRC 发布的第 4 份路线图。该路线图确定了缓解和适应气候变化的工程生物学研究新方法，提出了在未来短期、中期、长期实现的相关目标，这将有助于减少温室气体排放，降低和消除污染，促进生物多样性和生态系统保护。同时，该路线图还分析了在食品与农业领域、运输和能源领域以及材料与工业领域利用工程生物学使能技术实现可持续发展的机会。

该路线图主要由两部分共 6 个主题组成，详细阐述了可持续发展目标下工程生物学研究可能的突破和里程碑。

第一部分主要包括 3 个技术主题，这些主题侧重于缓解和适应气候变化的影响，并旨在建立和确保生态系统复原的新能力。3 项技术主题分别是：温室气体的生物封存主题探讨了利用工程学从大气中捕获和去除二氧化碳、甲烷与其他有害气体，并实现和加强碳储存及转化；减轻环境污染主题强调了利用生物修复、生物封存和生物降解等途径预防与解决环境问题；保护生态系统和生物多样性主题探讨了工程生物学有助于监测生态系统的状态、分布和多样性等，并提出了所有工程生物学应用都需要强有力的生物遏制战略。

第二部分是应用领域，重点关注工程生物学在主要应用领域如何提供气候友好、可持续的产品和解决方案。食品与农业主题探讨了减少食品生产过程和废弃物中温室气体排放的特定机遇，以及如何使农业和食品系统更加适应气候变化；

---

1 EBRC. Engineering Biology for Climate & Sustainability: A Research Roadmap for a Cleaner Future. 2022. https://roadmap.ebrc.org/engineering-biology-for-climate-sustainability/ [2023-2-10].

交通与能源主题讨论了生物燃料、电力生产和储存，以及减少陆地交通、航运和航空的温室气体排放；材料生产和工业工艺主题确定了在建筑环境及纺织品与其他消费产品中，如何通过工程生物学的发展，减少人为碳足迹，减少毒素和废弃物，并可持续地回收有经济价值的资源等。

除了技术路线图，该路线图还提供了 4 个案例研究，分别是：在美国加利福尼亚州沿海水域释放增加碳捕获能力的工程藻类；将基于工程根瘤菌的生物肥料应用于美国中西部的玉米田；在内华达州用工程微生物进行高效率的锂生物开采；改善牛肠道中微生物组以减少美国农业的甲烷排放。这些案例研究旨在提供技术资源，为研究人员和工程师解决研究中的非技术问题与挑战提供信息、学习工具以及讨论的机会，帮助他们在工程生物学研究和开发过程中寻找潜在影响因素与问题解决方案。

（七）《合成/工程生物学：国会议题》

由于对合成生物学及相关术语的定义还不够明确，如工程生物学、基因工程、基因组工程等，这就使得难以量化其应用领域、研究经费、公共投资以及经济影响趋势等。因此，美国国会研究服务局（Congressional Research Service，CRS）于 2022 年 9 月发布了《合成/工程生物学：国会议题》（*Synthetic/Engineering Biology: Issues for Congress*）报告，梳理了合成生物学的特定应用领域，美国近年来在合成生物学领域的投资与相关实践，以及生物安全和生物安保等问题，并讨论了美国国会在支持该领域发展中需要解决的一系列潜在问题，包括国际监管影响、公众参与等。该报告指出，自 2008 年以来，美国研究机构在公共资金领域的投资已经超过 19 亿美元，但由于国防部高级研究计划局（DARPA）的资金情况并未统计在内，因此，美国政府对合成生物学的投资总额可能远不止于此[1]。

同时，该报告提出，对合成生物学短期、中期和长期可能带来的问题与应用进行定期探讨，将有助于发现政策可能需要解决的战略竞争力、生物安全、生物安保、生态、经济和公众使用与接受度等问题。战略预见也有助于确定更广泛的经济和社会问题，包括就业市场变化和培训需求。美国国会可能需要考虑是否要求联邦研究和监管机构定期进行横向扫描评估，确定潜在的生物安全/生物安保问题、美国的战略定位，以及与合成生物学等新兴技术成果相关的政策影响。此类评估工作可能是美国在生物经济和生物技术领域更广泛工作的重要组成部分。

四、澳大利亚的合成生物学战略研究

除英国、欧盟、美国外，澳大利亚等国家也高度关注合成生物学，重视合成

---

1 CRS. Synthetic/Engineering Biology: Issues for Congress. 2022. https://crsreports.congress.gov/product/pdf/R/R47265 [2023-3-3].

生物学的战略研究，并制定、发布合成生物学国家路线图。

针对合成生物学可能带来的重塑影响，为探索其对澳大利亚的潜在机遇和挑战，澳大利亚学术委员会（ACOLA）于 2018 年发布《澳大利亚合成生物学：2030 年前景》[1]。该报告从不同的角度审视合成生物学的重要性，如合成生物学在科学研究、商业和工业应用中的地位与日益增强的作用；澳大利亚为全球努力应对能源和粮食生产、环境保护与医疗保健方面的重大社会挑战所作出的贡献；分析了支持澳大利亚合成生物学产业发展所需的未来教育、工作人员和基础设施的需求；考虑支持和管理该领域在澳大利亚的发展所需的社会、道德与监管框架等，并提出了对澳大利亚合成生物学发展的建议。以此为基础，澳大利亚联邦科学与工业研究组织（CSIRO）于 2021 年 8 月发布《国家合成生物学路线图：确定澳大利亚的商业和经济机会》（*A National Synthetic Biology Roadmap: Identifying Commercial and Economic Opportunities for Australia*）[2]。该路线图详细分析了澳大利亚在合成生物学领域发展的优势，提出了澳大利亚在未来短期（2021～2025 年）、中期（2025～2030 年）、长期（2030～2040 年）的合成生物学发展路线图，并特别指出未来 4 年重点关注在澳大利亚建立的合成生物学生态系统（信息框 2-8）。

信息框 2-8 澳大利亚国家合成生物学路线图

澳大利亚国家合成生物学路线图针对 2021～2025 年合成生物学生态系统的建设，围绕支持研究转化、开发共享基础设施、吸引国际企业和人才、加强基础生态系统推动因素 4 个方面提出了 10 条建议。

1. 支持研究转化

建议 1 优先转化能够最快证明商业可行性的应用

作为相对较小的国家，为了在全球新兴市场中建立领先地位，澳大利亚必须在短期内证明合成生物学应用的商业可行性，将转化投资重点放在 2030 年前商业上可行的高价值、小批量应用，有助于吸引更多的私人投资和公共投资，并加速澳大利亚合成生物学的商业验证。根据应用评估框架提出的优先排序，结果表明生物制造食品、农业和食品生物传感器、工程生物治疗以及医疗诊断用生物传感器可能是有前景的初始投资方向，这些机会有助于澳大利亚证明短期的合成生物学应用的商业可行性。

建议 2 建立生物孵化器，支持合成生物学初创企业发展

生物孵化器的商业化开发可以支持研究人员和企业家将想法转化为商业成果。生物孵化器为初创企业提供共享办公室和实验室设施，以及为验证概念与吸引私人投资提供所需的商业指导和研究服务。

---

1 Gray P, Griffiths P, Meek S, et al. Synthetic Biology in Australia: An Outlook to 2030. 2018. https://acola.org.au/wp/wp-content/uploads/HS3_SynBiology_WEB_180819.pdf [2020-1-20].

2 CSIRO. A National Synthetic Biology Roadmap: Identifying Commercial and Economic Opportunities for Australia. 2021. https://publications.csiro.au/rpr/download?pid=csiro: EP2021-0600&dsid=DS1 [2022-10-11].

生物孵化器可设置在现有或规划的能力中心和研究基础设施附近（包括共享基础设施），专注于支撑技术能力或追求解决共同的行业挑战。

生物孵化器项目通常提供有竞争力的补助金，使初创企业能够负担得起研发成本。投资应该考虑创业者在短期内的商业验证、社会或环境影响的能力。加入加速器项目还可以帮助成熟的初创企业为全球市场准备产品或服务，从而增加其价值。

2. 开发共享基础设施

建议 3　支持国家生命铸造厂规模和能力的发展

生命铸造厂提供自动化、高通量的生物体设计服务，从而支持学术研究和工业研发。进一步开发这些能力将有助于在商业验证初期提供商业机会。

澳大利亚目前有两个组织正在开发生物基础能力：昆士兰州的 CSIRO 以及新南威尔士州的麦考瑞大学。2020 年，联邦政府承诺向国家合作研究基础设施战略（NCRIS）提供 830 万澳元，进一步完善国家合成生物学基础设施。

这些生命铸造厂的进一步开发和可持续性需要强大的项目支持，然而，澳大利亚对以成本为代价的生物数据生成项目需求很少，国家能力发展需要政府的支持。提供项目资助来支持企业获得生命铸造厂的服务，可能是澳大利亚发展可持续合作项目的途径。

建议 4　开发经认证可用于转基因生物的试点和示范规模的生物制造设施

国际合成生物学初创企业对可负担得起的生物制造设施具有强烈需求，目的在于实现合成生物学应用的示范和推广，但是使用转基因生物设施通常需要 2 级实验室（PC2）认证。除生物医学重组蛋白的生产能力外，澳大利亚的 PC2 认证生物制造基础设施非常有限，这不仅制约了本土企业的规模化能力，也阻碍了部分国际公司在澳大利亚开展工业研究和开发活动。同时，与 PC2 认证相关的监管要求给初创企业带来了大量额外的前期成本。生物制造食品或医药产品等的应用，对基础设施也提出了额外的监管要求，进一步增加了成本。

澳大利亚已经有一些用于中试规模发酵的现有设施，升级这些设施以获得 PC2 认证可能是开发能力的高成本效益选择。例如，联邦政府在 2021 年 5 月承诺提供 520 万澳元升级 QUT Mackay 可再生生物商品试验工厂的生物质加工、发酵、分离和净化设备，从而增强其合成生物学应用的能力。

CSIRO 的应用评估发现，利用合成生物学使能技术制造食品和饲料产品，是一个有希望的短期应用。为了实现这一契机，澳大利亚可以考虑建立可及性食品级生物制造基础设施（用 PC2 认证的精确发酵和下游处理能力）来支持新兴企业验证与食品相关的合成生物学应用。示范规模因应用而异，但至少要达到 1000L 工业发酵系统的规模。

3. 吸引国际企业和人才

建议 5　吸引国际企业在澳大利亚商业运营

为了加速发展一批关键的合成生物学使能工业活动，澳大利亚可以考虑支持或鼓励更成熟的国际企业在澳大利亚建立业务。这有助于展示合成生物学创造就业和产生商业影响的潜力，并促进知识和技能的转化。联邦和州政府、工业机构与研究组织都可以在确定合适的国际合作伙伴和提升澳大利亚的优势及能力方面发挥作用。

建议 6　吸引优秀的国际研究人员并加强国际研究合作

为了加速澳大利亚合成生物学生态系统的建立，研究机构和公司可以吸引优秀的国际人才。现有的政府计划，如联邦政府全球人才计划和维多利亚州的维斯基创新研究金计划，可用于吸引和安置人才。

与国际企业和研究人员开展新的研究合作也有所帮助，将使当地研究人员能够接触到世界领先的技术，并展示澳大利亚合成生物学的研究能力，有助于吸引国际研究人员和企业。

4. 加强基础生态系统推动因素

建议 7　成立国家生物经济领导委员会，为政府战略提供建议

随着消费者的需求和政府政策的重心转移到生物经济的增长，对合成生物学等使能平台的投资应考虑与其他应对全球挑战和类似市场需求的工具相结合。成立国家生物经济领导委员会将彰显生物经济在澳大利亚未来发展的重要低位。

该委员会需要为制定和不断完善国家生物经济战略作出贡献，战略要促进跨区域和组织的协调、沟通与差异化，防止重复工作并确保国家投资符合长期战略。委员会的职责可能还包括促进与生物工程负责任创新相关的国家和国际政策，并向产业界推广澳大利亚的合成生物学和生物制造能力等。

建议 8　维持合成生物学应用的安全和公平管理

为了维护公众对合成生物学技术安全和负责任发展的信任，澳大利亚必须建立适合的监管框架，并为合成生物学国际标准和伦理原则的制定作出贡献。

合成生物学应用的监管可能涉及多个机构。所有涉及转基因生物的应用和产品均由基因技术管理机构监管。然而，许多产品，包括食品、农用化学品和治疗产品，都需要遵守其他特定行业的标准和法规。澳大利亚监管机构必须拥有充足的资源，确保当前和未来的监管与立法审查能够跟上合成生物产品数量、多样性及复杂性的增长。维护有效的沟通渠道以及基因技术管理办公室和最终产品监管机构之间清晰的责任划分，也将变得越来越重要，既有利于实体的高效运营，也有利于建立尽可能简化的监管审查框架。

积极参与合成生物学相关的国际标准、协议和伦理原则制定，将有助于安全有效地管理本国的合成生物学技术和应用。这种国际参与可以由国家生物经济领导委员会协调，利益相关者参与，包括国家计量研究院、相关政府部门和监管机构。

建议 9　投资用于提高经济、数字、社会科学以及生物物理科学的基础技能

澳大利亚在生物物理科学领域（如生物工程）具有优势，但在未来几十年中，为实现澳大利亚合成生物学生态系统的持续增长，需要整合其他科学领域，特别是以下几个领域。

·经济学：经济评估工具（包括技术经济建模和生命周期分析）提供了关键的决策工具，通过评估新兴应用的潜在影响，帮助指导应用研究投资。

·数字和数据科学：应用人工智能、机器学习和自动化，加快合成生物学解决方案的设计和开发。其他相关技能包括生物信息学、计算建模与仿真、自动化与工程学改造工艺、机器人技术和软件工程等。

·社会科学：对社会科学的持续考虑，有助于支持合成生物学负责任的伦理发展，并将建立公众对合成生物学创新的信任。

建议 10　开发和加强地方产业-研究合作，建设能力、共享知识并增加就业途径

CSIRO 调查表明，85%的澳大利亚人对合成生物学及其应用知之甚少或一无所知。随着商业活动的增长，合成生物学更广泛的行业意识也在发展。澳大利亚合成生物学卓越中心有多个行业合作伙伴。应建立针对性的网络，进行任务驱动的合作研发，加速合成生物学在解决关键国家挑战中的应用。

由于对该行业认知有限，许多毕业生会在其他行业就职，或移居国外。早期职业研究人员和博士实习是提高合成生物学研究人员就业能力的有效方式。

五、我国的合成生物学战略研究

2007 年，中国科学院组织开展了我国 18 个重要领域"中国至 2050 年科技发展路线图"的战略研究。在重大交叉前沿科技领域中，专门列出了"生命起源、生物进化和人造生命"的重大方向。该路线图指出"在生命起源与进化方面，合成生物学的出现打开了从非生命的化学物质向人造生命转化的大门，为探索生命起源和进化开辟了'从整体论角度去解读生命-复杂动态系统'的崭新途径，将可能导致生命科学和生物技术的重大突破，并对人口健康、生物经济和资源环保等领域前沿产生革命性的影响"。2008～2021 年，以"合成生物学"为主题的香山科学会议举办了 4 次，2008 年会议（第 322 次）首次讨论了合成生物学的背景、进展和展望；2014 年会议（第 510 次）讨论了合成生物学与中药；2017 年会议（第 552 次）为国家设立合成生物学重点专项提供了重要思路；2021 年会议（第 S64 次）讨论了定量合成生物学。其他有重要影响的学术论坛如（上海）东方科技论坛和（苏州）冷泉港亚洲会议等，都多次组织了专题讨论会[1]。中国科学院与国家自然科学基金委员会联合连续两次资助合成生物学领域的战略研究。赵国屏和赵进东两位院士邀请国内 90 多位中青年科学家，组建了由合成生物学领域专家以及文献情报研究人员共同组成的研究组，开展战略研究和报告编制。在追溯合成生物学发展历史的基础上，研究组对"合成生物学"的定义作了系统梳理；全面厘清了合成生物学区别于其他生命科学学科的工程科学、生命科学和生物技术内涵；既反映出合成生物学对生命科学研究战略和文化的革命性影响，又阐明了合成生物学技术在工业、农业、健康、能源、环境、材料等领域的创新应用所带来的潜在价值和战略意义。同时，研究组回顾了各具体领域、方向的发展历史，分析研究与应用的现状和面临的瓶颈问题，进一步明确了合成生物学的核心科学问题和"设计生命"的关键理论与技术瓶颈，探讨了我国合成生物学的发展思路、发展目标、优先发展领域及重要研究方向；在此基础上，提出了面向 2035 年，我国合成生物学在基本科学问题、重点技术和应用领域的重点发展方向及政策建议[2]。一系列的战略研究与研讨，推动了合成生物学相关项目列入中国的科研重点资助方向（图 2-4）。

---

1 张先恩. 中国合成生物学发展回顾与展望. 中国科学: 生命科学, 2019, 49(12): 1543-1572.

2 "中国学科及前沿领域发展战略研究(2021—2035)"项目组. 中国合成生物学 2035 发展战略. 北京: 科学出版社, 2023.

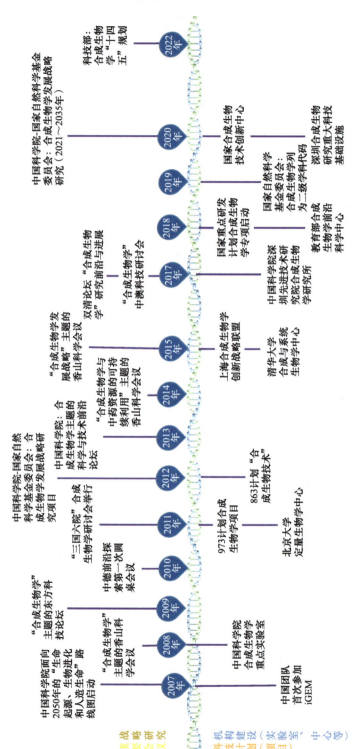

图 2-4 我国合成生物学领域的战略研究及重要事件

第二节 研究网络的"构建"

合成生物学的创新发展离不开系统哲学、生命科学、工程科学、使能技术的融合，也离不开元件、线路、底盘细胞和系统等多个层级的协同，因而合成生物学领域的重大科学问题、共性关键技术离不开多学科团队的统筹与协调、多类型资源的配置和优化，以体系化的研究团队建设满足源头性创新、公益性供给的深耕，以基础研究、技术攻关、产业创新的良性互动满足协同攻关的需求，从而促进多学科、各领域间的广泛扩散渗透，实现合成生物学科技研发的多点突破、创新应用的群发性突破。在合成生物学领域，很多的微小创新加以有机集成，就有可能孕育整体迭代的突破。

合成生物学发展的"会聚研究"范式，使其群体突破不局限于单一学科或单点技术，而是更依赖于多类技术的"涌现效应"。在合成生物学的发展中，以解决共性关键问题为目标的"大科学"、以自由探索为特征的"小科学"并行不悖，因此，构建多方深度参与、产学研用高效协同的创新网络至关重要。从历史上看，从美国总统科技顾问万尼瓦尔·布什《科学：无尽的前沿》（*Science, Endless Frontier*）中提出的"基础研究→应用研究→产品开发→商业应用"的线性模式，到普林斯顿大学教授唐纳德·斯托克斯（Donald Stokes）在《基础科学与技术创新：巴斯德象限》（*Basic Science and Technological Innovation: Pasteur's Quadrant*）中提出的"应用驱动基础研究"的巴斯德象限，再到美国科学院发布的《会聚观：推动跨学科融合——生命科学与物质科学和工程学等学科的跨界》（*Convergence: Facilitating Transdisciplinary Integration of Life Sciences, Physical Sciences, Engineering, and Beyond*）[1]，在合成生物学的发展中均有所体现（图 2-5）。

在这样的研究范式下，不同治理模式、资源配置、价值导向的主体互相协作，构成了相互支持、相互作用的研究网络，这是一个国家或地区在合成生物学的创新发展中塑造整体优势的必然要求。整体优势的塑造与关键领域的精准发力并不矛盾，因而研究网络的合理布局是谋求新一轮发展中先发优势的基础条件。值得注意的是，已有的经验表明，合成生物学领域的这种研究网络体系并不仅仅包括传统意义上的研究机构合作模式，还包括以国际遗传工程机器大赛（iGEM）等形式为载体的协同平台，也包括基于"云端实验室"等载体构建的开放资源、开放仪器、开源数据、开放创新合作模式。因而，合成生物学的创新发展中，前沿研究与实践应用的"耦合"，工程目标下的研发、应用、孵化和延伸产业创新链条上的"解耦"均十分重要，而共通的技术标准规则、共创

---

1 美国科学院研究理事会. 会聚观: 推动跨学科融合——生命科学与物质科学和工程学等学科的跨界. 王小理, 熊燕, 于建荣, 译. 北京: 科学出版社, 2015.

的使能技术模块、共商的知识产权运营机制、共享的技术创新平台则是发挥倍增效应的必要支撑条件。

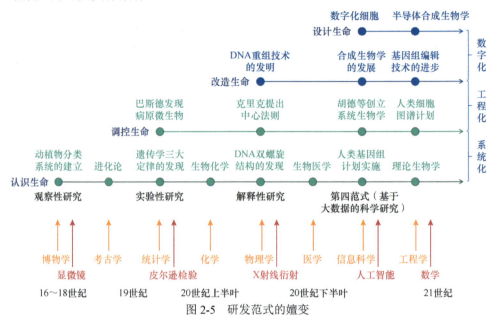

图 2-5　研发范式的嬗变

对应于这样的研究网络体系的构建，采用理事会（或联盟）等方式统筹协调各类科技资源、推进产业技术创新，已经受到有识之士的关注，也得以在个别的探索中加以实践。在这样的模式下，探索如何通过协同机制、评价体系、资源配置、团队建设、平台支持等方式，以建制化的组织来推动集中攻关，成为主动抢占未来科技发展制高点的重点。

一、国际遗传工程机器大赛

从推动早期的合成生物学发展到促进当前的合成生物学研发，国际遗传工程机器大赛（International Genetically Engineered Machine Competition，iGEM）持续发挥了重要作用。iGEM 是合成生物学领域的国际科技赛事，也是涉及生命科学、化学、物理学、数学、计算机等领域交叉合作的跨学科竞赛。该竞赛始于 2003 年麻省理工学院的一门独立研究课程，2005 年发展为国际赛事。竞赛组织者也于 2012 年从麻省理工学院中独立出来，成为一个非营利性组织，由基金会来支持相关的科学研究和教育，促进合成生物学的发展，并与开放的社团合作。

大赛起初主要针对在校本科生。后来，随着参与竞赛的队伍日益壮大，大赛的主办方也将研究生和高中生纳入了大赛的参赛范围。iGEM 的参与方众多，2006年有 32 支队伍参赛，2021 年已经有 356 支队伍参赛，覆盖全球 45 个国家，除高校的师生之外，产业界、投资者和政府也对其十分支持。这个大赛逐渐成为合成生物学领域交流协作的平台，2010 年首家由这个大赛孵化出来的公司成功上市，自此以后更多的人对其投以关注目光。受此激励，2012 年国际遗传工程机器设计竞赛开辟了创业的分赛场。

iGEM 充分贯彻了工程化的理念。例如，针对元件的标准化，竞赛主办方构建了标准生物元件注册库（registry of standard biological parts），以促进元件的共享和利用。各参赛方利用现有的或新创造的"生物砖"（BioBrick），设计和构建全新的遗传体系。随着大赛不断发展，国际遗传工程机器设计竞赛初步发展成集多种功能于一体的"生态系统"。在大赛的集中期，很多大的学会利用该机会来开展一些创造性的教育项目，如基因组活动教学联盟（Genome Consortium for Active Teaching，GCAT）便是其中的典型例证。同时，企业可通过 iGEM.org 访问相关的知识共享工具，获取必要的知识。

在 iGEM 的示范引领下，又有多个其他相关的大赛相继开展。例如，国际生物分子设计大赛（BIOMOD）由美国哈佛大学维斯研究所（Wyss Institute at Harvard University）于 2011 年创办，是世界分子生物学顶级赛事，每年吸引数百名国际知名高校大学生参赛，主要领域涉及利用 DNA、RNA 和蛋白质等生物分子制作生物分子机器人，生物分子逻辑门和计算、结构生物学，以及为纳米治疗领域提供技术原型等。

再如，基因工程网络的关键评估（Critical Assessment of Genetically Engineered Networks，CAGEN）是美国国家科学院凯克未来计划（National Academies Keck Futures Initiative）的组成部分，由凯克基金会（Keck Foundation）资助举办[1]。该竞赛的参赛对象主要为生物线路领域的设计团队，要求他们在复杂多样的环境下，完成生物线路的设计，并实现和展示其生物学功能。在该竞赛中，每年都有指导委员会给出题目，参赛团队必须提交他们的序列、载有其设计线路的质粒 DNA 及数据，并通过一个特定的测试包，使其系统表现出特定功能。

二、美国工程生物学研究联盟

早在 2006 年，美国 NSF 就投入 2000 万美元，由哈佛大学、麻省理工学院、

---

1 National Academies Sciences Engineering Medicine. National Academies Keck Futures Initiative publishes program summary sharing lessons from 15 years of igniting innovation at the intersections of discipline. 2018. https://www.nationalacademies.org/news/2018/12/national-academies-keck-futures-initiative-publishes-program-summary-sharing-lessons-from-fifteen-years-of-igniting-innovation-at-the-intersections-of-disciplines [2018-12-12].

加利福尼亚大学伯克利分校、加利福尼亚大学旧金山分校等组建合成生物学工程研究中心（SynBERC，简称"工程中心"），该项目为期 10 年。该工程中心的任务主要包括三方面：①发展基础技术，将生物元件组装成系统，使其能够执行特定任务。②培养从事合成生物学的新型工程师队伍。③做好合成生物学的科普工作，加强合成生物学可能带来的机遇和挑战的相关意识。为实现上述目标，该工程中心从元件、器件、底盘细胞、实践和测序台等 5 个方面，针对特定任务提供解决方案。在工程中心成立后，各成员机构实验室的研究、学术和行业之间的互动，对推动合成生物学早期的发展发挥了重要的作用。

2015 年，美国国家科学基金会对工程中心的资助即将到期，工程中心呼吁美国联邦政府与学术界、产业界合作，以推动生命科学和生物技术的工程化发展，发起了发展工程生物学的倡议，并与阿尔弗雷德斯隆基金会组织了主题为"面向科学和产业的工程生物学：加速进步"的研讨会。来自科技界、产业界以及政府和社会组织的 60 多位领导人参与了研讨会，共同探讨了美国工程生物学的战略发展，并提出了美国工程生物学发展路线图的主要考虑及推进该领域发展的可能解决方案。

在研讨会后，由美国 EBRC 主要负责美国工程生物学的相关工作。EBRC 是维持美国联邦政府投资与业界研发的桥梁，是协调监管和安全政策的纽带，是促成公私合作的渠道，是促进生物科普和教育等方面实践的平台。在推动合成生物学的进一步发展过程中，EBRC 通过发布路线图等形式，为学术界、产业界和政府提供富有远见的技术研究路线，确定未来 20 年合成生物学与交叉领域共同发展的优先方向，让各界了解该领域面临的挑战与巨大的潜力及机遇，吸引相关的利益投资者进一步发展壮大该领域。

从合成生物学工程研究中心（SynBERC）到 EBRC 工程，合成生物学的循环已从"设计-构建-测试"升级为"设计-构建-测试-学习"，开启了人工智能与合成生物学的深度融合。同时，EBRC 还注重共性原则和指南的制定，以推动工程生物学的良性发展。EBRC 认为，工程生物学利用生物学、化学、计算机科学和工程学的进步来理解、设计与构建生物系统及有机体，相关技术产生的伦理、环境、社会、政治、安全和安保问题需要深思熟虑与持续探讨。理解这些问题是研究的必要组成部分，需要从项目设计时就开始考虑，并通过新技术和/或产品的部署持续进行管理。因此，EBRC 提出了在工程生物学研究中应遵循的 6 项伦理指导原则，为联盟成员提供指引（信息框 2-9）[1]。

---

1 Mackelprang R, Aurand E R, Bovenberg R A L, et al. Guiding ethical principles in engineering biology research. ACS Synth Biol, 2021, 10(5): 907-910.

信息框 2-9　美国工程生物学研究联盟提出的 6 项伦理指导原则

1. 寻求创造有益于人类、社会或环境的产品或工艺流程：工程生物产品或工艺流程应该提供一些公共或环境利益。基础研究通常不会直接转化为对人类或环境有益的产品或工艺流程；然而，这项工作产生的知识和理解本身是有价值的，并有助于在未来实现开发有益的产品和工艺流程的能力。

2. 考虑并权衡研究的益处和潜在的危害：技术研究的进步有可能无意中造成伤害，或产生对人类或环境造成伤害的能力。在研究过程中，研究人员有责任：①考虑与他们的领域相关的、已公布的标准，比如人类基因组编辑的标准；②在既定的法律指导方针和法规范围内工作；③与生物伦理学和其他学科的相关专家保持联系，他们可以为正在进行的评估和决策提供信息。这种做法将帮助研究人员就研究和发展方向作出更全面的判断，从而在免受潜在危害的同时达到预期目的。

3. 在工程生物学教育、研究、发展、政策和商业化的选择与实施中体现公平及公正：考虑其创新的未来用途、应用和适应性，以及可能受益或不受益的人群。研究人员可以通过与目标人群、非政府组织、医疗专业人员、政府和行为科学家进行交流沟通，理解、预见和考虑正在进行的研究与开发的影响。通过这些方式，研究人员可能会发现优化研究的机会，开发可供不同社区和人群使用的产品。

4. 争取公开发布早期研发成果：基础研究的开展与共享推动了知识和工具的发展，加速了进步。虽然目前学术界已有良好的交流，但还应鼓励产业界的研究人员分享更多与知识有关的发现。

5. 保障与工程生物学有关的个人权利，包括研究人员的研究自由和研究参与者的自由、知情同意：在法律和道德范围内开展工作的人员应享有进行各种调查与研究的自由。知情同意还维护了参与工程生物学研究的人群主体的权利。法律没有规定和维护参与者获得准确、及时与详细的信息的权利，研究人员有责任保持更高的道德标准。政府鼓励他们与监管官员交流，制定此类标准。

6. 支持工程生物学研究人员与可能受到研究、开发和新技术影响的利益相关方之间的开放交流：承认工程生物学的某些应用（如人类生殖系编辑或基因驱动）可能影响整个人类种群和/或生态系统。为此，学术界和从业人员提出了多种模式，以确保相关人群的权利得到尊重和保护。这些模式包括社区咨询、"自由、事先和知情同意"、"响应性科学"等。至少，人们有权获得可能影响他们或他们生活环境的工程生物学研究应用的准确和及时的信息，不应阻止人们阐明他们的问题、评论和/或关注。研究人员和社区之间的双向交流甚至协作对所有相关人员都是有益的。社区成员将受益于理解或参与拟开展的研究，并有机会直接与研究人员交流。听取社区成员的意见使研究人员能够了解人群的需求，并为设计和指导符合这些价值的研究提供机会。考虑到研究项目、研究人员和相关社区的性质，研究人员、社会科学家和社区管理人员间的伙伴关系有利于确定合适的参与模式。

这些原则概述了工程生物学研究人员及其工作相关的责任。该领域的规范应支持科学假设探索中最大限度的知识自由。同时，应该采用一种文化标准，仔细审查研究对人类和环境造成的潜在后果与影响。工程生物学群体应该支持这样的氛围，在这种氛围中，听取和讨论领域内外的利益相关者所关注的伦理问题，并采取行动。为了营造这种氛围，可以通过会议、期刊、研讨和组织工作组等优先讨论这些问题，并通过双向沟通形式与领域以外的人交流，包括持续、公开的对话、磋商和社区论坛或会议。

三、英国合成生物学研究网络

英国前期在合成生物学领域的活动，为其科学研究和商业化环境打下了坚实的基础。同时，英国对合成生物学领域的经费投入、研究平台和基础设施建设、促进技术商业化应用等方面的支持力度也在不断加大。英国政府、产业界和学术界也都认可需要将国家现有研究优势充分发挥出来，把握住该领域的发展机遇，引领合成生物学研究和产业发展。基于这些考虑，英国将合成生物学作为未来重点发展的新兴技术予以高度重视，并成立了合成生物学路线图协调小组，开展路线图研究并制定发展路线图，目的就是进一步明确英国合成生物学的发展愿景和目标，确定实现这些目标所需开展的工作。

2012 年路线图发布后，英国政府出资 7200 万英镑建立了 6 个跨学科的合成生物学研究中心，包括爱丁堡大学哺乳动物合成生物学研究中心、曼彻斯特大学精细与专用化学品合成生物学研究中心（SYNBIOCHEM）、聚焦工程微生物的诺丁汉大学合成生物学研究中心、聚焦生物分子设计与组装的布里斯托尔合成生物学研究中心（BrisSynBio）、聚焦生物系统设计的沃里克整合合成生物学研究中心（WISB）、以植物合成生物学技术开发为主的 OpenPlant 合成生物学研究中心。2019 年，英国又宣布建立未来生物制造研究中心（FBRH），聚焦于制药、化工和工程材料等 3 个领域的生物制造。以上 7 个研究中心加上主要研究生物平台技术的帝国理工学院合成生物学和创新中心（CSynBI），构成了英国合成生物学的研究网络。不同方向的 8 个中心能够互为补充，真正地形成了全国性的研究网络。

在打造网络化的研究中心的同时，为了加强人才的培养，英国成立了综合的合成生物学博士培训中心（Centres for Doctoral Training，CDT），统一协调合成生物学领域的教育培训以及为博士生提供相关咨询，并且各个大学也相继开设了合成生物学相关的教育课程。例如，曼彻斯特大学整合系统生物学中心的博士培训中心、牛津大学的系统生物学博士培训中心，以及支持在牛津/布里斯托尔/沃里克的博士培训中心和伦敦大学学院设立有关合成生物学生物制造领域的培训等。以帝国理工学院的课程为例，该学校有针对合成生物学的本科及研究生课程。本科课程主要面向那些希望攻读生物化学或生物学学士学位或生物医学工程学士或硕士学位的本科生。在本科生的合成生物学课程中，学生可以学到关于工程生物学背后的基础技术和理论以及正在应用合成生物学的现实世界的情况。课程内容包括介绍与合成生物学相关的道德和伦理问题以及实验分子生物学和生物建模的实践课程。

研究与教育网络的建设，是英国合成生物学路线图制定以来取得的重要进展之一。除此之外，路线图制定的一系列措施（表 2-2），也推动了整个创新网络体系的完善（图 2-6）。

表 2-2　2012 年英国政府合成生物学路线图的建议与取得的进展

1. 投资跨学科中心网络，开发优质的英国合成生物学资源	英国政府投资 7200 万英镑建立 6 个跨学科的合成生物学研究中心
2. 建立技术熟练、充满活力、资金充足的英国合成生物学社区	合成生物学社区由资助机构、英国政府、研究与知识传播组织、教育机构组成，正在逐渐网络化，促进跨学科互动。合成生物学特定相关方支持这些互动
3. 投资并促进技术负责任地推向市场	开发了负责任的研究与创新框架，用于提高社会意识和公众接受度 英国创新研发竞赛和国防科技实验室比赛旨在支持研究成果的商品化
4. 承担领导国际职责	合成生物学领导理事会（SBLC）认为建立强大的合成生物学社区将为英国带来良好的国际声誉并使其具有国际领导地位，合作伙伴包括欧盟、美国、中国和新加坡
5. 建立领导理事会	已经建立了合成生物学领导理事会，用于战略性监督英国合成生物学产业的发展。SBLC 成立了管理小组，负责向其提供支持和建议，鼓励以开放、自适应和咨询的方式在合成生物学生态系统内部进行管理

四、欧洲合成生物学研究区域网络

欧洲对合成生物学的研发和关注较早，2009 年欧洲分子生物学组织发布合成生物学战略后，各方更积极投入到合成生物学的协同创新中。2012 年，欧盟建立欧洲合成生物学研究区域网络（ERASynBio），这始于 2012 年 1 月的欧盟第七框架计划（7th Framework Programme，FP7）项目，旨在促进欧洲的合成生物学的协同发展。具体来看，欧洲合成生物学研究区域网络的目标包括：①组织和协调欧洲国家投资与促进合成生物学发展；②开展战略研究，支持欧洲各国设立合成生物学计划，促进跨国资助；③提供培训和教育机会，建立跨学科的咨询委员会，邀请其他资助组织的观察员共同解决合成生物学领域的跨学科难题、新问题；鼓励学术界和产业界的合作，维护相关的道德、法律和社会秩序，解决标准化、基础设施等开发难题。

为实现这些目标，欧洲合成生物学研究区域网络建立了包括 14 国、16 个合作伙伴和 2 个观察机构在内的组织，分别是英国生物技术与生物科学研究理事会（BBSRC）、荷兰科学研究组织（NWO）、挪威研究理事会（RCN）、丹麦研究与创新理事会（DAFSHE）、芬兰科学院（AKA）、拉脱维亚科学委员会（LAS）、德国于利希研究中心（FZJ）和联邦教育与研究部（BMBF）、奥地利研究促进署（FFG）、斯洛文尼亚教育、科学与体育部（MEST）、希腊研究与技术总秘书处（GSRT）、瑞士创新促进局（KTI）、西班牙科学与创新部（MICINN）、葡萄牙科学技术基金

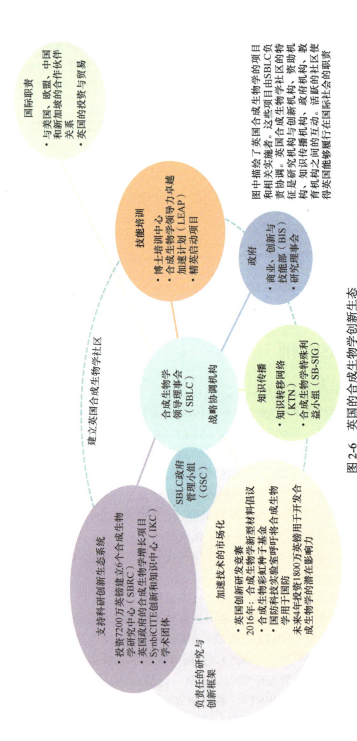

图 2-6 英国的合成生物学创新生态

图片引自兰德公司的《开发支持合成生物学价值链的标准》报告[1]

图中描绘了英国合成生物学的实施者。这些项目由SBLC负责协调。英国的合成生物学社区的特征是研究机构与创新机构、资助机构、知识传播机构、政府机构、教育等机构之间的互动。活跃的社区能够履行在国际社会的职责使得英国能够履行在国际社会的职责

1 Parks S, Ghiga I, Lepetit L, et al. Developing standards to support the synthetic biology value chain. RAND Europe. 2017. https://www.rand.org/pubs/research_reports/RR1527.html[2020-10-10].

会（FCT）、法国国家科学研究中心（CNRS）、法国国家科研署（ANR）、美国国家科学基金会（NSF）、英国工程与物理科学研究委员会（EPSRC）。在具体实施的过程中，欧洲合成生物学研究区域网络建立了 7 个工作包（信息框 2-10）。

信息框 2-10　欧洲合成生物学研究区域网络的 7 个工作包

工作包 1——愿景和战略

- 在项目课程中就合成生物学的通用定义和范围达成共识。
- 绘制和分析欧洲合成生物学愿景。
- 制定支持合成生物学研究和相关活动的战略。

工作包 2——治理与社会

- 进一步促进社会对话和更多的利益相关者参与。
- 跟踪、审查并整合治理体系（包括社会科学）及其他监管框架。
- 制定关于监管要求的建议和共同立场声明，并将其应用到白皮书中。
- 支持社会科学与合成生物学研究的融合。

工作包 3——社区建设

- 整合和加强欧洲科学界在合成生物学领域的合作。
- 推动合成生物学这一新兴领域的规模化发展。
- 加强合成生物学的职业选择。
- 通过跨层级网络协作，克服资源分散问题。

工作包 4——培训和教育

- 跟踪、审查和整合教育与培训需求。
- 就教育和培训需求达成共识，并发表声明。
- 通过暑期在学校设立高级培训班来促进培训和教育进展。
- 通过在教育的早期阶段支持实习生竞争来培养合作精神。
- 促进和支持早期职业研究人员的流动。

工作包 5——数据和基础设施

- 加强数据管理与基础设施需求的跟踪、审查和整合能力。
- 制定共同立场声明并将声明应用到白皮书中。
- 建立与 ESFRI 的联系。

工作包 6——资金活动

- 准备、实施和监测跨国研究合作的计划。
- 开发合适的工具、机制和流程。
- 加强和支持国家研究方案与成员国研究的协调/发展。
- 加强知识和技术交流。

工作包 7——沟通和管理

- 确保项目成果及时、保质地完成。
- 及时有效地协调项目，履行合同承诺。
- 建立高效的管理和协作机制。

> • 就基础设施的利用在合作伙伴和其他利益相关者之间建立有效的沟通。
> • 支持合成生物学的跨国合作。

欧洲合成生物学研究区域网络（ERASynBio）项目为期 3 年，于 2015 年结束。此后，欧盟继续谋划合成生物学的研究网络建设。工业生物技术创新与合成生物学加速器 1.0（IBISBA 1.0）项目由欧盟"地平线 2020"（Horizon 2020）资助，旨在建立欧洲分布式研究设施网络，提供创新服务并加速生物科学研究向工业应用的转化。该加速器项目确定设立该项基础设施的目的、参与的成员、设施的架构、研究网络中参与机构的职能、未来设施可能发挥的重要作用等，为学术研究人员、中小企业和大公司等人员与机构提供专业研究设施，其网络通过跨国访问（TNA），免费为外国用户提供专业研究指导和科研设施，同时为科研人员提供培训、活动等方面的补贴，建立标准操作协议（SOP）、公开工作流程、项目成果交流机制和数据库等[1]（信息框 2-11）。

信息框 2-11　欧洲工业生物技术创新与合成生物学加速器工作包

欧洲工业生物技术创新与合成生物学加速器 1.0 项目由 8 个工作包（work package，WP）组成：工作包 1～5 涉及 5 个网络活动，工作包 6～7 涉及两项合作研究活动，工作包 8 涉及致力于合作伙伴之间的协调和管理。

工作包 1：提供一系列培训模块或课程

首先，该工作包将为 IBISBA 1.0 团队的构建提供必要支持。工业生物技术面临的一个很大的挑战是生物学家和化学工程师之间的跨学科知识差异，因此，培训的关键是加强这两个学科的科研人员之间的交流、联系。有关术语、工作流程和数据标准化的研讨会，将有助于所有合作伙伴分享知识与相互学习。这个培训对实验联合研究活动的顺利进行至关重要，因为这将要求不同实验室的研究人员根据标准化流程进行实验。

其他培训任务还将推动 IBISBA 1.0 项目的开放性，通过提供培训模块，使非受益组织的研究人员也能受益。这将进一步提高 IBISBA 1.0 项目的影响力，让研究人员了解此项目具有跨国访问的机会和培训。最后，培训工作包还将着重于分析当前工业生物技术的培训挑战，并提出改进教育课程的建议。

工作包 2：沟通、宣传和传播

工作包 2 将设计、创建通信工具箱和促进通信工具箱的使用，在某种程度上通信工具箱要贯穿整个 IBISBA 1.0 项目。为宣传项目，工作包 2 将开发所有要素和工具（如项目徽标、幻灯片模板等），使 IBISBA 1.0 在欧洲和全球工业生物技术机构中具有更高的辨识度与认可度。

工作包 2 将结合社交媒体和社区论坛，高效宣传 IBISBA 1.0 的成果、意见和远景文件。通过与其他工作包合作，工作包 2 还将负责创建门户网站，该网站将提供启动和管理跨国访

---

1 IBISBA 1.0. https://ibisba.eu/EU-Projects/IBISBA-1.0.

问计划的方法。在工作包 2 中，知识管理技术将用于构建基于超级图形的语义网络，描述 IBISBA 1.0 的设施、设施之间的联系以及它们的专业知识背景。通过这种方式，网站将以直观且具有吸引力的形式展示 IBISBA 1.0 网络的强度和深度，帮助用户更好地理解该网络，并明确其可以提供的服务。最后，工作包 2 将为公共机构提供具体材料，因为 IBISBA 1.0 的目标之一就是为这些利益相关者提供扩展服务，以便建立可持续性的全欧洲基础设施。

工作包 3：建立团队和更广泛的网络

工作包 3 将重点构建和整合内部网络的互操作性以及扩展与丰富网络，并将其与其他相关计划连接起来。关于机构内部的互操作性，工作包将执行若干关键活动，首先是进一步发展和巩固 IBISBA 1.0 愿景。这项工作将使用内部和外部专业知识进行运作，提供预期目标和路线图，并将其传递给各个项目团队。第二项活动将侧重于统一学术术语并对工作流程进行标准化。为了能够在工业生物技术等多学科领域实现互操作性，并为研究人员提供优质服务，关键是要能够轻松分享想法和概念，以可重复的方式进行实验并生成可共享的数据。为了实现所有的这些目标，工作包 3 的重点是确定核心的概念、流程和程序，这样才能为工作包 1 制定培训课程。最后，建立一个最终为工业生物技术提供分布式研发基础设施的网络需要借鉴以前的经验，可以通过利用现有基础设施，整合新成员来填补空白和扩展服务，以及通过在欧洲和国际上寻求合作来实现，以避免不必要的重复，并且还能促进相互合作。为了实现所有这些目标活动，工作包 3 将整合并利用更广泛的基础科研设施、公司和国际组织等。

工作包 4：成果转化的创新研究

工作包 4 将专注于解决与公司客户相关的问题和成果转化。在这个工作包中，目标是解决与公司业务发展相关的一系列问题，并针对 IBISBA 1.0 与公司负责人员进行沟通。通过与工作包 2 密切合作，工作包 4 将创建 IBISBA 品牌，并建立一个业务开发团队，致力于在包括中小企业在内的不同行业利益相关者之间推广 IBISBA 1.0 的概念。利用一系列子任务，解决相关问题，包括如何更好地推广对公司客户而言具有说服力和吸引力的服务。其他需要解决的问题还包括未来商业模式的探索、与公司客户关系的维持以及知识产权的处理等。知识产权的处理将是非常关键的，因为一方面要通过数据和知识共享来促进创新，另一方面要协调好公司客户最常要求的保密性。

工作包 5：访问管理

工作包 5 是项目最后才进行的，完成联络整合工作。该工作包将整合开放访问 IBISBA 1.0 基础结构所必需的不同流程。该工作包将设立一个管理小组以确保工作的卓越性和关联性，包括项目选择小组和访问管理委员会。这两个机构将共同确保每个提交的项目都符合规范，并实现项目之间的平衡。此外，该工作包将监控每个访问过程，确保整个流程的合规性。最后，通过与工作包 2 和工作包 4 合作，这个工作包中的活动将确保来自研究基础设施薄弱的研究人员和中小企业的研究人员在项目进行过程中有使用权限。

工作包 6：提高工业生物技术公司间的互操作性

工作包 6 将侧重于"设计-构建-测试-学习"（DBTL）这个周期中的各个环节，同时展示 IBISBA 1.0 网络在标准化、共享协议和协调程序框架内执行协同工作中的能力。为了实现这一目标，将组建包括早期博士后研究人员在内的多伙伴工作组，以对目标进行 DBTL 操作。在设计阶段，将部署一系列预测工具（如全基因组信号通路模型和信号通路预测工具）与流程图/流程建模，从而实现工业约束和决策的早期集成。在构建阶段，将使用一系列技术操作（如 DNA 合成基因组编辑），并开发或采用标准操作步骤，将其整合到网络共享资产中。此外，在此阶段将重点进行小规模的高通量筛选，以确定可靠的生物标记物。在测试阶段，将进一步扩大规模，完成从小规模到高产量转化的挑战，采用分析方法来评估数百种或数千种株系的性能。因为在这个阶段不能进行培养条件的优化，也无法进行大规模分析，所以此阶段面临的挑战一方面来自如何以可预测的方式测量株系的反应结果，另一方面来自如何选择正确的株系，并在受控的生物反应器中进行测试及预测其在更大的生产规模下的适应性。

工作包 7：为多设施项目运行构建电子工具

工作包 7 将提供电子基础设施支持，以便在不同的时间和地点来启动与监控研究、发展与创新（R&D&I）的一系列流程。为了实现这一目标，工作包 7 将研究出多合作伙伴、多站点、多组件的工业生物技术项目所需的、最新的信息技术基础设施，并在必要时对其进行调整及开发新工具。需要特别注意的是，工作包 7 将重点使用可互操作的语言编写工作流程，在其业务流程建模环境中进行工作部署，这样将使其得到的结果具有可追溯性。此外，工作包 7 将与工作包 3（标准化与协调）进行合作，研究如何使用丰富的元数据来描述和保留项目的各个组成部分的常见相关视图（如工作流程、数据、模型、标准操作、样品及人员等）。最后，工作包 7 还将提供用于储存、共享和启动工作流程的在线存储库与门户网站。总体而言，该工作包的目的在于示范工作流程和与之相关联的中介数据，这些都是为相互协作和知识共享而服务的，标准化的工作流程和可协调程序都将使项目执行起来更加便捷，并且可以获得具有可重复性的研究结果。

工作包 8：合作伙伴间的协调和计划管理

IBISBA 1.0 是一个相当复杂的项目，拥有广泛的合作伙伴关系。因此，良好的整体管理将是成功的关键。管理团队将与所有工作包的负责人密切合作，确保项目进度符合工作计划，并实现预期目标和获得有用的成果。此外，管理团队将监督财务资源的使用，确保良好的内部沟通，使工作在良好的管理实践中进行，以及符合欧盟委员会（EC）的规章和程序。

工业生物技术创新与合成生物学加速器 1.0（IBISBA 1.0）项目的研究网络由欧洲 9 个国家的 16 个合作伙伴组成（表 2-3），包括研究院所、大学以及企业：法国的原子能和替代能源委员会（CEA）、法国国家农业科学研究院（INRA）及其下属的转化公司（IT）、图卢兹国家科学研究所（INSAT）、南特大学（UN），意大利的国家研究委员会（CNR），西班牙的国家研究委员会（CSIC）、巴塞罗那自治大学（UAB），德国的弗劳恩霍夫协会界面和生物工程技术研究所（Fraunhofer IGB），希腊的雅典国立技术大学（NTUA），英国的曼彻斯特大学（UNIMAN），比利时的弗拉芒技术研究所（VITO），芬兰的国家技术研究中心（VTT），荷兰的瓦赫宁根大学及研究中心（WUR），以及数据挖掘平台股份有限公司（KNIME）、

LifeGlimmer 股份有限公司（LG）。

表 2-3　IBISBA 1.0 的 16 个合作伙伴及其分工

组成机构	为 IBISBA 1.0 提供的基础设施或服务	
法国原子能和替代能源委员会（CEA）	法国国家测序中心（Genoscope）：其研究活动的重点在环境、人体消化道和污水处理相关的微生物的环境基组学上 HelioBiotec：是一个生物技术平台，以应对生物能源的挑战，旨在研究微藻在电力生产中的潜力	
意大利国家研究委员会（CNR）	ProtEnz：是多站点和多学科的基础设施，其研究重点是蛋白质和酶的发现、生产、特性分析和工程应用，特别关注极端微生物的研究	WP2 的负责团队
西班牙国家研究委员会（CSIC）	生物学研究中心：是多学科研究所，涵盖结构和细胞生物学、医学、农业、环境科学、化学和生物技术等 国家生物技术中心：将分子生物学方法与功能和结构生物学领域的最新技术相结合，以其多功能的跨学科研究而著称	
德国弗劳恩霍夫协会界面和生物工程技术研究所（Fraunhofer IGB）	开发和优化医药、制药、化学、环境及能源领域的工艺与产品	
法国国家农业科学研究院（INRA）	MICALIS：研究所专注于微生物的系统生物学和合成生物学 图卢兹-怀特生物技术部门（TWB）：由法国国家农业科研究院支持的行政机构，其目标是加速工业生物技术的发展并促进生物经济	WP7 联合负责团队 WP8 的负责团队
法国图卢兹国家科学研究所（INSAT）	生物系统和生化工程重点实验室（LISBP）：进行工业生物技术应用的研究，如生物能源、绿色化学、水处理、食品加工和健康等方面	WP5 的负责团队
法国国家农业科学研究院下属转化公司（IT）	为 IBISBA 1.0 合作伙伴和利益相关者提供可使用的项目资源与文件，实现知识管理和流畅的信息交流	
数据挖掘平台股份有限公司（KNIME）	提供对云平台的访问，用来管理、共享和执行工作流程	
LifeGlimmer 股份有限公司（LG）	BIODASH：是一个决策支持系统，有助于缩小数据可用性与新生物技术应用发展之间的差距	
雅典国立技术大学（NTUA）	生物技术建模平台（BIOMP）：开发建模技术和工具，将实验开发相互联系起来，并评估其在建立可持续和经济上具有吸引力的工业生物技术过程中的重要性	
巴塞罗那自治大学（UAB）	UAB 综合生物过程工程平台（PlatBioEng）：结合了基础设施和跨学科研究环境，整合了细胞工厂工程和生物过程开发	WP4 的负责团队
南特大学（UN）	AlgoSolis：是一个公共设施，通过整合不同的技术和微藻工业开发来研究微藻的工业应用	
曼彻斯特大学（UNIMAN）	基于曼彻斯特生物技术研究所（MIB）的合成生物学研究中心：利用合成生物学开发更快、可预测的新型的精细和特种化学品生产路线，为扩大规模和工业制造提供新的化学多样性 FAIRDOM：是一个为系统生物学建立数据和模型管理服务设施的平台	WP7 的负责团队
弗拉芒技术研究所（VITO）	VITO 的生物技术团队是生物过程强化专家，专注于将膜技术与各种用途的工艺相结合	WP1 的负责团队

续表

组成机构	为 IBISBA 1.0 提供的基础设施或服务	
芬兰国家技术研究中心（VTT）	VTT 工业生物技术（**VTT IB**）实验室：研究主要集中在生产菌株与菌株生理学的高通量选择和测试，以及生物信息学和建模工具支持的微生物发酵的优化、升级与试验	WP6 的负责团队
瓦赫宁根大学及研究中心（WUR）	ISBE.NL：是欧洲系统生物学的基础设施，专注于与多尺度建模、模型集成、模型工作流程和针对工业生物技术定制的模型驱动设计相关的服务 UNLOCK：是一个多站点基础设施，能够为生物催化、混合微生物的动态培养及高通量基因型-基因表型分析和生物催化剂制造建立多个微生物组群以进行分析	WP3 的负责团队

五、国际合成生物设施联盟

早在 2013 年，美国国家科学院即在报告中指出，在合成生物学领域，建立计算型的国际性分布研究基础设施比实验型的基础设施更重要。究其原因，利用建立分布式设施，经由信息系统和计算科学促成网络合作，是实现基因合成与测序的价格和成本同步下降的驱动力。如果达到成本足够低的临界点，那么合成生物学研究将有更大规模、更多领域的研究者参与，从而扩大研究的覆盖面。经济合作与发展组织（OECD）在 2014 年发布的报告《国际性分布研究基础设施：问题及选择》[1]中就指出，建立国际性分布研究基础设施（IDRIS）的重要性，并对合成生物学研究基础设施的国际性分布提出了建议（信息框 2-12）。

信息框 2-12　国际性分布研究基础设施建设的建议

国际性分布研究基础设施应该拥有：

· 一个身份和一个名称。

· 一群国际合作伙伴：伙伴可以是来自公共或私营部门的研究机构、学术机构。

· 基金会或其他研究型组织：通常，只有其中一部分机构建立了这一基础设施。

· 一个正式的协议：在实现共同科学目标的过程中，对于合作伙伴的分工，如谁贡献资源、经验、设备、服务或人力，应该有一个正式的协议。这个协议不需要一个明确的法人实体或有法律约束力。

· 一个战略计划或工作计划：表明建立国际性分布研究基础设施的基本原理，以及除各合作伙伴工作之外的附加价值。

· 一个管理方案（至少在决策制定方面）和一个班子（不一定是领薪金的职员）：各自的职责要明确。

---

1 OECD. International distributed research infrastructures: issues and options. 2014. http://www.oecd.org/sti/inno/international-distributed-research-infrastructures.pdf [2022-2-5].

> ・关注用于成员和用户的服务条款。
>
> 此外，一个国际性分布研究基础设施可以拥有：
>
> ・一个独立的法律地位（或在现有政府间协议条款允许的情况下，有一个同等的合法身份）。
>
> ・一个共同的账号和规则：用于资金的获得/花销。
>
> ・一个秘书处。
>
> ・一个依托机构。
>
> ・一个中央用户入口点。
>
> ・对于用户访问研究资源、数据，以及对于研究所产生的任何知识产权的管理，都要有明确的政策。

2019 年，美国劳伦斯伯克利国家实验室、英国帝国理工学院、中国科学院深圳先进技术研究院等全球 8 个国家的 16 家机构在日本神户成立了国际合成生物设施联盟（Global Biofoundry Alliance，GBA），以共享基础设施、共建标准等方式，推动合成生物学和生物制造的产业化[1]。美国劳伦斯伯克利国家实验室的敏捷生物铸造厂（Agile Biofoundry）、美国伊利诺伊大学厄巴纳-香槟分校生物制造厂（iBioFAB）、加拿大康考迪亚大学的康考迪亚基因组铸造厂（Concordia Genome Foundry）、美国波士顿大学的"设计-自动化-制造-原型"实验室（Design-Automation-Manufacturing-Prototyping Lab）、英国帝国理工学院的伦敦 DNA 铸造厂（London DNA Foundry）、英国厄尔汉姆研究中心的厄尔汉姆 DNA 铸造厂（Earlham DNA Foundry）、英国爱丁堡大学的爱丁堡基因组铸造厂（Edinburgh Genome Foundry）、英国利物浦大学的设施（GeneMill）、英国曼彻斯特大学的合成生物化学设施（SYNBIOCHEM）、丹麦技术大学的设施（CFB）、中国天津大学的生物铸造平台、日本神户大学的生物铸造平台、中国深圳合成生物研究重大科技基础设施、新加坡国立大学的合成生物学铸造厂（Synthetic Biology Foundry）、澳大利亚麦考瑞大学的澳大利亚基因组铸造厂（Australian Genome Foundry）、澳大利亚昆士兰大学的生物铸造平台成为该联盟的核心成员，通过共享基础设施、开放标准、分享最佳案例、互通数据资源等策略来共同应对可持续发展等全球性科学挑战。

该联盟致力于成为制定和编纂国际准则的重要推动者。这些准则包括现实世界和数字世界的物质转移协议，并与各地的生物铸造厂达成合作。在该框架下，有助于建立分散的实体基础设施，该设施由跨多个大洲的模块化部件构建，并通过高容量数据传输实现。国际合成生物设施联盟工作组是在领域内制定和协调国际标准的先行者，尤其是下一代生物铸造厂技术人员的教学和培训。

---

1 Global Biofoundry Alliance. https://www.biofoundries.org/.

六、合成生物学研究的协会和对接平台

（一）合成生物学创新网络

合成生物学创新网络（The Synthetic Biology Innovation Network，SynBioBeta）是合成生物学领域的国际"社区"，集聚了相关的研究者、工程师、企业家、投资者、政策制定者以及其他相关人员，致力于传播合成生物学领域的前沿成果，推动科技成果的转化，提供产学研对接与合作平台。该组织通过举办论坛和其他活动，来推动不同背景的人员围绕合成生物学领域开展交流，促进创新者、企业家、投资者的协同对接。

（二）欧洲合成生物学协会

欧洲合成生物学协会（EUSynBioS）的前身是欧洲合成生物学学生和博士后协会[1]。在其成立前，欧洲合成生物学领域的学生已利用在线平台共享资源，通过年会来组织研讨。在其成立后，该协会成为教育、研究和产业发展的沟通渠道，其成员规模不断扩大。

2019 年，欧洲合成生物学协会在法国巴黎正式注册为非营利组织，设立了新愿景和明确目标，积极促进学术界和产业界的合作。此后，该协会建立了由专家组成的指导委员会，通过一系列的活动促进欧洲合成生物学的协同创新。

（三）亚洲合成生物学协会

2018 年 11 月，由中国、日本、韩国、新加坡 4 国的学术机构发起成立亚洲合成生物学协会（ASBA）[2]。至 2020 年，协会会员有 4 个国家的 60 个科研院所。协会总部落地深圳，总部秘书处设于中国科学院深圳先进技术研究院。该协会通过其在学术上的独立性和灵活性，协调亚洲各国开展学术交流和学术活动，强化合成生物学的技术扩散，形成更加完善的合成生物学创新生态，推进中国、日本、韩国、新加坡等国家发展合成生物学的研究发展，进一步提升亚洲合成生物学在国际上的综合竞争力。

（四）中国生物工程学会合成生物学专业委员会

中国生物工程学会合成生物学专业委员会（筹）[专委会（筹）]成立于 2018 年 11 月 1 日，是在中国生物工程学会指导下运作的学会分支机构。专委会（筹）

---

1 EUSynBioS. https://www.eusynbios.org/.

2 Mao N, Aggarwal N, Poh C L, et al. Future trends in synthetic biology in Asia. Adv Genet(Hoboken), 2021, 2(1): e10038.

旨在探讨合成生物学研究的发展方向、学科建设等关键问题，促进跨学科交流，催生标志性的原创成果，聚焦于人工生物元器件与基因回路、人工细胞合成代谢、基因组人工合成、高版本底盘细胞、复杂生物系统等研究，加强合成生物学重大使能技术和方法体系的顶层设计，推动我国合成生物学基础研究及相关应用研究，更好地衔接基础研究与应用转化，从而有力促进我国生物技术战略性新兴产业的发展。专委会（筹）由邓子新、刘耀光、欧阳平凯等担任顾问；赵国屏担任主任；蔡志明、陈国强、冯雁等担任副主任；刘陈立担任秘书长兼副主任；另设立 49 名委员。

第三节　研究项目的探索"试验"

面对合成生物学的发展机遇，多个国家（地区）加强对合成生物学研究项目的投入。早在 2005 年，欧盟及其主要的成员国便率先发力，在合成生物学发展的初期投入数千万美元的经费资助合成生物学研发，但后续欧盟在合成生物学研究领域的项目投入并没有大幅增加，而美国则加大了对合成生物学领域研发的支持力度。在合成生物学工程研究中心（SynBERC）建立两年后的 2008 年，美国的合成生物学研发投入持续增加。

一、美国的合成生物学研究项目

自 2008 年以来，美国对合成生物学的研发投入超过 19 亿美元，支持合成生物学研发的部门涉及美国国家科学基金会（NSF）、国立卫生研究院（NIH）、农业部（USDA）、能源部（DOE）、国防部（DOD）等多家政府部门（图 2-7）[1]。其中，美国国防部高级研究计划局（DARPA）是美国支持合成生物学研发最重要的联邦机构，合成生物学被列为其生命科学领域的三大战略重点之一，并从 2010 年起陆续资助了生命铸造厂-通用技术平台（ATCG）、生命铸造厂-1000 分子、生物控制、安全基因、工程活性材料、昆虫盟军、先进植物技术、"持久性水生生物传感器"（PALS）、"资源再利用"（ReSource）、"利用基因编辑技术进行检测"（DIGET）等 10 多项合成生物学研发项目[2]。

"生命铸造厂"是 DARPA 最早开始资助的项目，分为 2 个阶段，主要致力于开发用于工程生物系统的下一代工具和技术，目标是将生物"设计-构建-测试-

---

1 Lewis-Burke Associates LLC. The federal bioeconomy landscape: opportunities related to biotechnology, synthetic biology, and engineering biology. 2021. https://design.umn.edu/sites/design.umn.edu/files/2021-07/lewis-burke-bioeconomy-landscape-2021.pdf [2022-10-10].

2 Defense Advanced Research Projects Agency. https://www.darpa.mil/our-research.

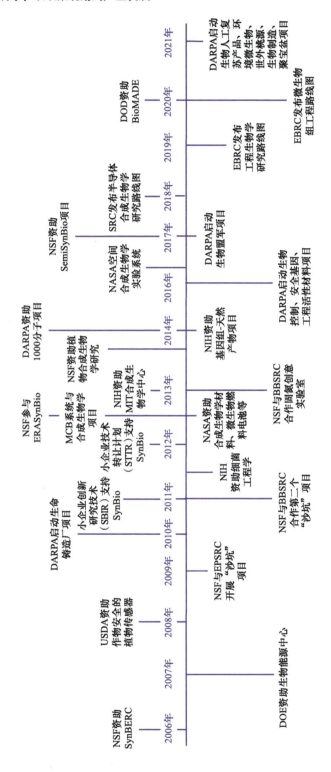

图 2-7 美国合成生物学的资助发展历程

NASA：美国国家航空航天局；MIT：麻省理工学院

学习"周期的研究框架在时间和成本上至少压缩原来的 1/10，同时增加系统的复杂性。2021 年 12 月，DARPA 宣布该项目已成功实现合成生物技术的转化，研究团队共生产了 1630 多种分子和材料。DARPA 正将这些技术应用于陆军、海军和空军实验室的 5 个军事研究团队，现阶段正在开展测试与评估，主要包括：①海军空战中心武器部（NAWCWD）的团队与 Amyris 公司、Zymergen 公司合作开发可用于军事应用的高性能化学品和材料的工具，该工具可将前体分子转化为高能量密度燃料、高能材料、热稳定聚合物和高性能复合材料。下一阶段，海军研究中心（ONR）生物工程和生物制造计划、ONR 高级能源制造、莱特兄弟研究所/空军研究实验室（AFRL）合成生物学挑战赛以及生物工业制造和设计生态系统（BioMADE）将进一步开发该工具。②美国陆军作战能力发展司令部化学生物中心（DEVCOM CBC）团队正在开发过滤器、织物和消毒湿巾，旨在使用麻省理工学院的生物模板材料对抗化学和生物武器制剂。作为国防威胁降低局（DTRA）多功能材料计划的一部分，该技术将在 DEVCOM CBC 进行进一步的测试和开发。③空军研究实验室材料和制造局（AFRL RX）团队使用 Zymergen 公司开发的生物衍生分子生产激光护目镜，该项技术将由 AFRL RX 的技术人员进行测试和评估。④空军研究实验室航空航天系统理事会（AFRL RQ）团队正在测试由 NAWCWD 使用 Amyris 公司的生物分子开发的军用飞机燃料，并将推动与海军的进一步合作。⑤美国陆军研究实验室将利用 Amyris 公司和 Zymergen 公司的研发技术，配制特殊黏合剂，探索其在装甲车辆固定和 3D 打印聚合物中的潜在应用。

2020 年，美国国防部出资 8750 万美元支持建设生物工业制造和设计生态系统（BioMADE），这是美国成立的第 15 家制造创新研究所，致力于促进建立生物工业产品的安全的国内供应链，提升各种产品的生物工业生产能力。2021~2023 年，BioMADE 已经支持了技术和创新项目 21 项、教育与劳动力发展项目 10 项，以及生物安全与可持续发展项目 3 项[1]。

美国 NSF 的分子和细胞生物学学部（MCB）将"系统与合成生物学（systems and synthetic biology）"设为其 4 个主要研究集群之一。根据 NSF 官网统计，截至 2022 年，已经资助的合成生物学研究项目超过 310 项，其中超过 100 万美元的项目有 69 项。其重点资助方向包括：天然或合成微生物群落的组装，功能和涌现特性的分子到系统范围的研究；用于合成细胞或细胞样系统的功能模块；生命的起源和最小细胞的研究；探索超出自然界现有生物多样性的合成系统；利用表观遗传调控的合成系统；生物信息存储与处理；整合多组学数据集以获得相关机制见解；各级基因调控、信号转导和代谢网络，以及网络之间相互作用的机制、建模；开发新的实验、计算或数学工具，发现和探索基本的分子尺度的机制研究等。此

1 BioMADE. https://www.biomade.org/projects.

外，NSF 启动半导体合成生物学（SemiSynBio）项目和植物合成生物学（PlantSynBio）项目。其中，SemiSynBio 项目在 2018～2022 年资助支持了 29 项研究项目，总金额超过 31 755 万美元；PlantSynBio 项目在 2020～2022 年资助支持了 13 个研究项目。

美国能源部（DOE）的资助主要用于生物工程和生物加工技术的基础科学与工具开发，改造微生物和植物用于生产生物燃料与生物产品，以及提高生物能源作物和残渣帮助土壤固碳的能力。其中，生物与环境研究（BER）支持了生物能源研究中心建设，以可持续地从可再生植物生物质中生产一系列生物能源和生物产品，包括橡树岭国家实验室领导的生物能源研究中心（BESC）、威斯康星大学麦迪逊分校主导的五大湖生物能源研究中心（GLBRC）、劳伦斯伯克利国家实验室领导的联合生物能源研究所（JBEI）、伊利诺伊大学厄巴纳-香槟分校领导的先进生物能源与生物产品创新中心等。此外，能源部下属的高级能源研究计划署（ARPA-E）在过去几年也提供 4700 万美元支持了 3 个研究项目，包括确保清洁能源关键材料稳健供应的生物技术、农业资源和管理中可再生运输燃料的监测与分析系统（SMARTFARM），以及用于生物经济的能源和碳优化合成（ECOSynBio）。

美国国家标准与技术研究院（NIST）主要支持新兴生物技术的测量科学、验证数据和标准开发等。截至 2020 年 2 月，NIST 在生物经济方面的投资总额超过 3050 万美元，包括工程生物学、生物制造和再生医学方面的研究工作。NIST 材料测量实验室通过生物系统与生物材料部、生物分子测量部支持生物经济相关的工作。在 2022 财年预算申请中，NIST 相关资金从 1400 万美元增加到 3400 万美元，主要用于"开发工程生物学的能力，推进生物制造工艺和技术，以及人工智能与生物数据融合创新的新测量技术。"

美国国立卫生研究院（NIH）早在 2008～2014 年就资助了 1.2 亿美元用于合成生物学领域的研究。2017 年，其下属的国家癌症研究所（NCI）、国家补充和综合健康中心（NCCIH）首次联合发布资助机会公告，征求了关于"合成生物学创新工具和技术开发，以及它们在生物医学研究和人类健康中的应用"的研究建议。截至 2021 年初，NIH 通过该公告资助了近 1000 万美元。随着合成生物学领域本身的扩展，NIH 对合成生物学领域的支持与日俱增。2020 年秋季，NIH 新发布了合成生物学生物医学应用特别关注通知，有 5 个研究所开始资助该领域，分别是：国家人类基因组研究所（NHGRI）、国家老龄化研究所（NIA）、国家过敏和传染病研究所（NIAID）、国家儿童健康与人类发育研究所（NICHD）和国家综合医学研究所（NIGMS）。自 2017 年以来，NIH 的特别关注项目的总体目标包括：开发工具和技术来控制与重新编程生物系统；应用合成生物学方法开发生物医学技术；增加对与人类健康相关的合成生物学概念的基本理解；通过应用合成生物学方法获得基础生物学知识。

美国国家航空航天局（NASA）的先进探索系统（AES）致力于开拓新方法，用于快速开发原型系统、展示关键能力并验证未来人类任务超越地球轨道的操作概念，包括利用合成生物学应用。NASA 的艾姆斯研究中心的太空合成生物学（SynBio）项目也在开发可以通过生物制造按需生产有价值产品的技术，如维生素和药物。

同时，美国的多个研究机构正在积极探索合成生物学领域的联合资助机制。例如，美国 NIH、DARPA、FDA 联合资助的"组织芯片"计划，旨在利用合成生物学与组织工程学、细胞生物学、微流体学、分析化学、生理学、药物研发、监管科学等领域的融合，开发模拟人体生理机能的 3D 芯片。

二、欧洲的合成生物学研究项目

早在第六框架计划（FP6）中，欧盟便开始资助合成生物学。2012 年，欧盟第七框架计划资助了欧洲合成生物学研究区域网络（ERASynBio）。此后，2018年欧盟"地平线 2020"（Horizon 2020）计划对工业生物技术创新与合成生物学加速器 1.0（IBISBA 1.0）加以资助，以支持合成生物学的研究。"地平线 2020"与"地平线欧洲"都相继资助了多项合成生物学研究，同时，还支持了合成生物学领域标准、产业发展、治理框架的研究与探索（表 2-4）。

表 2-4　欧盟"地平线 2020"与"地平线欧洲"资助的部分合成生物学项目

欧盟框架计划	资助项目
地平线 2020	通过国际合作促进合成生物学标准化（BioRoboost）
	公平和负责任的合成生物学治理框架（SynBioGov）
	当今的人工生命：生命工程的人类学和社会学分析（ARTENGINE）
	解构和工程变构以激活生物合成酶（DEAllAct）
	通过基因组挖掘解锁三萜类化合物结构多样性和生物活性（TRIGEM）
	基于自然启发揭示并工程化生物基化合物，实现可持续利用（SECRETed）
	利用天然和合成途径重新构建光呼吸，可持续地提高作物产量（GAIN4CROPS）
	天然生物聚合物的生物催化升级并重新组装为多用途材料（BioUPGRADE）
	通过酶和化学转化从木质素中提取燃料与化学品（FALCON）
	工业生物技术创新与合成生物学加速器 1.0（IBISBA 1.0）
	建立植物分子工厂商业示范的产品管线（Pharma-Factory）
地平线欧洲	分子存储系统（MoSS）：智能 DNA 数据存储
	通过体内定向进化和计算推理设计变构蛋白开关（DaVinci-Switches）

续表

欧盟框架计划	资助项目
地平线欧洲	可持续探索海洋微生物的创新工具：迈向循环的蓝色生物经济和更健康的海洋环境（BLUETOOLS）
	开发经修饰的植物合成生物学工具包以促进作物改良（REPLANT）
	开发超碱基规模植物基因组工程技术（OMEGA）
	生物分子的无细胞合成和组装：工程特性、功能与调节（SYNSEMBL）
	生物物理基因设计自动化技术（PLATE）
	生物智能 DBTL 循环，催化工业向可持续生物制造转型的关键推动因素（BIOS）
	扩大合成生物学创业生态系统（SYNBEE）
	通过在生物分子工程和合成生物学领域建立卓越成就来促进生物创新与生物创业（Boost4Bio）

在欧洲各国的合成生物学研究项目资助中，英国较具特色。早在 2008 年，英国政府便投入 800 万英镑在帝国理工学院成立了第一个合成生物学研究中心。2012 年，英国商业、创新与技能部（BIS）发布《英国合成生物学路线图》后，将资助的重点主题设为 5 个方面：基础科学与工程、持续开展可靠的研究与创新、开发商用技术、应用与市场以及国际合作。在英国各合成生物学研究中心的建设中，多以项目的形式进行资助。根据英国 UKRI 官网的统计，截至 2023 年 5 月，英国在研的合成生物学项目超过 5000 项，经费 100 万英镑以上的项目就有 600多项（表 2-5）；除了支持合成生物学领域的基础研究、工具开发、研究中心建设等，EPSRC 还将大量资金用于支持合成生物学领域的博士培训中心的相关活动，以培养该领域的下一代人才。2023 年 3 月，BBSRC、EPSRC、创新英国等多个资助机构联合发布了高达 7300 万英镑的项目申请预公告，这项资助活动也是英国国家工程生物学计划的一部分[1]。

表 2-5 英国资助的部分合成生物学项目

项目名称	牵头机构	资助机构	资助金额（英镑）
RNA 合成生物学	爱丁堡大学	MRC	1 447 626
生物学的起源：能量流如何在生命起源处构建新陈代谢和遗传	伦敦大学学院	BBSRC	2 411 895
21EBTA：工程生物学与合成基因组（EBSynerGy）	曼彻斯特大学	BBSRC	1 329 012
发光分子定向进化的合成生物学方法	MRC 伦敦医学科学研究所	MRC	1 432 924
合成基因组的工程化与安全性	曼彻斯特大学	EPSRC	1 345 615
纽扣蘑菇中高价值化学品的生产：合成生物学工具包	华威大学	UKRI	1 110 025

---

1 UKRI. Pre-announcement: engineering biology missions hubs and mission awards. 2023. https://www.ukri.org/opportunity/engineering-biology-missions-hubs-and-mission-awards/ [2023-9-10].

续表

项目名称	牵头机构	资助机构	资助金额（英镑）
基于甲硫氨酸残基选择性修饰的蛋白质功能化平台	剑桥大学	EPSRC	1 892 759
用工业和消费后废物中的可持续微生物制造己二酸	爱丁堡大学	EPSRC	1 348 312
由模块化合成蛋白质制成的定制纳米材料	布里斯托大学	EPSRC	1 151 785
化学和合成生物学中心	MRC 分子生物学实验室	MRC	9 337 401
BrisEngBio：布里斯托工程生物学研究中心	布里斯托大学	BBSRC	1 517 913
未来生物制造研究中心	曼彻斯特大学	EPSRC	10 668 315
EPSRC 生物设计工程博士培训中心	帝国理工学院	EPSRC	7 034 545
EPSRC 和 BBSRC 合成生物学博士培训中心	合成生物学博士培训中心	EPSRC	4 807 020
EPSRC 生物学和医学合成生物学博士培训中心	牛津大学	EPSRC	4 960 217
EPSRC 组织工程和再生医学博士培训中心：医学与生物工程创新	利兹大学	EPSRC	3 372 620

注：MRC. 英国医学研究委员会

除自身对合成生物学研究的支持之外，英国也在探索建立与其他国家共同开展合成生物学合作研究的机制。例如，英国生物技术与生物科学研究委员会正试图建立促进国际合作的拨款机制，以支持英国的研究机构与他国的研究机构开展合作。在早期的探索中，该委员会鼓励英国的研究机构与巴西开展合作，而后者则通过圣保罗研究基金会或巴西国家科学技术发展委员会进行资助。在这种新型的探索中，初期的资助金额为 5 万～10 万美元，主要用于对差旅、研讨会、交换生等交流项目的支持。

三、中国的合成生物学研究项目

2006 年，国家中长期科学和技术发展规划纲要中就提出"生命体重构"的内容。此后，合成生物学的研究和开发逐渐进入到我国的科技规划和资助项目中，相关的布局渐次有序地展开。

2010 年，科学技术部支持设立首个合成生物学 973 计划重大项目。以此为起点，我国在合成生物学领域先后启动了 10 个 973 计划项目和 1 个 863 计划重大项目，研究内容涉及元器件库、化学品与材料合成、肿瘤诊治、生物抗逆和固氮等诸多方面，开发重点则涉及能源与医药产品、特种聚合物、植物药和微生物药的人工合成体系、光能细胞工厂、酵母基因组合成等（表 2-6）。

表 2-6　973 计划支持的合成生物学相关项目

启动时间	项目名称	首席科学家	第一承担单位
2011 年	人工合成细胞工厂	马延和	中国科学院微生物研究所
	光合作用与"人工叶片"	常文瑞	中国科学院生物物理研究所

续表

启动时间	项目名称	首席科学家	第一承担单位
2012 年	新功能人造生物器件的构建与集成	赵国屏	中国科学院上海生命科学研究院
	微生物药物创新与优产的人工合成体系	冯雁	上海交通大学
	用合成生物学方法构建生物基材料的合成新途径	陈国强	清华大学
2013 年	合成微生物体系的适配性研究	张立新	中国科学院微生物研究所
	抗逆元器件的构建和机理研究	林章凛	清华大学
2014 年	合成生物器件干预膀胱癌的研究	蔡志明	深圳大学
	微生物多细胞体系的设计与合成	元英进	天津大学
2015 年	生物固氮及相关抗逆模块的人工设计与系统优化	林敏	中国农业科学院生物技术研究所

2012 年，863 计划启动了"合成生物技术"项目，承担单位包括天津大学、深圳华大基因研究院、清华大学、北京大学、中国科技大学等 8 家单位，设立了 8 个子课题："能源与医药产品模块化设计合成""特种 PHA 聚合物人工合成体系的构建""环境耐受的工业微生物人工合成体系的构建""若干植物源化合物的人工合成体系构建""光能人工细胞工厂的构建及应用""若干微生物源药物人工合成体系构建""微生物药物的高效合成生物技术研究与应用""人工合成酵母基因组"。

2018 年，我国启动国家重点研发计划的首个合成生物学专项，旨在重点解决合成生物设计的基本科学问题，提高人工生物体系的构建能力，创新合成生物关键技术，提高合成生物使能技术与安全评估等基础能力。2018~2021 年，合成生物学专项总共资助了 114 项重点研发项目。

此外，国家自然科学基金委员会、国家发展和改革委员会、中国科学院等部门也通过不同方式资助了多项合成生物学项目。

第四节　交流研讨的"学习"

作为一门新兴学科，合成生物学的研究发展离不开各方的协同努力。因而，各种学术组织和交流论坛对合成生物学的生态系统构建非常重要。无论是学术界与产业界的交流，还是科技界与监管者的探讨，抑或是生物学与工程学的融合、自然科学与社会科学的交叉，对合成生物学来说都是必不可少的。在过去 10 年的发展中，国内外的有识之士都非常注重多方交流和协同发展。

一、国际合成生物学领域的交流和研讨——中、英、美"三国六院"会议

早在 2009 年，经济合作与发展组织、美国国家科学院、英国皇家学会就共同

主办了题为"合成生物学新兴领域中的机会与挑战"的国际学术研讨会。该研讨会在华盛顿召开，其后的 2010 年，经济合作与发展组织、英国皇家学会通过编写《合成生物学领域机遇和挑战国际研讨会会议摘要》，总结了研讨会的内容[1]（信息框 2-13）。

信息框 2-13　合成生物学领域机遇和挑战国际研讨会的观点

在"合成生物学新兴领域中的机会与挑战"国际研讨会上，专家就以下方面达成共识。

· 合成生物学是工程学与生物学融合发展的结果，其研究开发既涉及诸多技术，也需要一系列的工具。

· 合成生物学的研究和开发对新功能与新应用的发展非常重要，在医药、能源、环境和材料领域具有广阔的前景。

· 合成生物学的研究有助于人们增强对生物系统的认知，尤其是对复杂生物系统的调控而言，或可提供很多研究方法。

· 需要加大对合成生物学领域的投资力度，以促进相关基础研究、技术开发、教育等方面的发展。

· 合成生物学的发展在技术开发和实际应用中仍然有不足，需要完善。

· 合成生物学的发展需要有效的政策支持，来促进生物元器件的标准化开发，建立有效的知识产权运营模式，推动国际协作的发展。

· 公众的理解是合成生物学发展的重要组成部分。

为加强中国、英国和美国的科研机构在合成生物学领域的交流，共同探讨未来发展趋势，促进政策协调和研发合作，中、英、美三国的科学院及工程院（中国科学院、中国工程院、英国皇家学会、英国皇家工程院、美国国家科学院、美国国家工程院，简称"三国六院"）于 2010 年共同商定，组织举办系列合成生物学研讨会——三国六院国际研讨会。即从 2010 年起，中美英三国的科学院与工程院轮流主办每年一度的"中美英三国六院"合成生物学会议。

第一次会议于 2011 年 4 月 13~14 日在英国伦敦召开，主题为"经济与社会生活中的合成生物学"（The economic and social life of synthetic biology）。会议主要讨论合成生物学的经济与社会影响，探讨合成生物学研究中可能产生的新工具和新技术，以及这些创新可能引发的挑战。会议围绕"已取得的进展及对未来的展望""共建愿景""创建一个有利的环境"等专题展开讨论，全面探讨了合成生物学的基础问题。

在此次会议中，来自美国亚利桑那州立大学的 George Poste 教授作了

---

1 The Royal Society. Opportunities and Challenges in the Emerging Field of Synthetic Biology. 2010. https://royalsociety.org/topics-policy/projects/synthetic-biology/opportunities-challenges/ [2012-2-20].

"Synthetic biology: mapping the design principles of biological systems and the rise of biomimetic engineering" 的主旨发言，另设有 22 个专题报告。来自中国科学院上海生命科学研究院、中国科学院合成生物学重点实验室的赵国屏院士在会上作了题为 "From molecular microbiology towards synthetic biology—A long march via new vehicles with sophisticated steering" 的专题报告，阐述了中国微生物学家从 20 世纪 50 年代建立微生物发酵工业，经过 60~70 年代的微生物生理研究、80~90 年代的微生物代谢酶学和遗传学研究、世纪交替阶段的分子生物学与基因组学机制研究，发展到今天的生命"组学"和合成生物学研究的探索历程。此外，来自深圳华大基因研究院的杨焕明院士作了题为 "Genomics and its relevance to synthetic biology" 的专题报告，来自中国科技大学的刘海燕教授作了题为 "Developing reusable designs of new regulatory components for synthetic biology based on the modularity of native elements" 的专题报告。

第二次会议于 2011 年 10 月 12~14 日在中国上海召开，会议的主题为"合成生物学的使能技术"（The enabling technology for synthetic biology）。会议主要研讨了合成生物学的技术创新与集成，促进其对科学研究的推动和对工程技术能力的提升。会议围绕 5 个专题展开：①模块和途径设计；②合成基因组、细胞与群体；③合成生物学的工业应用；④iGEM：科学、技术和教育对合成生物学的影响；⑤合成生物学的伦理、法律及社会问题。

会议汇集了中国、英国、美国及日本、荷兰等国的 40 余位合成生物学领域的优秀科学家、企业界和政府机构人员与知识产权管理专家。英国皇家学会院士 Peter Leadlay 教授和美国斯坦福大学 Drew Endy 教授分别作了题为 "The synthetic biology of antibiotic natural products" 及 "Tools for engineering biology" 的主旨报告。中国工程院院士杨胜利，中国科学院院士赵国屏、邓子新、杨焕明、元英进、欧阳颀等参与主持了各个专题的会议。在会议上发言的中国科学家及相关专家包括：欧阳颀（北京大学）、覃重军（中国科学院合成生物学重点实验室）、张卫文（天津大学）、Jeffrey Tze-Fei Wong（香港科技大学）、纵刚（中国科学院上海生命科学研究院知识产权与技术转移中心）等。

第三次会议于 2012 年 6 月 12~13 日在美国华盛顿召开，此次会议主题为"下一代合成生物学"（Synthetic biology for the next generation）。会议在 4 个方面设置了 11 个专题，重点针对"合成生物学未来发展""全球面临的挑战""关键应用领域的研究""基础生物学问题""支持合成生物学发展的组织策略""先进合成生物学的国家战略"等议题展开了深入讨论。会议积极体现了合成生物学创新及学科交叉的精髓，充分展示了合成生物学对生命科学研究以及社会、产业发展的深刻影响，广泛涉及了与合成生物学发展相关的一系列文化、社会、政治、经济以及教育等问题，为下一代合成生物学的发展提供了思想、工具、产业以及相关政策方面的国际性讨论平台。会议由美国国家科学院及美国国家工程院联合举办，邀请了来自中、英、美三国科学院和工程院的相关领域科学家、政府官员及企业家代表参加。中国科学技术部基础研究司张先恩司长，中国科学院水生生物研究所赵进东院士，中国科学院上海生命科学研究院赵国屏院士、周志华研究员、覃重军研究员、肖友利研究员，天津大学张卫文教授，中国社会科学院邱仁宗研究员，中国科学院深圳先进技术研究院刘陈立研究员，中国医学科学院蒋建东研究员共10 位中国专家参加了此次会议。张先恩司长作了题为 "Synthetic biology: China's perspectives" 的报告，重点介绍了拟议中的中国合成生物学发展路线图概要以及近年来国家科技计划对合成生物学的支持，旨在推动合成生物学的国家战略。赵进东院士和赵国屏院士也分别作了专题报告。

中、英、美三国六院共同举办的三次国际合成生物学研讨会，为合成生物学领域的合作与交流搭建了平台，不仅提升了中国科学家的国际影响力和知名度，也促进了官产学研各界的协作。中、英、美等国科学家在合成生物学前沿领域的交流和探讨，探索前沿领域的发展趋势，为交换新的思想和理念提供了机会，也为各国进一步的合作奠定了基础。

二、国内合成生物学领域的交流和研讨——香山科学会议

2008 年 6 月，以"合成生物学"为主题的香山科学会议第 322 次学术讨论会讨论了合成生物学的背景、进展和展望。当时，合成生物学还是一门新兴学科，但是美国、欧盟等已经对该领域的发展非常重视，纷纷制定发展规划和路线图，加大投资力度。本次香山科学会议集结了国内外 40 多位专家学者，就"生命重塑"展开一系列讨论。会议指出，生物科学技术的发展可以视为第四次科学浪潮，人类基因组计划以及各类生物组学提供了海量的生命科学相关数据，系统生物学揭示了细胞内分子运动的普遍规律，而合成生物学将把基础的生物学研究转化为社会生产力，解决能源、农业、材料、健康和环保等一系列社会问题。目前，我国在基因工程、代谢工程、生物信息学、系统生物学及各种组学研究等与合成生物学密切相关的研究领域已经有良好的基础并正在迅速发展。

2014 年 11 月，香山科学会议再次以"合成生物学与中药资源的可持续利用"为题召开了第 510 次学术讨论会。黄璐琦院士、陈晓亚院士等 40 多位专家学者对药用植物次生代谢途径及其调控研究、合成生物学在药用植物活性成分生产中的应用，以及合成生物学的研究方法和思路等方面的议题进行了深入的讨论。

2015 年 12 月，香山科学会议以"合成生物学发展战略"为主题召开了第 552 次学术讨论会。会议由杨胜利院士、元英进院士、张先恩研究员和马延和研究员担任执行主席，60 余位专家学者围绕人工基因组与底盘细胞、人工元器件与基因

线路、人工合成代谢与细胞工厂等 3 个中心议题进行了深入交流和讨论，并就未来我国合成生物学研究重点布局方向与目标进行了剖析，提出了建设性意见。

2021 年 9 月，香山科学会议以"定量合成生物学"为主题的学术研讨会（第 S64 次学术讨论会）召开。40 余位专家学者围绕合成生物学的基础理论研究、技术创新和工程应用以及我国在合成生物学领域的发展战略，针对合成生物使能技术、"黑箱"理论与人工智能、多尺度"白箱"定量理论和合成生物学的医学与工程应用等 4 个议题展开了深入而具有建设性的研讨。

另外，由于我国政府和科技界高度重视合成生物学领域的发展，建立了各类学术组织和期刊。2020 年初，《生物产业技术》期刊获国家新闻出版署正式批准，更名为《合成生物学》。该刊是中国生物工程学会的会刊，由化学工业出版社、中国生物工程学会及国投生物科技投资有限公司联合主办，是目前我国唯一专注合成生物学领域的中文科技期刊。《合成生物学》以推动合成生物学科技进步、培养合成生物学科技人才为宗旨，登载的论文以反映我国合成生物学及其相关领域的基础与应用研究的重大成果和进展为目标，兼顾技术及产业，致力于成为中文顶级合成生物学的国际化科技期刊，成为我国合成生物学研究的一面镜子、一个见证。

第三章　合成生物学技术的交叉融合创新

> "自然界里和思维世界里有着庄严的和不可思议的秩序。几乎所有造诣深厚的科学家都对自然的和谐与规律发出感叹，并充满宗教般的崇敬和痴迷。"
>
> ——爱因斯坦

自古以来，人类便在认识自然、理解自然、改造自然的道路上不断探索，并在发展自然科学的过程中学习如何尊重自然、顺应自然、保护自然。

自然科学是研究自然界的各门科学的总称，物质、能量和信息是研究的基本对象。在自然科学发展的历史长河中，人类在对"物质"探究的过程中发现了元素周期表；在对运动现象的认知过程中发展了将"能量"作为量化工具的方法；20世纪上半叶，以香农为代表的科学家和工程师发展了以"信息"为主要对象的科学。其中，"生命是什么"尤为让各学科的科学家着迷，卡尔·林奈（Carl Linné）以博物学的视角创立了生物分类法，查尔斯·达尔文（Charles Darwin）从进化论的视角著就了《物种起源》，格雷戈尔·孟德尔（Gregor Mendel）以实验科学的视角开辟了现代遗传学，路易斯·巴斯德（Louis Pasteur）通过"实践—理论—实践"开辟了微生物学，卡尔·皮尔逊（Karl Pearson）和罗纳德·费希尔（Ronald Fisher）在统计学的研究中为生物学研究提供了工具，薛定谔以量子科学的视角著就《生命是什么》，沃森和克里克（Watson and Crick）利用物理学的工具发现了DNA双螺旋结构，克里克在生命活动的功能和定位分析中提出了著名的中心法则，维纳（Wiener）和贝塔朗菲（Bertalanffy）在研究生命活动规律的过程中分别提出了控制论、一般系统论，胡德（Hood）又以系统论的视角提出了系统生物学。

显然，生命活动有其自然规律。从远古时代人类对动植物的驯化，再到近代以来人类对生物体结构的解剖与解析，及至分子生物学发展以来"中心法则"的提出和验证，再到人类基因组计划对生命组学的研究，人类一直在探索认识生命活动规律的方法。然而，生命活动的复杂性使其很难简单地用类似牛顿运动定律的公式、类似元素周期表的排列组合，去解释大多数的生命现象。除生物学、医学领域的科学家外，哲学家、物理学家、化学家、信息科学家、数学家、认知心理学家、社会科学家都试图以其独特的视角，总结出生命活动的基本规律。在这些跨学科的探索中，科学家认识到，需要从时间、空间的维度解析生命活动的基本规律。一方面需要总结出生命系统与机械、信息等其他系统共通的结构复合、过程控制、功能耦合特征，另一方面则要解析生命系统区别于其他系统的特有规律。在前者的研究中，科学家发展了信息论、控制论、系统论等交叉科学，利用逻辑学、数学、统计学、计量学方法，抽提出横贯于各个自然、社会、抽象科学中的知识体系，从理论高度加以概括和综合，从而发展出各类结构设计、信息传递、反馈控制和功能耦合特征都能利用的思想与技术。在这些学科体系中，交叉科学往往既是哲学的理论形成、概念提出和范畴扩展的"起点"，又是诸多具体学科的方法论发展的"起点"，因而在整个学科体系中起着"桥梁"的作用。

同样，合成生物学发展的基础是遵循生命活动的基本规律，尊重自然、顺应自然、保护自然；合成生物学发展的途径是借鉴工程学的理念、方法、工具，高效、精准、便捷地改造生物体。从理念到成功的实践，"逻辑门"（logic gate）的设计可能是最佳的切入点。事实上，合成生物学的真正兴起与大发展也是以此为起点。2000 年，斯坦福大学的化学教授埃里克·库尔（Eric Kool）在旧金山召开的美国化学学会年会上讨论时指出，化学家在研究生物问题的过程中，尝试合成非天然的分子，研究其在体内的作用[1]。"我把这种方法称为'合成生物学'"，库尔说道。在此之前，库尔已经开展了合成碱基、核苷酸等方面的研究。同样是在 2000 年，波士顿大学的詹姆斯·柯林斯（James Collins）团队，借鉴电子工程领域的方法，在大肠杆菌中构建了"基因拨动开关"（genetic toggle switch）[2]。在发表于《自然》（Nature）杂志的论文中，柯林斯指出，基因拨动开关作为合成的细胞记忆单元，对"生物技术、生物计算和基因治疗"的发展均具有重要的意义。当时，还在普林斯顿大学的迈克尔·埃洛维茨（Michael Elowitz）等对细胞内的生物分子网络也进行了研究，并在大肠杆菌中利用 3 个非天然的生物钟，构建了振荡网络。该网络能够周期性地诱导绿色荧光蛋白的合成，并将绿色荧光蛋白的信号作为读出信号加以识别。

以 2000 年美国化学学会对"合成生物学"的讨论为起点，合成生物学的概念得到广泛的认同，基因、基因组的合成，以及利用生物元件和线路构建与生产各类特定成分等方面的研究，如雨后春笋般地涌现。如今，随着工程化手段的运用，生物技术的开发一方面融合了分子生物学、细胞生物学、系统生物学等学科的知识，另一方面在医学诊断、治疗，以及材料、环境、能源等诸多领域中已经展现出非常广阔的应用前景。

第一节　生物学的工程化探索

21 世纪初，工程学思想策略与现代生物学、系统科学及合成科学的融合，形

1 Rawis R L. 'Synthetic biology' makes its debut. Chemical & Engineering News, 2000, 78(17): 49-53.

2 Gardner T S, Cantor C R, Collins J J. Construction of a genetic toggle switch in *Escherichia coli*. Nature, 2000, 403(6767): 339.

成了以采用标准化表征的生物学元件，在理性设计指导下，重组乃至从头合成新的、具有特定功能的人造生命为目标的"合成生物学"。合成生物学的崛起，开启了可定量、可计算、可预测及工程化的"会聚"研究新时代。

在工程化的道路上，生命系统的复杂性，使其有别于土木工程、机械工程、化学工程、电子工程，且更为不易。虽然机械工程和电子工程领域的知识对合成生物学有着很大的帮助，但是对复杂的生物体来说，这些知识还远远不够。即使是人类比较了解、研究比较深入的大肠杆菌，也有大约 1000 个化学反应需要同时进行。与电子工程相比，生物系统的这种复杂性至少体现在 3 个方面。首先是在元件层面上，各种生物学元件是高度多样化的，而组成集成电路的晶体管种类则相对有限；其次是在线路设计上，电子线路的模块化相对容易，而生物线路的排列组合则异常复杂；最后是各单元的运行环境，芯片的运行环境相对稳定，而活细胞的环境涉及复杂的物理、化学和生物过程。因此，合成生物学的工程化探索，注定需要在不断的"迭代"中学习和优化。

一、从基因组测序到基因组改造

在合成生物学的发展历程中，工程化理念的引入和运用对基因组的改造发挥了极为重要的作用。在其中，一批研究人员及其团队做了许多开创性的工作，哈佛大学教授乔治·丘奇（George Church）团队的工作便极具代表性。

丘奇因为对基因测序感兴趣，师从基因测序发明人之一沃特·吉尔伯特（Walter Gilbert）攻读博士学位。在人类基因组计划启动后，丘奇加入其中，发明了乳液 PCR（emulsion PCR）技术，这也为首个自动测序软件的开发奠定了基础。1997 年，丘奇与其他研究者共同开发了基于同源重组[1]的千兆碱基规模基因组工程（简称"基因组工程"）技术；2004 年，丘奇团队开发了用于组合文库和组装大型基因组片段的基因芯片合成器[2]；2006 年，丘奇团队在实验室中尝试开发密码子突变研究（将 TAG 替换为 TAA），以引入非天然的氨基酸。此后，丘奇团队便不断尝试开发精准改变细胞内 DNA 的新技术，又参与了多重自动化基因组工程（multiplex automated genome engineering，MAGE）技术的开发。在丘奇团队发明该技术之前，基因组工程不仅耗时，操作也十分困难，需要逐一对单个基因进行改造。多重自动化基因组工程技术的开发，使得生产与现有宿主基因组存在至

---

1 Link A J, Phillips D, Church G M, et al. Methods for generating precise deletions and insertions in the genome of wild-type *Escherichia coli*: application to open reading frame characterization. Journal of Bacteriology, 1997, 179(20): 6228.

2 Tian J, Gong H, Sheng N, et al. Accurate multiplex gene synthesis from programmable DNA microchips. Nature, 2004, 432(7020): 1050.

少一个碱基对差异的多种合成寡核苷酸成为可能，从而实现了多个基因平行、迭代的改造。这些合成的寡核苷酸被插入到一定数量的细胞中，用于改写细胞中的 DNA 靶序列，由此产生极大规模的目的基因变体。多重自动化基因组工程技术发明后，被广泛用于代谢途径的优化、基因活性的上调或下调、微生物基因组的改造。

当然，多重自动化基因组工程技术也有其局限性。一方面，尽管该技术的生物学机制在简单和复杂生物体中是通用的，但是该技术在很多物种中的应用进展仍然缓慢。与之相比，基因组工程技术、基因组编辑能够应用于很多新物种的改造，可用于获得全新表型和基因组范围的序列。另一方面，多重自动化基因组工程技术只能替换基因组的部分密码子。

随后，丘奇团队又开发了接合组装基因组改造（conjugative assembly genome engineering，CAGE）技术，实现了大肠杆菌的全部密码子的替换[1]。基于成簇规律间隔短回文重复（CRISPR）-CRISPR 相关蛋白 9（Cas9）的基因组编辑技术发展，丘奇团队也将目光投向了基因组编辑技术。2013 年，该团队优化了基因组编辑技术，使其适用于从酵母到人体细胞的各种对象[2]。此后，又进一步开发了用于基因组研究和开发的系列工具。此外，丘奇团队还与其他团队合作，构建了用于人干细胞的转录因子元件库，并将该研究称为"转录因子组计划"（TFome project）。在该计划中，团队开发了至少 1500 个转录因子元件，并将其用于筛选有可能调控干细胞分化的转录因子。现有研究结果显示，该团队发现了至少 241 个此前未曾报道过的转录因子，在调控干细胞的定向分化中起着重要的作用。这些调控元件的开发，为神经元细胞、血管内皮细胞、成纤维细胞等各类细胞的定向开发提供了重要的工具[3]。

除对物种内基因组改造的兴趣外，丘奇团队在 DNA 合成和存储这一新兴交叉领域也有一些开创性工作。2012 年，丘奇团队首次利用 DNA 存储了多媒体文件[4]。他们利用 CRISPR 将数据按顺序编码到活细菌的基因组中。基于丘奇团队当时的技术，单颗芯片上能够合成数千个寡核苷酸，并储存 0.66MB 的数据（相当于一本书、一张 JPG 图像和一个 JavaScript 项目）。在此之前，克雷格·文特尔基

---

1 Isaacs F J, Carr P A, Wang H H, et al. Precise manipulation of chromosomes *in vivo* enables genome-wide codon replacement. Science, 2011, 333(6040): 348-353.

2 Mali P, Yang L, Esvelt K M, et al. RNA-guided human genome engineering via Cas9. Science, 2013, 339(6121): 823-826.

3 Ng A H M, Khoshakhlagh P, Arias J E R, et al. A comprehensive library of human transcription factors for cell fate engineering. Nature Biotechnol, 2021, 3: 510-519.

4 Church G M, Gao Y, Kosuri S. Next-generation digital information storage in DNA. Science, 2012, 337(6102): 1628.

因组研究所所能实现的 DNA 数据存储的最大数据量为 0.0009MB。

此外，丘奇团队的研究甚至涉及弱相互作用大质量粒子（weakly interacting massive particle，WIMP）的探测器的设想[1]，他们认为，若在探测器内悬挂 DNA 单链的金箔，那么弱相互作用大质量粒子拂过金原子核时，将会因为原子核的微小位移而切断 DNA 单链；由此，研究人员可通过 DNA 序列推断原子核的移动轨道，进而外推弱相互作用大质量粒子的运动特征。

近年来，丘奇团队在合成生物学的研究中越来越多地运用人工智能技术。2020年，该团队与詹姆斯·J. 柯林斯（James J. Collins）团队利用深度神经网络，对经典的核糖开关模型（toehold 开关）进行功能预测，以此来设计辅助的 RNA 开关[2]。此外，还利用机器学习模型，追溯生物线路设计所属的国家（地区）及实验室，为生物安全的监管提供支撑工具。以下例举了丘奇及其团队自 1998 年以来，参与发明的从"多路基因测序"到"编码和解码 DNA 存储信息"等方面的专利（表 3-1）。

表 3-1　丘奇及其团队参与的发明专利（例举）

申请号	申请日	发明内容
US07228596	1988/8/4	多路基因测序
US09143014	1998/8/28	核酸阵列的复制扩增
US11069910	2005/2/28	多核苷酸合成
US11067812	2005/2/28	高保真合成多核苷酸的组装方法
US11331927	2006/1/12	基因组工程的分级式组装方法
US11436478	2006/5/17	不依赖于组分的多核苷酸组装方法
US11639541	2006/12/15	含有一种或多种非天然氨基酸的人工多肽制备方法
WOUS07012077	2007/5/19	产生新的重组核酸和细胞表型的方法
US11766222	2007/6/21	核酸存储器件
US12265184	2008/11/5	基因组文库构建
US12533304	2009/7/31	制备和使用预腺苷酸化寡核苷酸序列的方法
US12533141	2009/7/31	多核苷酸的分级组装
US12533439	2009/7/31	用于确定寡核苷酸的核苷酸序列的亚磷酰胺接头
US13060178	2009/8/27	用于高保真多核苷酸合成的方法和装置
US12726411	2010/3/18	用于测定 DNA 胞嘧啶甲基化分布的全基因组分析技术
US13081660	2011/4/7	用于在多重测序反应中保持核酸模板的完整性的方法
US13267470	2011/10/6	制备体外组装核糖体亚单位和体外组装核糖体的方法

1 Drukier A, Freese K, Spergel D, et al. New dark matter detectors using DNA for nanometer tracking. Physics, 2012. DOI: 10.48550/arXiv.1206.6809.

2 Angenent-Mari N M, Garruss A S, Soenksen L R, et al. A deep learning approach to programmable RNA switches. Nature Communications, 2020, 11: 5057.

续表

申请号	申请日	发明内容
US13878406	2011/10/11	用于高通量、单细胞分析的条形码
US13878400	2011/10/11	高通量的免疫测序
US13880824	2011/10/20	核酸序列的正交扩增与组装
US13882753	2011/11/4	DNA 折纸装置
US13289521	2011/11/4	核酸分子测序方法
US13448961	2012/4/17	捕获核酸的技术
US14379005	2013/2/14	在乳液中合成核酸序列的方法
US14402795	2013/6/5	用 DNA 折纸探针测定核酸的空间序列
CN201380038507.X	2013/7/17	用核苷酸碱基存储信息的方法
US13954351	2013/7/30	将核酸序列引入细胞中的方法
CN201380073208.X	2013/12/16	用编码与 RNA 相互作用、以位点特异性方式切割基因组 DNA 的酶的核酸，转染真核细胞
US14774319	2014/2/26	Cre 重组酶突变体
US14775025	2014/2/26	从不同遗传修饰文库中选择微生物以检测和优化代谢产物产生的方法
CN201480043971.2	2014/6/4	调控细胞中靶核酸表达的方法
US14319380	2014/6/30	在干细胞的基因组工程中使用 Cas9 的方法
US14319784	2014/6/30	突变的 Cas9 蛋白制备方法
US14319693	2014/6/30	使用 DNA 结合蛋白核酸酶同时从靶核酸切除大核酸序列、将大外源核酸序列插入靶核酸序列的方法
CN201480048643.1	2014/7/8	多重 RNA 向导的基因组工程
US15128145	2015/3/25	将条形码连接到多肽上，用于对多重单分子相互作用图谱分析
US15325577	2015/7/10	使用显微镜原位高通量标记和检测亚细胞组分（如细胞器和/或亚细胞区域）特征的方法
US15531751	2015/12/1	RNA 导向的体内基因编辑系统
CN201680052866.4	2016/7/13	使用核酸的单体储存信息的方法，将一种格式的信息转换成比特流的多个比特序列
US15229539	2016/8/5	利用膨胀显微技术对蛋白质和核酸进行纳米级成像
CN201680077501.7	2016/11/3	细胞内核酸的三维基质容积成像
US15772652	2016/11/3	处理从测序设备接收的空间相关序列数据的系统和方法
WOUS17016168	2017/2/2	线粒体基因组编辑和调节
WOUS17016184	2017/2/2	重组酶的基因组编辑
WOUS17021526	2017/3/9	基于稳定性的蛋白质的小分子生物传感器和检测方法
US16083714	2017/3/9	闭环制备和验证多核苷酸的方法
US16094526	2017/4/19	基于纳米孔的信息编码方法和系统
WOUS17028266	2017/4/19	在干细胞中提高核酸酶介导的基因编辑效率的方法
WOUS17029751	2017/4/27	基于核苷酸聚合物存储的数据的安全通信方法
CN201780067534.8	2017/8/31	将 RNA 荧光原位测序（FISSEQ）与其他分子检测方案组合形成整合的全组学（panomic）检测

申请号	申请日	发明内容
US16332350	2017/9/12	控制干细胞分化的转录因子组分析
WOUS18024001	2018/3/23	用 Cas9 转座酶融合蛋白切割靶核酸序列，并将其他核酸序列插入到靶核酸序列的特异性位点
WOUS18025154	2018/3/29	四环素诱导的细胞表达系统
US16643111	2018/8/29	利用核酸酶辅助的同源重组进行分级基因组组装
US16757687	2018/10/19	用于异源蛋白质生产的人工分泌肽
WOUS18056900	2018/10/22	对存储在 DNA 中的信息进行编码和高通量解码的方法

二、从基因组测序到基因组合成

1992 年，人类基因组计划开始实施，克雷格·文特尔（Craig Venter）创立了基因组研究所（The Institute for Genomic Research，TIGR）。在基因组测序研究的过程中，文特尔团队创造的"全基因组霰弹测序法"极大地加速了破译遗传密码的进程。1995 年，基因组研究所完成了支原体中基因组最小的生殖支原体（*Mycoplasma genitalium*）的基因测序[1]。此后，文特尔及其基因组研究所开展基因组测序。另外，其团队也开始探讨如何实现完整基因组的合成。

彼时，全球能够合成的 DNA 片段的长度只有几千个碱基对，而文特尔计划合成的生殖支原体基因组有 582 970bp。为了实现这一目标，他们的方案是先合成出一些 DNA 片段，再将其进行组装。在早期的探索中，文特尔合成出的 DNA 片段没有感染的活性，再加上生殖支原体的基因组长度远超当时能合成的 DNA 片段长度，他们也就将更多的精力投入到人类基因组测序的工作中。

人类基因组的测序工作完成后，文特尔及其团队再次将目光锁定至 DNA 的合成。当时，困扰他们的主要难题是合成出来的 DNA 片段错误率比较高。他们利用凝胶电泳的方法将长度合适的 DNA 片段分离出来，再将正确合成的 DNA 片段组装起来，直至完成整个基因组的合成。在生殖支原体的人工合成过程中，文特尔团队将 582 970bp 分成 5000～7000bp 的 101 个片段，每一个片段交由 DNA 合成公司来完成。他们在合成基因中加入了标记，以用于确认人工合成的正确基因片段。

在这 101 个片段合成之后，文特尔团队碰到的难题是如何将其精准地组装起来。他们先是在试管中将两个片段连接起来，再将其植入到大肠杆菌中进行复制，

---

1 Fraser C M, Gocayne J D, White O, et al. The minimal gene complement of *Mycoplasma genitalium*. Science, 1995, 270(5235): 397-403.

最终分离提纯得到更多的新片段。利用这种方法，他们将基因组的片段组装至约29万个碱基对的长度。这时，植入的片段长度已经超出了大肠杆菌能够容纳的长度，于是他们想到了利用真核生物，因此啤酒酵母进入了他们的视野。利用啤酒酵母，他们最终成功组装了完整的生殖支原体的环状合成染色体。这一研究成果发表在 2008 年的《科学》（*Science*）杂志上，合成的细菌基因组命名为支原体JCVR-1.0[1]。

在合成出完整的基因组之后，如何将合成基因组移植到细胞中，使其能够在细胞内正常地发挥功能，是文特尔团队碰到的又一难题。此时，他们用克隆方法实现了原核细胞间染色体的移植实验。第一例细胞核移植，可以追溯至 1938 年德国生物学家施佩曼完成的实验。文特尔团队尝试了很多方法，以清除宿主细胞中原有的染色体，但是都没有获得成功。后来，他们放弃了这一策略，直接将人工合成的染色体移植进宿主细胞。这样宿主细胞中就有了两套染色体，但是当其分裂为子细胞时，该细胞就只含有人工合成染色体。

2010 年，文特尔团队将人工全合成的丝状支原体（*Mycoplasma mycoides*）基因组（1 078 809bp）植入到山羊支原体细胞中，成功实现了整个细胞（JCVI-syn1.0）的设计、合成和组装，新细胞具有预期的表型特性，并且能够进行持续地自我复制，由此开发出了首个具有人造基因组的活细胞，这就是著名的"人造细胞"辛西娅（Synthia）[2]。

从"人造细胞"历时近 10 年的研发过程可以看到，文特尔团队不断探索优化 DNA 合成、组装和转移的技术，最终完成了整个支原体基因组的人工合成、"人造细胞"的构建。对此，文特尔曾说，"我们已经完成了非常重要的一个步骤，走进了影响一切可能事物的开端，伴随着这个力量而来的是义务，我们必须解释清楚目的才能使全社会理解。而且更重要的是，我们必须要负责任地使用这种力量"。

此后，克雷格·文特尔基因组研究所的研究及成果，也得到了相关行业的关注。例如，2012 年美国埃克森美孚（ExxonMobil）公司与文特尔合成基因组公司签订合作协议，投入 6 亿美元进行基于微藻的生物能源研究和开发。根据麻省理工学院、美国埃克森美孚公司与文特尔合成基因组公司在《环境科学与技术》（*Environmental Science & Technology*）杂志上发表的评估报告，其合作的目标是在 2025 年实现日产量万桶藻类生物燃料的产能。以下例举了文特尔及其团队自 1995 年以来，参与发明的从"最小基因组测序"到"大核酸片段组装方法"等方

---

1 Gibson D C, Benders G A, Pfannkoch C A, et al. Complete chemical synthesis, assembly, and cloning of a *Mycoplasma genitalium* genome. Science, 2008, 319(5867): 1215-1220.

2 Gibson D C, Glass J I, Lartigue C, et al. Creation of a bacterial cell controlled by a chemically synthesized genome. Science, 2010, 329(5987): 52-56.

面的专利（表 3-2）。

表 3-2　文特尔及其团队参与的发明专利（例举）

申请号	申请日	发明内容
US08476102	1995/6/7	流感嗜血杆菌全基因组在计算机可读介质上的序列信息，及其在计算机系统上应用的方法
US08545528	1995/10/19	生殖支原体基因组的核苷酸序列在计算机可读介质上的信息，及其在计算机系统上应用的方法
US09103840	1998/6/24	用于结核分枝杆菌菌株分析的 DNA 序列
CN200680052444.3	2006/12/6	构建人造基因组的方法，包括该基因组核酸片段的制备及装配，其中至少有一个核酸片段由化学合成的核酸序列构建而来
US11644713	2006/12/22	将基因组或部分基因组导入细胞的方法
US60978388	2007/10/8	细菌基因组的完全化学合成和组装
US12532403	2008/3/21	用于厌氧环境微生物分段培养的系统和方法
CN200880023057.6	2008/5/1	将基因组装入受体宿主细胞的方法
CN201710235646.1	2009/2/13	体外连接和组合装配核酸分子的方法
US62312398	2016/3/23	合成基因组的产生
IN201712014692	2017/4/25	酵母内的大核酸片段组装方法

三、从逻辑门设计到基因组设计

合成生物学的正式确立和发展，离不开能够执行各种布尔逻辑运算的逻辑门（与门、或门和非门）的设计与开发。2000 年，波士顿大学的詹姆斯·柯林斯团队利用两个相互干扰的基因，设计了一个人工合成的、可操作的基因调控网络[1]。利用逻辑门的开发，研究人员得以采取类似操控电子线路的方式，在生物线路的操作中根据输入（input）的信号获得相应的输出（output）。在早期，这些生物主要具备振荡器（oscillator）等基本的功能。此后，柯林斯等团队开发了具备更多功能的逻辑门。例如，2016 年，柯林斯团队开发的核糖开关，可以用于寨卡病毒的高效检测[2]，使合成生物学在传染病的诊断中发挥作用。此后，该团队利用基因组编辑技术开发的诊断方法，检测患者体液中的病毒感染以及器官移植排斥反应[3]。以下例举了柯林斯及其团队自 1996 年以来，参与发明的从"用于抑制病理性非混沌节律实时自适应方法和系统"到"检测病原体感染的传感器"等方面的专利

1　Gardner T S, Cantor C R, Collins J J. Construction of a genetic toggle switch in *Escherichia coli*. Nature, 2000, 403: 339-342.

2　Pardee K, Green A A, Takahashi M K, et al. Rapid, low-cost detection of zika virus using programmable biomolecular components. Cell, 2016, 165(5): 1255-1266.

3　Kaminski M M, Alcantar M A, Lape I T, et al. A CRISPR-based assay for the detection of opportunistic infections post-transplantation and for the monitoring of transplant rejection. Nature Biomedical Engineering, 2020, 4(6): 601-609.

（表 3-3）。

表 3-3　詹姆斯·柯林斯参与的发明专利（例举）

申请号	申请日	发明内容
US08768458	1996/12/18	用于抑制病理性非混沌节律实时自适应方法和系统
WOUS99028592	1999/12/1	含可调式阈值开关的多状态振荡器
WOUS03006491	2003/3/5	用于生物网络上进行灵敏度分析的方法，以及用于识别的调节器
US10535128	2003/11/14	顺式/反式核糖调节元件
US12446300	2007/10/19	用于调控基因表达的可调谐基因开关
US12337677	2008/12/18	工程酶的活性噬菌体和分散生物膜方法能够裂解杀死细菌并分散细菌生物膜
US12867537	2009/2/17	体内基因传感器
US13141165	2009/12/22	用于计数器、二进制运算、存储器和逻辑的模块化生物电路
US13512453	2010/11/30	生物电路趋化转换器采用模块化组件来检测如化学物质这样的外部输入，并将这些输入转化为促使细胞产生趋化行为的输出信号
US13512449	2010/11/30	生物模数和数模转换器
CN201380066320.0	2013/11/6	激活和抑制性核糖核酸调节子
CN201480074898.5	2014/12/5	基于纸的无细胞系统
US15780668	2015/12/4	非裂解抗微生物肽和/或抗菌毒素蛋白、稳定复制起点和噬菌体包装信号的基因序列的工程化噬菌粒
US16303937	2017/5/25	便携式、低成本的检测病原体感染的开关传感器

　　鉴于生物线路在模拟计算等方面的前景，麻省理工学院、杜克大学等机构的团队也加入到生物线路的开发中。不过，与电子线路不同的是，宿主细胞内的环境十分复杂，识别可感知和处理信号、相互配合良好的分子有不小的难度，研究人员在这方面作出了诸多探索和努力。例如，哈佛大学开发了基于 RNA 的"立足点开关"（toehold switches）[1]，利用核糖核酸或者 RNA 分子来感知信号且作出逻辑判断，以此控制蛋白质的生产[2]。鉴于早期开发原核生物系统的基础，该团队于 2019 年开发的调控组件，已能够在真核生物系统中实现复杂的信号处理[3]。

　　在设计方法的研究过程中，组合文库的设计方法已经可以利用基因元件的多种组合，创造出许多新变体，并加以筛选和验证。不过，早期的设计通常以现有的基因组序列为基础，如国际核苷酸序列数据库合作组织（INSDC）已收录上万

---

1 Green A, Silver P, Collins J, et al. Toehold switches: *de-novo*-designed regulators of gene expression. Cell, 2014, 159(4): 925-939.

2 Green A A, Kim J, Ma D, et al. Complex cellular logic computation using ribocomputing devices. Nature, 2017, 548(7665): 117-121.

3 Bashor C J, Patel N, Choubey S, et al. Complex signal processing in synthetic gene circuits using cooperative regulatory assemblies. Science, 2019, 364(6440): 593-597.

个原核基因组、数百个真核基因组。此后，随着研发的进一步深入，对大肠杆菌等原核生物、酵母等真核生物基因组的系统设计得以实现。在这些设计中，人工分析基因组的组成，通过上调、下调或关闭某些通路上的基因表达，再通过人工构建和测试来验证其功能，极大地提升了系统研究的能力。在复杂的基因组重构和设计中，生物系统的复杂性、不可预测性、行为可变性等对工程设计人员来说是巨大的挑战。例如，工程人员需要先对基因功能加以注释，而注释内容则可涉及组织特异性表达模式、调控因素、结构元素等。尽管已有数据库中的整合注释可用于对基因组数据进行注释，但是基于不同工具得到的注释的差异仍是巨大挑战。

又如，在大规模的基因组表征和交换中，由于来自不同数据库的差异，多用户间的整合或协同编辑成为一项难题。针对这一问题，国际上已经推出了通用特征格式（GFF）和合成生物学开放语言（SBOL）两个标准化格式。其中，通用特征格式第 3 版（GFF3）允许对序列描述进行分层组织，如基因可以组织成簇；合成生物学开放语言第 2 版（SBOL2）则常用于基因组编辑的层次描述。通用特征格式可以被视为合成生物学开放语言的子集。合成生物学开放语言以设计为出发点，提供了变体、文库和部分设计支持（如识别簇中的基因）、细胞功能（如蛋白质、代谢途径、调节相互作用）等更为丰富的语言；合成生物学开放语言还可与系统生物学标记语言（SBML）编码的模型进行互操作。此外，"人工合成酵母基因组计划"（Sc2.0 Project）的基因组工程中已经利用序列本体（sequence ontology）加以注释。

除注释、编码的工具外，合成生物学的发展还需要一些建模工具，以整合多数据库的信息，实现基因组学、生物化学和细胞生物学的建模，从而更好地用于生物行为的预测。尤其是当所设计的基因组规模越来越大时，这些工具的重要性就日益凸显。诸多异源系统的元件、模块的引入，可极大地影响底盘细胞的稳态。对生物线路稳定性、细胞行为可变性的预测，不仅需要系统整合各类关键参数，还需要对生物线路的拓扑结构进行解析，并就宿主细胞的环境进行表征。只有对底盘细胞、生物线路间的错综复杂的关系有深入理解，才能使理性设计的生物线路在实验过程中有更高的实用性。迄今为止，即使是针对大肠杆菌等模式生物，也仍然缺乏系统、完整、理想的虚拟细胞模型。

在设计工具的运用上，研究人员逐步开始对染色体水平的 DNA 序列制定更高层次的设计准则。国际 Sc2.0 计划是合成生物学领域的一个重要项目，旨在构建人工合成的酵母基因组。该计划的设计基于先进的合成生物学技术和工具，为后续的合成生物学研究提供了重要的范例。通过合成真核基因组，研究人员可以重新设计和优化酵母的遗传信息，使其具有新的功能和性能[1]。近年来，在染色体

---

1 Richardson S M, Mitchell L A, Stracquadanio G, et al. Design of a synthetic yeast genome. Science, 2017, 355: 1040-1044.

水平的 DNA 序列的设计准则方面，研究人员不只停留在单个基因或生物线路的设计上，还开始关注更高层次的设计，即染色体水平的 DNA 序列设计。这种设计考虑整个染色体的构建和优化，旨在实现特定的生物表型和功能。

在这些设计的过程中，研究者采用了计算机辅助设计（CAD）工具，以使科学家在计算机上模拟和优化不同的设计，以获得期望的生物表型。这些工具在合成生物学中发挥着关键作用，帮助研究人员能更好地规划和设计生物线路。同时，科学家还努力做到实验与设计的协同和协作，最大限度地实现这两个环节之间的协同作用，以确保设计的生物线路可以在实验中成功构建和测试，减少不必要的重复工作，提高研究效率。

为促进合作和共享设计信息，研究人员还倡导使用设计信息处理和交换标准。这些标准有助于不同团队之间更好地交流和理解设计信息，建立更广泛的合作网络。由此，日益复杂的、精准的模型或将得到开发，利用高维度、高通量的系统生物学数据来高效地预测表型或将成为可能。这意味着研究人员可以更好地理解生物系统的运作方式，从而更好地进行设计和优化。通过使用大规模数据，科学家可以更准确地预测生物线路的表现，减少了基因组设计所需的高成本迭代次数，提高了研究效率。

四、从元件开发到线路设计

合成生物学工程化改造的对象大致可以分为两类。第一类是自然生物系统。利用合成生物学的知识和工程化方法，以天然 DNA 为基础，有目的地改造基因组、元器件、细胞等，以实现特定生物功能，但其构建的人工生物系统仍然同自然界的生命一样。第二类就是自然界不存在的生物系统。利用化学合成的元件（核酸、蛋白质、多糖等）替代天然元件，构建自然界不存在的全新人工生物系统。近年来，这方面的工作主要聚焦在非天然核酸系统和非天然氨基酸系统等的创建。

合成生物学领域的改造有时可以借鉴计算机工程领域的"自下而上"的构建方法。例如，在计算机工程领域中，工程师可以使用晶体管来制作集成电路，然后把集成电路与其他部件组合起来构成整个系统。在合成生物学的发展中，科学家也把一些细胞活动的基本元件与晶体管类比，将其视为功能元件（部件）或者调控元件。利用这些功能元件，就能像组装电子线路一样来构建生物线路；而这些生物线路往往执行特定的细胞代谢功能，或者是信号通路等功能。最终再利用这些生物线路来构建简单和复杂的系统，这些新构建的系统就可以执行新的或特定的生物功能。

（一）元件的开发

在传统的材料工程领域，很多天然材料需经过加工和提炼之后才能成为理想的材料。同样，很多天然的生物元件，也需要经过一定程度的工程化改造和开发，才能更好地为人类所利用。然而，哪些元件可以被加工利用、如何加工、在什么场景下利用，都是需要解决的问题。

1. 从传统元件到标准化元件

生物系统的内部成分多样性、活细胞运行环境的复杂性，决定了生物学功能的预测较材料工程、机械工程、电子工程更为复杂。然而，对合成生物学的发展而言，生物功能的预测又是绕不开的难题。目前，合成生物学中使用的生物元件大部分来源于自然界。随着 DNA 测序能力的快速提高，同时利用生物信息学和系统生物学识别与鉴定以及预测生物元件的能力也显著提升，将有越来越多的生物元件被发掘、开发出来。然而，要实现设计和改造的工程化，需要将生物元件标准化表征，以便于通用化使用。功能元件的挖掘与标准化，将加快人们对基因线路、代谢途径乃至整个基因组进行更为简便、高效的设计与优化；同时，将基因组的各部分元件标准化、模块化，并建立各部分元件功能的标准化表征体系，不仅有助于合成功能可预知、可控制的基因组，还能衡量合成细胞的各个输出状态，以提高对合成基因组和生物系统的预测、预知能力。近年来，合成生物学的标准化主要集中在建立特征明确的 DNA 元件（启动子、核糖体结合位点、基因、终止子等）的储存库，以及将元件组装成有功能的遗传装置的技术方案（实验方案）。为了推动合成生物学的标准化，研究者着手开发功能上相互独立即"正交"的生物元件，以此减少基因线路与宿主细胞间可能产生的交互作用。同时，他们还并行地研究生物元件的组装方式，更有系统、更精确地设计生物元件与元件间的物理接口。另外，他们还致力于寻找不重复表达的生物元件版本，以进一步避免文本的冗余。

2. 从天然元件到非天然元件

随着合成生物学的快速发展，创建非天然生物元件逐渐成为一个新的研究热点。2012 年，英国剑桥大学的研究人员合成了一种名为"XNA"的分子，能像 DNA 和 RNA 一样储存与传递遗传信息；2014 年，研究人员利用先前合成的 XNA 合成出"XNA 酶"[1]，这种人造酶能启动一些基本的生物化学反应，如在试管中切开并接入天然的 RNA 链中。同年，美国斯克里普斯研究所的研究人员构建出一种细菌，其遗传物质中加入了自然界中不存在的两种核酸 X 和 Y[2]。这种合成细菌无法在实验室外繁殖，但可被用来制造具有"非天然"氨基酸的设计蛋白。该成果被《科学》（Science）杂志评为 2014 年的十大科学突破之一；2017 年，研究

1 Taylor A I, Pinheiro V B, Smola M J, et al. Catalysts from synthetic genetic polymers. Nature, 2014, 518: 427-430.

2 Malyshev D A, Dhami K, Lavergne T, et al. A semi-synthetic organism with an expanded genetic alphabet. Nature, 2014, 509(7500): 385-388.

人员将"非天然"的碱基对插入到包含传统碱基对的细菌基因中，实现了"非天然脱氧核苷酸-非天然核苷酸-非天然氨基酸"的转录和翻译过程[1]。更重要的是，细菌还能够利用 RNA 分子产生绿色荧光蛋白的一种变体，这种变体蛋白包含了"非天然"的氨基酸。2019 年，美国佛罗里达州应用分子进化基金会的研究人员通过将 4 种合成核苷酸与 4 种天然存在于核酸中的核苷酸相结合，构建出由 8 个核苷酸组成的 DNA 分子（被称为 Hachimoji 分子）。他们开发了两对人工的核苷酸碱基对——S:B 和 Z:P，其均以氢键的形式配对，且具备遗传信息的存储和传递功能[2]。体外研究表明，新增加的碱基对也是以氢键的形式配对，能够满足存储和传递遗传信息的要求。这些研究为生命的起源提供了新的见解，使人类在认识生命的道路上又迈出了重要一步。以下例举了自 2004 年以来，研究人员发明的有关非天然碱基、非天然核苷酸和非天然氨基酸的专利（表 3-4）。

表 3-4 非天然碱基、非天然核苷酸和非天然氨基酸的相关专利（例举）

申请号	申请日	发明内容
US10126927	2002/4/19	在体内掺入非天然氨基酸的方法
CN200480022071.6	2004/4/7	制备肽核酸（PNA）寡聚物的单体
CN200880118668.9	2008/10/31	用于筛选多肽文库的方法，所述的多肽文库中包含非天然氨基酸
US12934066	2009/3/31	可高选择性/高效率地复制的 DS(7-(2 噻吩基)-3H-咪唑并[4,5-b]吡啶-3-基)和 PA 衍生物（2-硝基-1H-吡咯-1-基，在 4 位连接的具有 π-电子系统的取代基）的非天然碱基对
CN201080055369.2	2010/10/6	新型荧光性核酸人工碱基，在嘌呤碱基、2-脱氮嘌呤碱基或 2,7-脱氮嘌呤碱基的 6 位（嘌呤环的 6 位）上具有由 2 个以上杂环分子缩聚而成的官能团。该人工碱基具有优异的荧光特性，还具有作为通用碱基的特性
CN201080055375.8	2010/10/6	核酸中具有形成互补碱基对的人工碱基，或具有与天然型碱基以相同程度的热稳定性形成碱基对的人工碱基
US15302874	2015/4/9	通过重组表达的核苷酸三磷酸转运蛋白将非天然或修饰的核苷酸三磷酸导入细胞，内源性细胞将非天然核苷酸并入细胞核酸
US62379122	2016/8/24	使用碱基编辑在蛋白质中掺入非天然氨基酸的方法
US16063107	2016/12/16	使用 CRISPR/Cas9 系统提高非天然核苷酸的核酸分子产量的方法
CN201880058859.4	2018/7/10	利用突变的转运 RNA（tRNA）合成非天然氨基酸
WOSG19050597	2019/12/4	利用含非天然碱基对（UBP）的核酸进行测序的方法
US16900154	2020/6/12	用于产生含非天然氨基酸的蛋白质或多肽的试剂和方法
WOUS20053339	2020/9/29	含非天然碱基的密码子的信使 RNA（mRNA）、天然碱基的反密码子的转运 RNA（tRNA），非天然碱基能够在真核细胞中形成非天然碱基对（UBP），能够在细胞中翻译产生包含至少一个非天然氨基酸的多肽

---

1 Zhang Y, Ptacin J L, Fischer E C, et al. A semi-synthetic organism that stores and retrieves increased genetic information. Nature, 2017, 551: 644-647.

2 Hoshika S, Leal N A, Kim M J, et al. Hachimoji DNA and RNA: a genetic system with eight building blocks. Science, 2019, 363(6429): 884-887.

3. 人工改造的调控元件

针对启动子、核糖开关等调控元件，研究人员结合人工智能等技术，实现了对其的高效改造。例如，麻省理工学院和哈佛大学博德研究所的阿维夫·雷格夫（Aviv Regev）团队，结合机器学习算法等，测试了上亿个随机启动子在酵母中的调控[1]。以下例举了自 2014 年以来，雷格夫及其团队有关 T 细胞平衡的基因表达调控方法等方面的专利（表 3-5）。

表 3-5　雷格夫及其团队参与的发明专利（例举）

申请号	申请日	发明内容
CN201480023907.8	2014/2/27	T 细胞平衡的基因表达调控方法
CN201480025302.2	2014/3/17	树突细胞（DC）应答的调节网络
CN201580060718.2	2015/9/9	以高通量方式从单个细胞分离、裂解、条码标记和制备核酸的方法
US62247729	2015/10/28	系统分析遗传相互作用，采用高阶分析工具对细胞线路加以组合探测
US62311129	2016/3/21	单细胞中空间和时间基因表达动力学研究方法，产生高分辨率图，用于异质细胞群中的不同细胞亚型或细胞状态的可视化分析
US62585529	2017/11/13	单细胞中成人神经发生期间空间和时间基因表达动力学测定方法
US62595904	2017/12/7	体内基因相互作用的大规模组合扰动分布分析

外源基因在宿主细胞表达的过程中，要实现精准的控制，最好应用可诱导的启动子或者强启动子。由于强启动子的应用可能会带来细胞自身生长的负荷，研究人员通过发展出核糖开关来解决这个问题。

内含肽是宿主蛋白质中的一段插入序列，其基因必须要和插入到外显肽的基因一起才能进行复制与转录。研究人员利用合成生物学开发了更高效的手段。例如，爱丁堡大学的王宝俊团队所开发的内含肽元件库中，内含肽元件具有正交性，其与转录因子耦合后可用于复杂的逻辑调控[2]。为克服烦琐的基因线路设计可能给宿主带来的负担，该团队又开发了一套针对合成基因线路设计的多功能基因调控工具，其不仅可以简单、有效地调节基因表达，还能降低因异质蛋白过量表达而造成的细胞负荷。该基因调控工具受启发于自然界中一种普遍存在的间接基因调控机制：转录因子竞争性核酸结合（competing DNA binding）机制。作用于该机制的陷阱核酸（decoy DNA），也称为核酸海绵（DNA sponge），诱导转录因子结合，使转录因子丧失与内源性基因作用的能力，从而达到调节内源性基因表达的

---

1 de Boer C G, Vaishnav E D, Sadeh R, et al. Deciphering eukaryotic gene-regulatory logic with 100 million random promoters. Nature Biotechnology, 2020, 38(1): 56-65.

2 Pinto F, Thornton E L, Wang B. An expanded library of orthogonal split inteins enables modular multi-peptide assemblies. Nature Communications, 2020, 11(1): 1-15.

目的[1]。

4. 定向进化的酶元件

合成生物学基于工程化的理念和数字化的赋能，有助于加速基因突变或自然选择，又通过反向工程来加速筛选，或构建突变开关，或实现蛋白质的定向进化。2018 年的诺贝尔化学奖获得者弗朗西斯·H. 阿诺德（Frances H. Arnold）首先提出酶分子定向进化的概念，并使用易错 PCR（error-prone PCR）的方法改造天然酶，以及构建新的非天然酶。酶分子定向进化技术的出现，伴随着基因合成、测序成本的下降以及计算机辅助的分子模拟技术的发展，使得生物催化技术极大地扩展了应用价值，提高了一些化学药物合成的效率，以及绿色化学品的开发与生产，不仅使酶分子定向进化技术得到了前所未有的发展和进步，一批该领域的新兴企业也应运而生。以下例举了自 2002 年以来，阿诺德及其团队利用过氧化物驱动的细胞色素 P450 单加氧酶变体等专利（表 3-6）。

表 3-6 阿诺德及其团队参与的发明专利（例举）

申请号	申请日	发明内容
US10125640	2002/4/16	过氧化物驱动的细胞色素 P450 单加氧酶变体
US10201213	2002/7/22	定向进化的细胞色素 P450 单加氧酶
WOUS02034342	2002/10/25	利用计算机系统辅助实现定向进化设计
US10375909	2003/2/27	定向进化的氧化野生型半乳糖氧化酶（如 D-半乳糖:氧 6-氧化还原酶）
US10869825	2004/6/15	定向进化的细胞色素 P450 酶，用于选择性烷烃羟基化
US11969894	2008/1/5	产生新的稳定蛋白质的方法
CN201180022906.8	2011/6/1	定向进化的功能嵌合纤维二糖水解酶

（二）线路的设计

工程化理念的引入，使得线路设计的研究取得了进展，而相应的自动化辅助设计软件工具也得到发展。

1. 稳定性和鲁棒性的设计

在基因线路的设计中，非重复遗传元件的设计相对复杂，设计难度较大。针对这一难题，宾夕法尼亚州立大学的团队开发的非重复性元件计算器（nonrepetitive parts calculator），可以根据目标导向的约定条件，设计上千个非重复的启动子、终止子、核糖体结合位点等元件，以减少同源重组的发生，获得稳

---

1 Wan X, Pinto F, Yu L, et al. Synthetic protein-binding DNA sponge as a tool to tune gene expression and mitigate protein toxicity. Nature Communications, 2020, 11(1): 1-12.

定的遗传系统[1]。加利福尼亚大学圣迭戈分校的杰夫·海斯迪（Jeff Hasty）团队利用工程化的动态种群，提升了大肠杆菌菌群中基因线路的遗传稳定性[2]。以下例举了自 2012 年以来，海斯迪及其团队利用合成生物学开发的协调细胞活性的多尺度平台等方面的专利（表 3-7）。

表 3-7　海斯迪及其团队参与的发明专利（例举）

申请号	申请日	发明内容
US14364207	2012/12/14	利用合成生物学协调细胞活性的多尺度平台，其中感知细胞可输出同步振荡信号
US14776689	2014/3/17	利用合成生物学构建的非致病微生物包含编码酶的序列或其功能片段，可用于切割底物，从而检测动物尿液中是否存在过度增殖性疾病相关的癌细胞
CN201680022244.7	2016/2/12	利用工程化的生物传感器菌株，连续监测供水中的毒素水平
CN201680032071.7	2016/4/7	静脉注射或瘤内注射经工程化改造的细菌，该细菌可分泌治疗性多肽，以杀死肿瘤细胞或者抑制肿瘤细胞生长
CN201880048232.0	2018/5/18	通过群体感应来维持共培养物的方法，至少两种细菌菌株的共培养是振荡的，其中至少一个菌株包括编码抑制性核酸、细胞因子、融合蛋白以及抗体或其抗原结合片段的核酸序列
CN201980053732.8	2019/6/7	多菌株种群控制系统、方法和试剂，多菌株生态系统使用同步裂解线路，结合多种毒素/抗毒素系统在长时间实现种群控制

针对内稳态的控制设计要求，苏黎世联邦理工学院的穆斯塔法·卡马什（Mustafa Khammash）团队设计的生物分子控制器，具有自适应、鲁棒性（稳健性）的特点[3]，可确保被调节的变量在系统中能够适应环境扰动，其拓扑结构在具有细胞"噪声"中能够实现积分反馈，在对大肠杆菌生长速率的控制中得到了证明。因此，该遗传学工具为生命系统动力学研究提供了进一步的支撑。

2. 基因线路设计的自动化

随着构建基因线路规模的增大，手动设计基因线路费时费力且容易出错，因此，研究人员一直努力开发可以自动化和程序化地完成基因线路设计、构建以及测试过程的设计工具。麻省理工学院的克里斯多夫·沃伊特（Christopher Voigt）团队是基因线路设计自动化的重要推动者。该团队创建的 Cello 软件，可以支撑研究者设计生物系统，第一次真正为细胞创建了一种编程语言。研究人

1　Hossain A, Lopez E, Halper S M, et al. Automated design of thousands of nonrepetitive parts for engineering stable genetic systems. Nature Biotechnology, 2020, 38(12): 1466-1475.

2　Liao M J, Din M O, Tsimring L, et al. Rock-paper-scissors: engineered population dynamics increase genetic stability. Science, 2019, 365(6457): 1045-1049.

3　Aoki S K, Lillacci G, Gupta A, et al. A universal biomolecular integral feedback controller for robust perfect adaptation. Nature, 2019, 570(7762): 533-537.

员在明确细胞类型和研究目的之后，利用 Cello 软件，就可以根据输入和输出之间的逻辑关系，设计或转入细胞的 DNA 序列，使序列在细胞中执行所需要的命令[1]。对此，华盛顿大学生物工程学家赫伯特·绍罗（Herbert Sauro）评论道，这项工作"解决了自动化设计、构建并在活细胞中测试逻辑线路的难题"。这些工具的推出，也为其他团队设计正交的生物线路提供了支持。例如，麻省理工学院的迈克尔·劳布（Michael Laub）和沃伊特团队合作，设计了大肠杆菌正交的信号网络[2]。

2020 年，沃伊特团队又推出了可用于酵母的 Cello 2.0 版本[3]（中国科学院深圳先进技术研究院的陈业研究员、清华大学张数一助理教授为共同作者），在发展酿酒酵母转录调控元件定量设计的基础上，首次实现了真核生物中基因线路的自动化设计，并实现了大规模基因线路长时间（包含 11 个转录因子，大于两周时间）的稳定状态切换和动态过程预测。

基因线路设计的自动化技术还可与转录组测序（RNA-seq）、核糖体图谱（ribosome profiling）分析等技术结合，对复杂线路的元件进行参数调控。这些参数与数学模型结合，可以用于基因线路的多种性能，包括线路功能、线路过程、线路稳健性等方面的预测。这些参数化的设计，实现了定量分析，从而进一步提升了设计效果[4]。

同时，自动化设计的引入，简化了调控网络的构建，为代谢工程、环境传感、作物生长或者细胞治疗的开发提供了重要的平台。例如，沃伊特团队利用基因组编辑技术开发的多形拟杆菌（*Bacteroides thetaiotaomicron*）所建立的逻辑门可用于胃酸等成分的调控，在肠道微生态的开发中或具有潜力[5]。再如，沃伊特团队在定植作物中设计的固氮系统，可以通过响应植物激素等信号，来启动根瘤菌的固氮功能[6]。以下例举了自 2007 年以来，沃伊特及其团队开发的用于聚合物和蛋白质生产的、工程化改造的革兰氏阴性细菌表达系统等方面的专利（表 3-8）。

---

1 Nielsen A, Der B S, Shin J, et al. Genetic circuit design automation. Science, 2016, 352(6281): aac7341.

2 Mcclune C J, Alvarez-Buylla A, Voigt C A, et al. Engineering orthogonal signalling pathways reveals the sparse occupancy of sequence space. Nature, 2019, 574(7780): 1-5.

3 Chen Y, Zhang S, Young E M, et al. Genetic circuit design automation for yeast. Nature Microbiology, 2020, 5(11): 1349-1360.

4 Reixachs-Solé M, Ruiz-Orera J, Albà M M, et al. Ribosome profiling at isoform level reveals evolutionary conserved impacts of differential splicing on the proteome. Nature Communications, 2020, 11(1): 1-12.

5 Taketani M, Zhang J, Zhang S, et al. Genetic circuit design automation for the gut resident species Bacteroides thetaiotaomicron. Nature Biotechnology, 2020, 38(8): 962-969.

6 Ryu M H, Zhang J, Toth T, et al. Control of nitrogen fixation in bacteria that associate with cereals. Nature Microbiology, 2020, 5(2): 314-330.

表 3-8　沃伊特及其团队参与的发明专利（例举）

申请号	申请日	发明内容
WOUS07069300	2007/5/18	用于聚合物和蛋白质生产的、工程化改造的革兰氏阴性细菌表达系统
CN200880125973.0	2008/11/26	将工程化酵母与纤维素细菌共培养，酵母将细菌产生的代谢产物用作碳源
WOUS10042943	2010/7/22	利用工程化酵母开发可表达异源 S-腺苷甲硫氨酸（SAM）-依赖性甲基卤化物转移酶（MHT）的、生产甲酸甲酯的系统
US14388030	2013/3/15	用于可编程转录调节的反 σ 因子
US14388190	2013/3/27	遵循自然系统的设计原则，使用聚合酶的人工 σ 因子，开发合成生物学工具
US14440183	2013/11/1	合成基因簇的定向进化
US14498116	2014/9/26	体内的工程化组装，利用逆转录酶在体内合成寡核苷酸，以产生寡核苷酸纳米结构的细胞，可用于调控基因表达，改变生物途径
US15313863	2015/5/27	遗传元件的高通量装配
US14838409	2015/8/28	合成酵母启动子，可与终止子结合调控酵母基因的表达，实现大规模途径工程的可组合性与元件设计
US15580859	2016/6/10	在拟杆菌属构建生物线路，调控基因表达
CN201680064863.2	2016/10/5	利用外源的基因簇，促进谷类植物的大气固氮
US15696246	2017/9/6	利用 RNA 引导的核酸内切酶，靶向任何 DNA 序列，切割 DNA 并产生单链，实现 DNA 组装
US15701498	2017/9/12	利用工程化的拟杆菌，构建胆汁酸的转录传感器
US16080707	2018/2/7	工程化的、复杂的、自适应的生物线路，利用含催化失活的核酸内切酶线路，控制输出序列表达
US16581918	2019/9/25	毒性降低的工程化 CRISPR/dCas9 的融合蛋白，用于非线性响应曲线的生物线路的构建
US16812196	2020/3/6	肠微生物组衍生细菌的生物合成酶（如梭菌属酶）的载体，用于生产脂肪酸酰胺
US17170702	2021/2/8	无细胞蛋白质合成（CFPS）的组合物，衍生自植物质体的联合转录和翻译平台

五、从工程化理念到工程生物学循环

几十年来，创建和模拟物体在数百种操作条件下的性能一直是工程学的基石所在，对合成生物学来说也不例外。从 2000 年发展至今，如何利用工程化的经验对生物系统加以改造，一直是各方努力的目标。合成生物学的发展，在各种方法和工具以及人工智能等技术的推动下，也以工程化的理念，真正开始工程生物学的实践。

（一）工程化的三个要素

早在 2005 年，合成生物学的奠基人之一德鲁·恩迪（Drew Endy）就提出，把工程化的思想引入合成生物学需要三个基本要素[1]：标准化（standardization）、解耦

---

1 Endy D. Foundations for engineering biology. Nature, 2005, 438: 449-453.

（decoupling）和模块化（modularization）。这三个概念的实际应用，使得合成生物学有别于传统的基因工程，在很大程度上解决了因生物系统过于复杂而研究进度慢，以及研究成果的重复性差、兼容性不足等难题。

"标准化"的开发始于元件的标准化。通过标准化，设计和改造生物系统所需的生物元件得以界定，其功能得以刻画和抽象。最基本的功能元件和调控元件具备标准化与兼容性，研究人员就可以实现重复利用。正如其他标准化的商品为产业界的不同厂家所利用一样，其能极大提高研究的效率。为此，在 iGEM 中，参赛队伍所提交的元件的要求是标准化的，包含了同样的酶切位点。这种标准化的元件被形象地称为"生物砖"（BioBrick），意思是就像统一规格的砖头可以用来装砌任何形状的建筑一样，"生物砖"则可以用来构建各种生物系统。

"解耦"的作用在于降低复杂系统间的相互干扰。通过这种方式，人造生物系统的复杂性，包括生物元件间的交互作用得以简化，从而最大程度地减少人造生物系统发生故障的可能性。

"模块化"着重强调了复杂问题的解决，需要将其分成各个层级。通过模块化，人造生物系统的复杂功能可以被拆解为功能上相互独立的模块，每个模块可以进而被拆解为对应的生物元件，从而为生物系统的设计与组装提供理性指导。

在这些原则的指导下，研究者可以按照功能的目标来合成合适的基因片段，同时还借鉴了天然细胞或者非天然细胞的设计，来创建各种目标的生物系统。

（二）工程化的五个经验

"工程化"的本质是人类综合利用已经掌握的科学知识与方法技术，形成的规模化改造自然、构建人类需要的"产品"的能力。2006 年，M. Heinemann 等基于对数篇论文的回顾，较为系统地总结经验，提出合成生物学的发展，尤其是工程化的发展，应从 5 个方面来弥补此前生物技术中缺少或关注较少的部分[1]。

第一是数学工具相关知识的了解和运用。在传统的工程领域（如机械工程、电气工程以及化学工程等），数学工具的广泛运用已经成为常态，而数学工具在生命科学和生物技术中的应用此前并不常见。随着合成生物学的发展，工程化开发必然会运用到越来越多的数学工具。

第二是正交性运用，这在工程里面必不可少。以汽车为例，其加速系统与方向盘、车门和车窗等其他部件并没有直接的联系，也就是说这些部件本身不会直接影响到能否加速。因为在汽车的系统中，正交性是工程学设计里面必不可少的要求。然而，在一个生物系统中，新陈代谢的各个途径往往相互关联，一条途径的变化往往会影响其他途径的生物化学反应。合成生物学要引入工程学的内涵，就必须有效地运用正交性。

第三是能够把整个系统分为若干个子系统，再把子系统进一步分为更下一级的子系统，也就是实现抽象的分级。如果能实现这种分级，那在工程学的设计之中就有显而易见的好处：各领域的专家，可以在不同的层级上负责各自关注的重点问题；各方协同起来之后，就可以建构一个完整的系统。

第四是标准化的发展。合成生物学的发展离不开标准化的启动子等调控元件，以及在不同的底盘细胞中可通用的功能元件。如果缺乏标准化的输出，要在浩瀚的信息中找到相关变量，就会显得格外的困难。

第五是设计和构建的分离。一个工程产品的开发，设计师与生产线上的员工往往并不从事相同的工作，他们很可能有不同的专业背景，但是并不妨碍他们可以合作制造汽车等工程化的产品。传统的生命科学和生物技术的研发，设计和构建的工作往往并没有太严格的区分；但对合成生物学的项目来说，这可能会影响项目的运营效率。

总之，必须清晰地了解合成生物学的工程学内涵，一方面是其"自下而上"的正向工程学"策略"，另一方面，是目标导向的构（重构）建（建造）"人造生命"。因此，标准化的元件是基础；有了这个基础，就更容易形成模块化的设计——体现出工程学的正交性；利用正交化的模块，在不同层级上构建子系统和系统，数学工具在各个层面上得以应用。在这样的基础上，设计和构建的分离，也就容易实现了。

（三）工程生物学的迭代循环

近十几年来，以机器学习为代表的人工智能技术、大数据计算与存储的软硬件技术突飞猛进，促使生命科学研究开始向数据密集型科学的新范式转型。"数据驱动"的研究范式有一个重要的特征——"迭代"（iterate），即每一次研究工作可以是一种不完备的阶段性工作，然后在前期研究结果的基础上反复完善，通过多次研究逐渐逼近预定的总体目标，这种模式与工程科学的研究理念在本质上是一致的。

面对生命系统的复杂性，尤其是随着工程生物学的提出，合成生物学的研究者基于对工程化要素和经验的总结，提出了生物系统标准化元件管理、模型的大规模应用、构建前设计的定量工具的应用、用于持续改善技术的重复性"设计-构建-测试"循环。在这个循环中，尽管各个环节所使用的具体技术可能会随着时间迭代更新，但是循环的基本框架会持续存在。

（1）设计：生物体的组成十分复杂，人们对复杂组分的相互作用认识有限。在合成生物学的设计中，必须考虑大量的潜在变量，包括 DNA 碱基、密码子、氨基酸、基因和基因片段、调控元件、环境因素、经验与理论设计规则等要素。随着合成生物学的发展，生物设计自动化（biodesign automation，BDA）概念得以提出，科学家希望利用某些自动化手段降低设计门槛，而计算机算法、软件环境和机器学习等工具则有助于自动化的实现。其中，一些自动化的设计工具能够帮助研究人员确认生物结构的功能、结构各组分的组织方式，而其他工具则将这些信息转变为可实现的 DNA 构建的集合。此外，还有许多软件的设计旨在协助合成 DNA 序列管理和 DNA 序列可视化。BDA 的早期工作集中在为识别和解决合成生物学问题奠定基础，包括建立数据表示和交换的标准，创建描述生物系统结构、功能和性能约束的规范，创建建模与模拟生化和生物合成途径的工具与框架，优化 DNA 组装，设计遗传系统，以及评估线路行为。计算机软件的开发，提高了开发人员对设计功能和性能的预测能力，实现了对复杂生物的功能改造，减少了设计和检测的时间与资源。

（2）构建：通过运用 DNA 合成和 DNA 组装等专门技术，基因组的人工创建在越来越多的场合得到应用。在创建过程中，人们也使用自动化的设备进行策划，从而高效地构建目标结构。此外，这个过程也涉及将生物信息学的设计结果远程传输至制造设备。

（3）测试：测试是用于研究用合成生物学工具产生的某项设计或产品是否获得预期特性的过程，通常在项目的多个阶段进行。例如，研究人员使用计算机模型确定设计是否具有可行性，接着检测合成的 DNA 结构是否正确，然后完成结构引导，确认其是否能够发挥预期的生物学功能。测试可能涉及实验室条件下细胞培养、模型生物、自然环境中的生物，甚至是临床试验、中试等过程。

2016 年，美国工程生物学研究联盟（EBRC）成立后，科学家进一步探讨了用于持续改善技术的重复性循环框架。鉴于人工智能的快速发展，合成生物学的"设计-构建-测试"（DBT）循环被进一步拓展为"设计-构建-测试-学习"（DBTL）循环。DBTL 循环框架的每个阶段和界面都需要指定驱动实验设计的新数据与算法，可对结果进行反馈验证，确保每个环节、每个过程的高质量和可比性，集成改进流程和性能，推动自动化和人机结合设计的不断改进。

（1）设计：设计的基础是了解可用于设计的组件以及设计系统将在何种环境条件下运行。尽管人类所积累的生物系统数据仍然有限，但是生物分子功能等方面的研究已经取得明显成果，相关的工具也在不断拓展，目前已有的设计工具软件包括 CellDesigner、BioUML、iBioSim、COPASI、D-VASim、Uppaal、Asmparts、GEC、GenoCAD、Kera、ProMoT、Antimony、Proto、SynBioSS、TinkerCell、Cello、FLAME、Easy BBK、CRAFT 和 S-Din 等，与国际基因组编写计划（GP-write）相匹配的大规模基因组设计工具[1]也在研发中。

---

1 Ostrov N, Beal J, Ellis T, et al. Technological challenges and milestones for writing genomes. Science, 2019, 366(6463): 310-312.

《工程生物学：下一代生物经济的研究路线图》提出的设计方面的预期工作和目标至少包括以下几方面：①建立通用的计算机基础设施，用于查找生物数据和通用的应用程序编程接口（API），为更加开放的医疗和农业环境提供通用的开放设计工具文库。②开发用于工程生物学系统的端到端、行业规范的设计软件平台，创建行业接受的、开放资源或公众可访问的行业相关的"设计-构建-测试-学习"软件和数据集。③利用大规模集成的数据框架，进行全自动化的分子设计，将关键催化活性整合到一系列模式生物的蛋白质中，创建用于变构调控这些活性的标准工具。④使用多功能酶预测算法，设计任何分子的生物合成线路，实现天然、非天然线路的按需表征、标准化、插入和部署。⑤开展可拓展的、数据驱动的宿主设计，用于在任何环境和规模条件下对任何新型宿主进行数据驱动的驯化，从而获得新的功能。⑥整合分子、线路和宿主设计，创造和构建基因工程群落模型，并在生态环境的规划中发挥作用；设计和构建多种具有功能性、封闭性、自我支持生态系统的工程化微生物，提高工业产量；设计、构建和改造微生物群体，以最少的副产品和废物进行多种所需产品的同步与高效生产。

（2）构建：为了提高通量、容量和重现性，利用液体处理机器人来开展各种分子生物学反应（如聚合酶链反应、DNA组装）是构建环节自动化的体现。在实践过程中，由于上游或下游步骤的技术变化，或多或少地会影响到其他相关步骤，因此目前实现这一目标仍然很难。《工程生物学：下一代生物经济的研究路线图》在分析"构建"环节时指出，最先进的技术仍然是面向产品的工具、定制软件、专有数据集、定制自动化解决方案以及定制的数据记录和分析系统的某种特殊组合。未来的目标是建立开放的技术平台，允许共享自动化工作流程和协议、软件、参考资料与最佳实践，从而产生新的测量和数据标准以及建立合成生物学最佳制造工艺的能力。

（3）测试：随着基于液流控的并行生物反应器阵列、用于自动实时控制和定期离线分析的系统、实验室信息管理系统（LIMS）等工具的发展，测试过程的自动化正在加速发展。对测试系统而言，需要建立标准化的、可共享的工作流程和协议、软件、参考资料与最佳实践体系，这也是合成生物学发展的重要内容。

（4）学习：机器学习等技术的发展，使得通量平衡分析（FBA）、通量变异性分析（FVA）和代谢调节最小化（MOMA）与基因组规模代谢模型等分析可以更加深入，从而提高复杂系统的可预测性，实现不断的迭代。近几年来，人工智能方法正在成为合成生物学研究的强大工具。

DBTL循环是个重复的过程，科学家可由此逐步鉴定出符合预期的生物体。尽管人们对生物学的复杂性仍然认知有限，但是这种渐进方法或使得工程化成为可能，各个环节的能力进步已经使得整体系统的作用得到发挥。例如，在构建环节，随着DNA合成成本的下降、高通量基因组装方法的开发、自动化设备的运用，大规模构建DNA序列已经成为可能。在测试环境，实验室机器人等自动化、并联化和模块化设备的运用，以及微流控芯片等系统的开发，极大促地进了检测效率的提升，降低了高通量检测的成本，使得随时随地读取 DNA 信息或其他生物学信息成为可能。在此基础上，工程师通过"自下而上"的方法使高价值化学品的商业生产设计新的代谢途径成为可能。

对更大规模的基因组工程而言，"设计-构建-测试-学习"涉及更复杂的工作流，因而需要利用更复杂的设计工具、表型分析、数据分析和模型等。执行这些多步骤工作流需要在更多的工具、人员、机构和样本库、信息库之间进行广泛的材料、信息等资源的交互。首先，设计阶段必须将基因组设计传递给构建阶段，构建阶段将 DNA 结构和细胞系传递到测试阶段，测试阶段再将测量结果传送给学习阶段，最后，学习阶段为设计阶段提供模型和启发式设计。这些工作流在执行中，需协调所有阶段中的工具与资源。如若能够系统性运用这些工具与资源，或可实现更高的协同效能。例如，对千兆碱基工程的展望，便是非常典型的例子[1]（表 3-9）。

表 3-9　整合新兴千兆碱基工程工作流的潜在方法（示例）

阶段	工作流间的接口	建议	理论基础
设计	输入设计材料	扩展：注释方法	当前的基因组注释工具存在规模、一致性和未整合等问题，这些问题可以通过更好地利用证据和结论本体之类的本体论来解决
设计	设计序列→计划组装、共享设计	扩展：GFF3 和/或 SBOL 与染色体协调，BpForms（用于动态表单开发的开源库）	GFF3 和 SBOL 都是基因组设计规范的有效格式，但基于索引的协调相对脆弱，BpForms 允许对带有非标准碱基和修饰的序列进行注释
设计	设计组装→构建	采用：FASTA/GenBank/GFF，迁移到 SBOL（功能和计划灵活的可制造性）	FASTA、GenBank、GFF 和 SBOL 格式都能通过相对容易地编码序列来构建。SBOL 可以编码预期功能和组装，允许更大灵活性以应对制造限制条件
设计	构建和完善模型→设计细胞	研究：跨多个模型的整合 CAD	目前的方法还没有接近所需的能力
构建	合成→组装→整合到宿主	拓展：带有质量度量和要求的 FASTQ、GVI 和/或 SBOL	FASTQ 和 GVI 编码变异，但无要求；SBOL 可以同时编码这两种形式，但不是当前设备的初始形式。关于度量和需求的非正式实践需进行组织与格式化
构建	整合到宿主→试验序列		
构建	共享方法、结构和细胞系	采用：生物制造最佳实践和 LIMS	存在很多适用的系统和方法，选择的权衡将取决于所涉及项目和设施的细节
测试	整合到宿主→生长和表型测试	开发：适用性度量和相关的规范语言	关于度量和需求的非正式实践需进行组织与格式化
		研究：整合组学、其他测量、表型规范	目前的方法还没有接近所需的能力

1 Bartley B A, Beal J, Karr J R, et al. Organizing genome engineering for the gigabase scale. Nature Communications, 2020, 11: 689.

续表

阶段	工作流间的接口	建议	理论基础
测试	对比试验结果	拓展：过程控制和校准标准	一些实验（如 RNA-seq、流式细胞）已经建立了确保数据有效性的实践，其他实验需要开发类似的方式
测试	分享试验结果	拓展：本体和管理工具	开放生物和生物医学本体（OBO）铸造平台中提供了标准化词汇；另外，还需要一些术语以及更好的管理工具以减少使用中的摩擦
学习	试验结果→分析试验结果	拓展：SBOL+OBO，额外的元数据和知识管理工具	SBOL 可以使用 OBO 铸造平台的标准化词汇连接设计、分析、执行追踪和数据；需要更好的管理工具以减少使用中的摩擦
学习	分析试验结果→构建和完善模型	研究：自动化和可拓展的模型生成与验证	目前的方法还没有接近所需的能力
学习	模型组成和共享	拓展：SBML、细胞标记语言（CellML）、生物模型和相关的结合标准	生物网络计算模型（COMBINE）已经开发出一套可操作性的共享模型、组合工具和标准，为复杂模型的建立提供了坚实基础
		研究：描述多规模模型的标准	目前的方法还没有接近所需的能力
跨部门	工作流管理	采用：通用工作流语言（CWL）、PROV 本体（PROV-O）、SBOL 2.2 设计-构建-测试，容器工具，团队合作工具	SBOL 可以代表周期中所有阶段的元素，PROV-O 可以将它们连接起来；现有的工作流语言和团队协调工具能够管理机器与人力工作流；现有容器工具支持可移植性
		开发：互操作性的实验室自动化语言	现存很多实用的系统和方法，但是捕获工作流的方法不同且彼此不兼容
跨部门	数据库联盟	采用：现有的开放数据库管理系统（DBMS）解决方案、FAIRDOMhub、EDD 或类似解决方案	数据库联合工具得到了很好的开发，包括领域特有工具
跨部门	知识产权组成与共享	开发：基于 OSI/CC/Science Commons、PROV-O 的框架	先前开源计划、知识共享和科学共享的努力解决了大部分但不是全部挑战；PROV-O 可用于知识产权应用的自动追踪
跨部门	结构和细胞系的转移	开发：在开放生物材料转移协定（OpenMTA）上构建的法律/合同框架	OpenMTA 支持材料转移，但存在一些需要解决的关于法律/法规遵从性和专利的问题
跨部门	管理敏感和受控信息	开发：基于跨领域信息共享框架、PROV-O	现有信息追踪和共享工具需要领域适应性

第二节　关键技术的发展

从合成生物学 2000～2019 年的发展历程来看，大体经历了 4 个阶段。第一阶段（2005 年以前）：以基因线路在代谢工程领域的应用为代表，这一时期的典型成果是青蒿素前体在大肠杆菌中的合成。第二阶段（2005～2011 年）：基础研究快速发展，年度的专利申请量较之前并未有显著增加，合成生物学研究开发总体上处于工程化理念日渐深入、使能技术平台得到逐步重视、工程方法和工具不断积淀的阶段，体现出"工程生物学"的早期发展特点。第三阶段（2011～2015 年）：基因组编辑的效率大幅提升，合成生物学技术开发和应用不断拓展。第四阶段（2015 年以后）：合成生物学的 DBT 循环扩展至 DBTL 循环，同时"半导体合成生物学""工程生物学"等理念或学科被提出。美国 EBRC 发布的《工程生物学：下一代生物经济研究路线图》就提出聚焦 4 个核心关键技术领域和 5 个应用领域，其中 4 个关键技术领域包括：①基因编辑、合成和组装；②生物分子、途径和线路工程；③宿主和生物群落工程；④数据整合、建模和自动化。

一、使能技术

使能技术（enabling technology）是对特定目标和任务具有赋能作用的技术集合，是一种（类）推动行业发生根本性变化的发明或创新技术。通常认为，关键使能技术是处于基础研究与产品开发之间、属于应用领域的技术范畴，能对创新链下游的产品开发、产业化等环节进行赋能，具有通用技术的属性[1]。张先恩、刘陈立、戴俊彪等 11 位专家在《中国科学：生命科学》期刊在线发表题为《合成生物学使能技术与核心理论》的文章综述[2]。在使能技术方面，文章着重讨论了基因组的合成与组装（synthesis and assembly of genome）、DNA 存储（DNA storage）、基因编辑（gene editing）、蛋白质分子进化（molecular evolution of protein）、功能蛋白质的计算机辅助设计（computer-aided design of functional protein）、细胞工程与基因电路工程（cell and gene circuit engineering）、无细胞合成生物学（cell-free synthetic biology）、人工智能与合成生物学（AI and synthetic biology）、自动化生物铸造厂（biofoundry）等技术，并预言，随着使能技术的不断发展和核心理论的成熟，合成生物学将逐渐建立起完整的学科体系。

陈大明等指出，在合成生物学技术的知识体系中，DNA 合成技术的发展、合成生物学元件的开发是基础。基于元件的标准化开发，利用合成生物设计的工具开发各类生物线路。这些生物线路在底盘细胞或无细胞系统中，用于生物基化学品、功能成分、蛋白质或多肽的表达，以及环境调控和监测、植物育种等领域（图 3-1）[3]。本节仅重点讨论基因组合成、基因组编辑、基因组设计、蛋白质设计等使能技术。

---

1 孙彦红. 欧盟关键使能技术发展战略及其启示. 德国研究, 2014, (3): 71-80.

2 Zhang X E, Liu C L, Dai J B, et al. Enabling technology and core theory of synthetic biology. Science China-Life Sciences, 2023, 66: 1742-1785.

3 陈大明, 周光明, 刘晓, 等. 从全球专利分析看合成生物学技术发展趋势. 合成生物学, 2020, 1(3): 372-384.

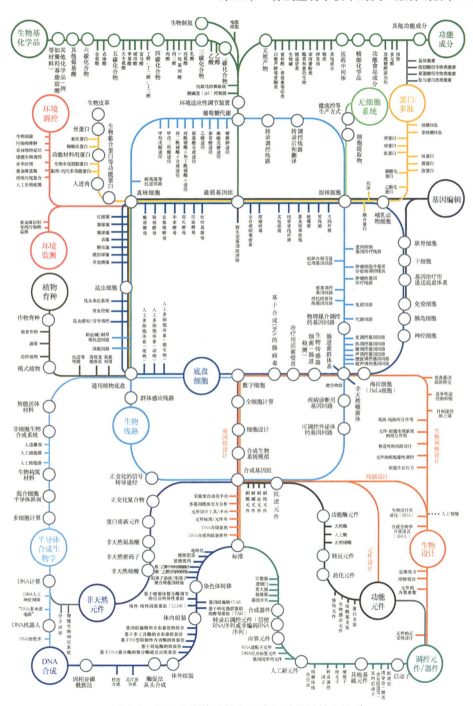

图 3-1　基于专利构建的合成生物学关键技术体系

（一）基因组合成

1. DNA 合成技术及发展历程

DNA 合成是合成生物学发展的基础。DNA 合成技术最开始只能合成单链寡核苷酸，直到 1970 年后才逐步开始合成双链的 DNA，而后能够合成基因组。从 1979 年第一个合成基因至今，人类已经从单个寡核苷酸扩展到真核生物的整个染色体。

现在的基因从头合成技术可以追溯到 20 世纪 50 年代中期，研究者利用磷酸二酯法实现了寡聚二核苷酸的合成[1]，在此基础上寡核苷酸合成方法不断完善[2]。早期的这些研究主要集中在化学合成和连接 17 个寡核苷酸，这些寡核苷酸是利用化学合成的、可以编码酵母的 77bp 核苷酸的丙氨酸转运 RNA（tRNA）基因。由于当时的研究仍处于初期阶段，这项工作几乎花费了 5 年的时间才得以完成[4,5]。经过 7 年的研究，研究者才首次实现了在大肠杆菌中表达编码只有 14 个氨基酸的生长抑素的合成基因[6]。这是通过使用化学方法将相关的 DNA 片段连接起来而实现的。这一突破性工作使得人们可以在实验室中设计和合成具有特定功能的基因，从而为基因工程和生物技术的发展开辟了新的途径。

在核酸化学合成的探索中，科学家开发了磷酸二酯法、磷酸三酯法和亚磷酸三酯法等合成方法。然而，这些方法所采用的中间体稳定性差，产物的收率低，因此迫切需要开发新的合成方法。20 世纪 80 年代早期，研究者开发了基于亚磷酰胺的 DNA 化学合成法[7]，也是直到 21 世纪初寡核苷酸自动化生产所采用的主要方法。美国科罗拉多大学的马文·卡拉瑟斯（Marvin Caruthers）利用悬浮于酸性液体中的固相支持物连接的核苷（含有寡核苷酸的末端 3′碱基）去保护，启动固相寡核苷酸合成循环，由此发明了自动化的 DNA 合成仪，极大程度地提高了核酸合成的效率。不过，最早的 DNA 合成在合成精度上还有较大的局限，尤其是

---

1 Michelson A M, Todd A R. Nucleotides part XXXII. Synthesis of a dithymidine dinucleotide containing a 3′: 5′-internucleotidic linkage. Journal of the Chemical Society, 1955, 1955(8): 2632-2638.

2 Scheuerbrandt G, Duffield A M, Nussbaum A L. Stepwise synthesis of deoxyribo-oligonucleotides. Biochemical & Biophysical Research Communications, 1963, 11(2): 152-155.

4 Agarwal K L, Buchi H, Caruthers M H, et al. Total synthesis of the gene for an alanine transfer ribonucleic acid from yeast. Nature, 1970, 227: 27-34.

5 Khorana H G, Agarwal K L, Buchi H, et al. Studies on polynucleotides: CIII. total synthesis of the structural gene for an alanine transfer ribonucleic acid from yeast. J Mol Biol, 1972, 72: 209-217.

6 Itakura K, Hirose T, Crea R, et al. Expression in *Escherichia coli* of a chemically synthesized gene for the hormone somatostatin. Science, 1977, 198: 1056-1063.

7 Beaucage S L, Caruthers M H. Deoxynucleoside phosphoramidites-a new class of key intermediates for deoxypolynucleotide synthesis. Tetrahedron Lett, 1981, 22: 1859-1862.

当寡核苷酸长度较长时，合成的正确率就不断下降。同时，早期的 DNA 合成产量也十分有限。

基于固相亚磷酰胺法的 DNA 合成流程初步形成，典型流程包括以下步骤。

· 接收靶核酸的信息。

· 分析靶核酸序列。

· 设计一个或多个核酸（如寡核苷酸）。

· 合成核酸。

· 纯化核酸。

· 组装核酸。

· 分离组装的核酸。

· 确认组装的核酸的序列。

· 处理组装的核酸（如扩增、克隆、插入宿主基因组等）。

20 世纪 90 年代，随着人类基因组计划的实施，对动植物、微生物的遗传信息进行高效的分析成为重大需求。为此，昂飞（Affymetrix）等生命科学企业在迭代中开发了基因芯片，解决了传统核酸印迹杂交[DNA 印迹法（Southern blotting）、RNA 印迹法（Northern blotting）等]的操作烦琐、自动化程度低等难题。其后，不少企业也将其技术与固相亚磷酰胺法结合，先是用于寡核苷酸的合成，再是用于多核苷酸的合成，直至现在发展到大规模地用于 DNA 合成。

合成生物学的发展对基因合成提出了更高的需求，寡核苷酸化学合成法存在合成长度短、组装过程耗时耗力、合成工艺要求高、过程中产生大量的污染性有机化学废弃物等问题，因此，出现了酶促合成法。酶促合成法的提出至少可以追溯到 20 世纪 60 年代。与化学合成法相比，酶促合成法的作用条件温和，对 DNA 的损伤较小，有助于准确性的提高，同时减少了副产物的产生，可实现更长寡核苷酸的合成[1]。然而，酶促合成法发展缓慢，至今未能实现商业化。根据研究者对 DNA 酶促从头合成发展的总结[2]，末端脱氧核苷酸转移酶（TdT）介导的酶促合成法是较好的选择，但还需要更进一步优化。

从应用的角度来看，DNA 存储或是 DNA 合成的重要领域——DNA 合成作为"写"的技术，"写"与"读"（通常利用先进的测序技术）的结合，构成了未来的 DNA 存储系统的基本架构（图 3-2）。DNA 存储的需求源于新型的数据存储需求——当前硅基集成电路已经极为常用，但其数据存储密度仍然无法满足高速增长的存储需求。为此，也有研发者试图以纸为基板，在其上集成超小型半导体元

1 Palluk S, Arlow D H, De Rond T, et al. *De novo* DNA synthesis using polymerase-nucleotide conjugates. Nat Biotechnol, 2018, 36(7): 645-650.

2 Jensen M A, Davis R W. Template-independent enzymatic oligonucleotide synthesis(TiEOS): its history, prospects, and challenges. Biochemistry, 2018, 57: 1821-1832.

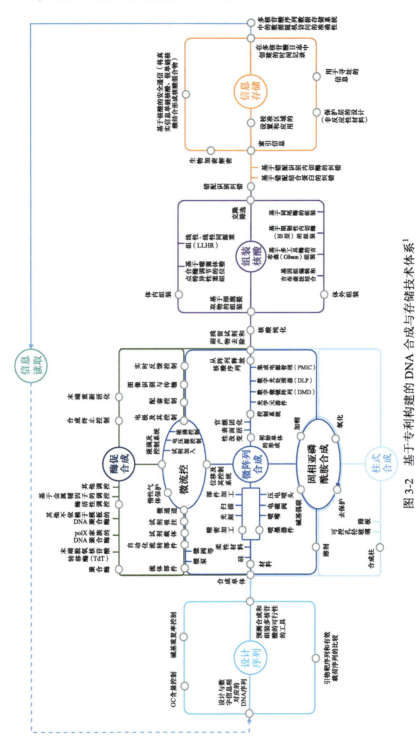

图 3-2 基于专利构建的 DNA 合成与存储技术体系[1]

件，但其相对于硅基集成电路的改进主要体现在成本和环保优势方面，仍然无法满足万物互联时代的高密度、小体积存储要求。在人类已研发的存储介质中，DNA作为存储介质具有高密度、高稳定性、高保密性、小体积、易拷贝、可并行访问、强兼容性的优点。

2. DNA 合成仪的发展历程

自 20 世纪 90 年代起，发达国家在经典化学合成法的基础上开始研发和商业化 DNA 合成仪。DNA 合成仪在生物研究、医药、基因工程和合成生物学等领域中具有重要应用，可以合成各种长度和序列的 DNA 片段，用于基因克隆、蛋白质表达、基因合成、基因编辑等研究和应用。DNA 合成仪的开发大体经历了第一代柱式合成仪、第二代高通量芯片合成仪，以及仍在探索的第三代酶法合成仪。传统的 DNA 合成方法包括两步合成过程，最初涉及寡核苷酸的合成，寡核苷酸是长度约为 200bp 的短链 DNA。这些寡核苷酸结合在一起形成更长的 DNA 链（50～100 000bp）。用于基因合成的寡核苷酸通常是使用固相亚磷酰胺合成法（将自然产生的核苷酸及其磷酸二酯类似物连接在一起，形成化学上与自然产生的 DNA 相同的 DNA 链的过程），在传统的柱式合成仪或者基于微阵列的合成仪上合成的，该方法于 1982 年被开发。"固相亚磷酰胺合成法"是一种化学合成法，其过程主要包括脱三苯甲基（detritylation）—激活（activation）—偶联（coupling）—加帽（capping）—氧化（oxidation）—脱三苯甲基（detritylation），依次循环，每次循环添加一个碱基，每个碱基都被一个保护基团封端，该保护基团阻止其反应延伸，直到该封端被移除并添加下一个碱基。由于在固相上进行反应，每添加一个碱基就通过将多余的反应物洗去来控制反应的进程，很容易实现自动化，基于该方法开发的合成仪通常被称为第一代合成仪，也是此前开发最多的合成仪。

去保护、碱基偶联、加帽及氧化 4 个步骤的一个循环生成一个新的核苷酸。这 4 步反应包括：①去保护：酸催化去除 DMT（二甲氧基三苯基甲基）保护基团，以便下一轮碱基（dA、dC、dG 和 dT）添加。②碱基偶联：将含有 DMT 保护基团的亚磷酰胺通过四唑活化剂加到未保护的 5′OH 端。③加帽：将游离的 5′OH 乙酰化，以防止进一步的链延伸所造成的单碱基缺失。④氧化：通过碘液将磷酸三酯氧化为磷酸盐，进入下一个反应循环。该过程将酸活化的脱氧核苷亚磷酰胺分子耦合到一个固定在固相（一般是硅材质表面）的脱氧核苷酸分子上。在第一个合成循环中，核苷酸链从第一个固定在材质表面上受保护的核苷酸分子开始延伸。其中，经常采用的固定化表面主要是可控孔径玻璃（CPG）或者聚苯乙烯微珠（PS bead）。试剂被泵入并流经材质表面，诱导分步添加的核苷酸单体加入到寡核苷酸链上，使寡核苷酸链不断延长。该过程非常适合自动化，并构成了寡核苷酸合成仪的基础。

1）第一代 DNA 合成仪

第一代柱式合成仪的研发经历了约 40 年的时间，主要使用管道合成柱作为合成载体，内部填充可控多孔玻璃作为真正的反应介质。通过电脑程序控制，合成试剂被加入可控多孔玻璃中，最终合成单链 DNA。通过使用品质优良的原料以及对生产工艺的优化，每一步添加碱基的成功率能够达到 99.5%。然而，每个碱基循环仍有 0.5% 的失败率，其叠加意味着合成 60 个碱基的 DNA 的成功率只有 74.0%——合成的 DNA 长度越长，单碱基的成本就越高，而且大多数基于第一代合成仪的企业大多不提供超过 200 个碱基的 DNA 合成服务（200 个碱基的 DNA 合成功率在理论上已经低于 37%，而且实际操作中还存在各种不可控的因素）。因而，基于第一代 DNA 合成仪的服务商，无法合成长链的 DNA。国际上具有柱式 DNA 合成仪自主研发和生产能力的研究机构与企业主要位于发达国家和地区，如美国的 GE、ABI、贝克曼库尔特、Biolytic、Bioautomation、Synthomics 等，德国的 K&A Laborgeraete、PolyGen 等。

2）第二代 DNA 合成仪

第二代高通量芯片合成仪的开发借鉴了半导体的技术，经历了约 20 年（微阵列寡核苷酸合成技术最初用于诊断，后来用于 DNA 合成）。根据技术原理的不同，其大致分为 5 类：①光敏保护基团介导的光控原位合成仪，以美国 LC Sciences 公司为代表。②基于电化学介导酸去保护合成方法的电化学合成仪，以美国 CustomArray 公司为代表（已被金斯瑞生物公司收购）。③基于硅片的喷墨打印合成仪，以美国 Agilent Technologies 及 Twist Bioscience 公司为代表。④基于微处理器技术的集成电路控制合成仪，以英国 Evonetix 公司为代表（仅发布技术，未见商业机器发布）。⑤基于芯片分选原理的高通量合成仪，以中国华大基因公司为代表。其中，近年来发展起来的喷墨式合成及原位拼接技术是一种具有广泛应用前景的合成技术，其发展对于推动化学、材料科学、生物医学等领域的发展具有重要意义。

第二代 DNA 合成仪所用的微阵列是由塑料或玻璃制成的平面，DNA 直接在一系列离散位置合成。微阵列最初是作为一种分析工具开发的，用来检测样本中 DNA 的存在和数量。从 2000 年初开始，研究人员开始使用微阵列来合成低聚物。微阵列允许大量的低聚物并行合成，与 96 孔板相比，产量增加了 4 个数量级。然而，微阵列上的 DNA 合成也存在其他生产限制：为了将微阵列衍生的寡核苷酸组装成一个基因，寡核苷酸被分布到塑料或玻璃板上，很像印刷术，并给出了识别的唯一条形码，一旦其被打印出来，这些寡核苷酸就像微阵列芯片上被切割成的一个大的寡核苷酸池，然后用聚合酶链反应（PCR）进行扩增。

第二代 DNA 合成仪采用了多种技术路线，其中基于硅片的喷墨式打印合成仪的开发采用了半导体工艺，使得 DNA 合成技术大规模地利用半导体工艺，从而大幅提升了效率、降低了成本。与第三代的酶法相比，目前基于喷墨打印技术的二代合成方法更为成熟。利用半导体工艺，其在短期内已经可以实现每块载体上有 10 000 个孔道，极大地提高了产出的效率（常规的 PCR 使用的是 96 孔塑料平板，数量少且导热不佳），未来孔道数量或将进一步提升。近年来，第二代高通量芯片 DNA 合成仪在技术上有了显著的进步，但仍存在一些发展的空间。不同的技术原理代表着不同的优势和限制，需要经过更多的实验验证和改进，以满足更广泛的研究和应用需求。例如，光控原位合成仪、电化学合成仪和喷墨打印合成仪等都还需要进一步优化其合成效率、精确度与可靠性。

3）第三代 DNA 合成仪

第三代 DNA 合成仪采用酶促合成方法，是利用蛋白水解酶的逆转反应或转肽反应来进行肽键合成，近年来才开始开发。当前，亚磷酰胺法作为商业化寡核苷酸合成的主流方法，但是其还存在合成长度有限、合成过程中使用有毒试剂、合成准确度受限等局限。利用不依赖模板的 DNA 聚合酶——末端脱氧核苷酸转移酶（TdT），酶促合成法可用于高质量、长片段的 DNA 合成，或具备高聚合速率、高耦合效率、直接合成多碱基序列的潜力。目前，酶促合成方法仍然处于早期发展阶段。为了推动酶促合成方法的发展，需要跨学科的合作和创新。例如，生物学家、化学家、工程师和计算机科学家需要共同合作，以开发更先进的酶促合成技术，提高生产效率，降低成本，并实现更高程度的自动化。开发酶促合成仪的代表性企业有 DNA Script、Twist Bioscience、Hyrex 生物、Geneoscopy、Inscripta、NuBio 和 Inscripta 等。基于中国科学院天津工业生物技术研究所研究人员研发的"酶促 DNA 合成技术"，2022 年 1 月成立的中合基因公司是中国以第三代生物酶促基因合成技术为核心的代表性企业[1]。

总体上看，DNA 合成仪结合了化学、物理、材料、半导体、生物、流体力学、信息科学等领域，学科间的交叉融合促进了技术的不断改进，将进一步带来合成通量、合成长度、合成精度的提升，以及合成成本的降低。在未来，喷墨打印或微流控技术与酶促合成进一步结合，有望通量、可扩展性和成本方面突破现有方法的限制，实现 DNA 合成的全面升级。

3. DNA 组装技术及发展历程

化学合成的寡核苷酸链长度有限，不能满足基因和基因组合成的需求，需要进一步组装变成更长的 DNA 片段[2]。近年来，快速发展的基因组设计合成领域需要超大 DNA 片段的组装技术的支撑。因此，DNA 组装技术是合成基因组学乃至整个合成生物学领域的核心技术，其突破将极大地推动合成生物学的发展。

1　天津中合基因科技有限公司. https://zhonghegene.com/sy.

2　罗周卿，戴俊彪. 合成基因组学：设计与合成的艺术. 生物工程学报, 2017, 33(3): 331-342.

按照技术类型分，DNA 组装技术主要分为 3 类：①酶依赖的 DNA 组装；②非酶依赖的 DNA 组装；③依赖于体内同源重组的 DNA 组装。根据所用工具酶体系的不同，DNA 组装技术可归为 5 类：①基于 DNA 聚合酶的策略；②基于同尾酶的生物砖（BioBrick）法和 Bgl 砖（BglBrick）法；③基于 IIS 型限制性内切酶的策略；④基于多工具酶联合体系；⑤基于 DNA 元件的标准化设计[1]。

20 世纪 80 年代中期，PCR 的发明为依赖于 DNA 聚合酶的 DNA 组装技术的兴起与发展奠定了良好的基础，基于此开发了聚合酶循环组装（polymerase cycling assembly，PCA）技术和重叠延伸 PCR（overlap extension polymerase chain reaction，OE-PCR）技术[2]。2003 年，Smith 等将连接酶链反应（ligase chain reaction，LCR）与重叠延伸 PCR 技术相结合，合成了噬菌体 φX174 基因组全长序列（5386bp）[3]。奈特（Knight）等提出生物砖（BioBrick）的方法，通过将载体和 DNA 元件标准化，实现标准化 DNA 元件的顺序组装[4]。以金门（Golden Gate）技术为代表的基于核酸内切酶的组装方式，实现了 DNA 的无缝组装[5]；以吉布森（Gibson）技术为代表的基于核酸外切酶的组装技术，实现了无缝拼接，而且组装尺度可以达到万碱基对大小[6]。

酶依赖的 DNA 组装方法有高效、操作简单的优势，但也有其缺陷。例如，商业化限制性内切酶的数量有限，大的基因片段有时很难找到合适的限制性内切酶位点等。而非酶依赖的 DNA 组装方法在没有酶的情况下也能实现 DNA 组装且成本较低，在高通量组装实验条件下，非酶组装优势明显。EFC（enzyme-free cloning）组装技术就是一种非酶依赖的 DNA 组装方法[7]，该技术不受限于限制性内切酶的酶切位点，具有快速可靠、简便高效的优点。

---

1 中国学科及前沿领域发展战略研究(2021—2035)项目组. 中国合成生物学 2035 发展战略. 北京: 科学出版社, 2023.

2 Horton R M, Hunt H D, Ho S N, et al. Engineering hybrid genes without the use of restriction enzymes: gene splicing by overlap extension. Gene, 1989, 77: 61-68.

3 Smith H O, Hutchison C A, Pfannkoch C, et al. Generating a synthetic genome by whole genome assembly: φX174 bacteriophage from synthetic oligonucleotides. Proc Natl Acad Sci U S A, 2003, 100(26): 15440-15445.

4 Knight T. Idempotent Vector Design for Standard Assembly of Biobricks. Cambridge, MA: MIT Artificial Intelligence Laboratory, MIT Synthetic Biology Working Group, 2003.

5 Engler C, Kandzia R, Marillonnet S. A one pot, one step, precision cloning method with high throughput capability. PLoS One, 2008, 3: e3647.

6 Gibson D G, Young L, Chuang R Y, et al. Enzymatic assembly of DNA molecules up to several hundred kilobases. Nat Methods, 2009, 6: 343-345.

7 Tillett D, Neilan B A. Enzyme-free cloning: a rapid method to clone PCR products independent of vector restriction enzyme sites. Nucleic Acids Res, 1999, 27: e26.

基于常用宿主大肠杆菌、枯草芽孢杆菌和酿酒酵母的体内重组机制发展了一系列体内组装技术，推动了全基因组合成的研究。2008 年，克雷格·文特尔（Craig Venter）等[1]利用并联关联复制（TAR）方法在酿酒酵母体内完成了 582 970bp 的生殖支原体（*Mycoplasma genitalium*）基因组的最后一步组装。2010 年，他们又成功完成了大小为 1080Mb 的丝状支原体（*Mycoplasma mycoides*）基因组在酿酒酵母体内的同源组装[2]。酵母对外源 DNA 的承载能力很强，目前已报道的最大承载是 1.8Mb 的流感嗜血杆菌（*Haemophilus influenzae*）基因。2017 年，由人工合成酵母基因组计划 Sc2.0 联盟成员完成了酿酒酵母 5 条染色体的人工设计与合成[3,4]，利用酿酒酵母的同源重组能力实现了合成染色体片段对野生染色体片段的替换。酵母细胞内组装可广泛应用于基因元件、代谢途径和基因组的组装，为后续的科学研究提供良好的材料。

枯草芽孢杆菌中也有强大的重组系统。2005 年，Itaya 等[5]将 3.5Mb 的集胞藻（*Synechocystis* sp.）PCC6803 的基因组成功克隆到 4.2Mb 的枯草芽孢杆菌（*Bacillus subtilis*）基因组中。同年，Wenzel 等[6]利用 RecET 重组系统在大肠杆菌中重建了来自橙色标桩菌（*Stigmatella aurantiaca*）的黏液色素 S 生物合成的基因簇（长度为 43kb），其中包含了在异源宿主假单胞菌中表达所需的基因元件。2012 年，Fu 等[7]基于 RecET 重组系统介导的高效同源重组机制，将发光杆菌（*Photorhabdus luminescens*）的所有巨型合成酶基因（每个长度为 10～52kb）直接克隆到大肠杆菌的载体上，并在异源宿主中表达了其中的 2 个基因（图 3-3）。

1 Gibson D G, Benders G A, Andrews-Pfannkoch C, et al. Complete chemical synthesis, assembly, and cloning of a *Mycoplasma genitalium* genome. Science, 2008, 319: 1215-1220.

2 Gibson D G, Glass J I, Lartigue C, et al. Creation of a bacterial cell controlled by a chemically synthesized genome. Science, 2010, 329: 52-56.

3 Mercy G, Mozziconacci J, Scolari V F, et al. 3D organization of synthetic and scrambled chromosomes. Science, 2017, 355(6329): eaaf4597.

4 Xie Z X, Li B Z, Mitchell L A, et al. "Perfect" designer chromosome V and behavior of a ring derivative. Science, 2017, 355: eaaf4704.

5 Itaya M, Tsuge K, Koizumi M, et al. Combining two genomes in one cell stable cloning of the synechocystis PCC6803 genome in the *Bacillus subtilis* 168 genome. Proc Natl Acad Sci U S A, 2005, 102: 15971-15976.

6 Wenzel S C, Gross F, Zhang Y M, et al. Heterologous expression of a myxobacterial natural products assembly line in pseudomonads via Red/ET recombineering. Chem Biol, 2005, 12: 349-356.

7 Fu J, Bian X Y, Hu S B, et al. Full-length rece enhances linear-linear homologous recombination and facilitates direct cloning for bioprospecting. Nat Biotechnol, 2012, 30: 440-446.

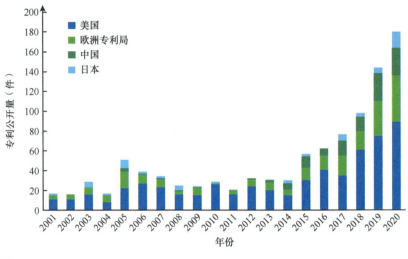

图 3-3 2001～2020 年公开的 DNA 合成与存储专利数量、代表性专利权人及合成成本的变化

（1）专利的检索日期为 2021 年 3 月 1 日，图中对应年份为专利公开年，所示的国家（地区）的专利公开量为该区域对应的知识产权局公开的专利量；（2）图中所示的企业（或机构平台），以对应阶段加入 DNA 合成与存储技术开发的部分企业为代表；（3）图片引用自陈大明等在《合成生物学》杂志上发表的论文

总结基因组合成的发展历程可以发现，自 1980 年以来，人工合成的基因组大小几乎是以每三年翻番的指数增长[1]，在一定程度上呈现出与"摩尔定律"相类似的规律。与此同时，在基因组工程的项目中，参与项目的研究人员的数量也呈现指数增长（表 3-10）。以此趋势，2050 年千兆碱基基因组工程或有可能实现，到时所需的研究人员规模约 500 人。

---

1 Bartley B A, Beal J, Karr J R, et al. Organizing genome engineering for the gigabase scale. Nat Commun, 2020, 11: 689.

表 3-10　40 余年来的基因组工程项目及参与人员数量

年份	DNA 大小（bp）	合作规模（人数）	注释
1979	207	1	首个合成基因
1990	2 050	4	首个合成质粒
1995	2 700	5	合成质粒
2002	7 500	3	脊髓灰质炎病毒 cDNA
2004	14 600	7	rRNA 基因
2004	31 656	6	基因簇
2008	58 297	17	生殖支原体
2010	53 100	24	支原体，JCVI 合成细胞
2011	9 101	15	Sc2.0 synIXR
2014	27 287	80	酵母染色体 synIII
2016	397 000	21	部分编码的大肠杆菌基因组中的 62k 编辑
2017	20 000	13	鼠伤寒沙门菌部分基因组
2019	400 000	14	重组大肠杆菌
2020	1 140 000	172	Sc2.0 的预计完成日期；合作规模根据 Sc2.0 网站估算

（二）基因组编辑

基因组编辑是合成生物学的核心使能技术，相关技术及工具的开发极大地促进了构建能力的进步。自分子生物学发展以来，研究者就期望能对基因组进行定向编辑，由此开发了锌指核酸酶（zink finger nuclease，ZFN）、转录激活子样效应因子核酸酶（transcription activator-like effector nuclease，TALEN）等技术。这些技术的应用主要依赖 DNA 与蛋白质的相互作用来实现基因组的编辑功能。如果要靶向新的目标，就需要重新设计新的蛋白，因而效率较低。成簇规律间隔短回文重复（clustered regulatory interspaced short palindromic repeat，CRISPR）最早是在细菌的天然免疫机制研究中发现的，麻省理工学院的张锋、加利福尼亚大学伯克利分校的詹妮弗·杜德纳（Jennifer Doudna）等团队基于 CRISPR 及其相关蛋白（CRISPR-associated protein，Cas protein）开发出了最便捷高效的基因组编辑技术，使得科学家有了非常强大、简易的基因组编辑工具。目前，CRISPR 基因组编辑技术在生命科学领域掀起了一场全新的技术革命，助推了合成生物学的快速发展，广泛应用于生命科学的多个领域。以下是张锋团队 2008 年以来申请的基因组编辑领域的相关专利（表 3-11）。

表 3-11　张锋团队申请的部分发明专利（例举）

申请号	申请日	发明内容
WOUS08050628	2008/1/9	刺激靶细胞的光敏蛋白
CN201380070567.X	2013/12/12	利用 CRISPR/Cas 系统引入精确突变来筛选特异性细胞
CN201480072565.9	2014/11/7	Cas9 分子/向导 RNA（gRNA）复合物的形成方法
CN201480072803.6	2014/12/12	基于 CRISPR/Cas 系统的操纵靶序列的方法

续表

申请号	申请日	发明内容
WOUS14070175	2014/12/12	具有优化的序列操作功能的 CRISPR/Cas 系统
AU2016279077	2016/6/17	新的 CRISPR 酶和系统
CN201810911002.4	2016/6/17	CRISPR 酶和系统
US16326132	2017/8/16	识别第二类 CRISPR/Cas 系统的方法
US16468234	2017/12/8	利用 CRISPR 系统改变感兴趣的植物性状的系统
US16621085	2018/7/6	设计可并入定制的大规模引导序列库中的引导序列的方法

目前，最为常用的 Cas9 蛋白可改造形成具单链 DNA 切割活性的 Cas9（nCas9）或无切割活性的 Cas9（dCas9），将其与其他功能蛋白融合，定位到靶位点，可实现各种基因组靶向操作。单碱基编辑（base editor，BE）主要利用 Cas9 变体与脱氨酶蛋白融合而成，可将一定窗口内的胞嘧啶核苷酸转化为胸腺嘧啶核苷酸，将腺嘌呤核苷酸转化为鸟嘌呤核苷酸。哈佛大学的刘如谦（David Liu）开发的单碱基编辑技术，可以在哺乳动物细胞中的靶向位点开始精确编辑[1]；基于 CRISPR/Cas9 系统，该团队开发的新的先导编辑（PE）系统，将 CRISPR/Cas9 和逆转录酶整合，无需额外的 DNA 模板便可有效实现所有 12 种单碱基的自由转换，而且还能有效实现多碱基的精准插入与删除（最多可插入 44bp 的碱基，可删除 80bp 的碱基），在基因编辑领域实现了重大突破[2]。利用优化的载体（AAV 系统）递送碱基编辑器，可以将单碱基编辑工具有效地递送至目标组织的细胞中[3]。新的单碱基编辑工具（DdCBEs）由脱氨酶和 TALEN 蛋白组成，能够实现线粒体内的大项对碱基转化，或可在线粒体疾病治疗中应用[4]。此外，刘如谦团队将 dCas13 与甲基化酶相结合，能够实现特定序列的定向修饰，从而建立了核酸修饰与表型间的关联[5]。单碱基编辑的 Cas 模块，则可通过噬菌体辅助持续进化（phage-assisted continuous evolution，PACE）系统来优化，从而更高效地用于碱基替换的编辑[6]。另外，张锋团队开发的胞嘧啶-尿苷（C-U）RNA 编辑器，

---

1 Gaudelli N, Komor A, Rees H, et al. Programmable base editing of A·T to G·C in genomic DNA without DNA cleavage. Nature, 2017, 551: 464-471.

2 Anzalone A V, Randolph P B, Davis J R, et al. Search-and-replace genome editing without double-strand breaks or donor DNA. Nature, 2019, 76(7785): 149-157.

3 Levy J M, Yeh W H, Pendse N, et al. Cytosine and adenine base editing of the brain, liver, retina, heart and skeletal muscle of mice via adeno-associated viruses. Nat Biomed Eng, 2020, 4: 97-110.

4 Mok B Y, de Moraes M H, Zeng J, et al. A bacterial cytidine deaminase toxin enables CRISPR-free mitochondrial base editing. Nature, 2020, 583: 631-637.

5 Wilson C, Chen P J, Miao Z, et al. Programmable m6A modification of cellular RNAs with a Cas13-directed methyltransferase. Nat Biotechnol, 2020, 38: 1431-1440.

6 Thuronyi B W, Koblan L W, Levy J M, et al. Continuous evolution of base editors with expanded target compatibility and improved activity. Nat Biotechnol, 2019, 37: 1070-1079.

可实现 RNA 单碱基编辑[1]。英国医学研究委员会分子生物学实验室的研究人员通过在全基因组范围内替换目标密码子，可以减少用于编码规范氨基酸的密码子数量，并且创建了一种具有 4Mb 合成基因组的大肠杆菌变体，为非标准氨基酸的重编码提供了工具[2]。

近年来，已经涌现出多种可以在病原体、载体或宿主中修饰特定碱基或基因的技术。这些技术可以增加病原体的新功能，如定点突变技术可能制造出具有新型功能如免疫原性或宿主范围变化的病毒变体。基于 CRISPR/Cas9 的基因组编辑技术、单链 DNA 介导的多位点重组技术（如 MAGE）等可以完成寡核苷酸突变、重组导致的基因工程等任务。未来仍需进一步开发更精准、高效、全面和智能的CRISPR 基因组编辑技术，利用大数据分析和人工智能技术，不断开发全新的颠覆性基因组编辑技术。

（三）蛋白质设计

合成生物学的目标之一是使生物易于设计，并使其成为一门真正的工程学科。目前，合成生物学中的计算设计已经跨越多个层次[3]，如在分子层次进行生物元件和器件的设计与标准化，通过合成基因线路研究生物网络的设计和调控原理，在途径和网络层次进行细胞内代谢网络与代谢途径的人工设计改造等。由此，利用高通量测序、计算机辅助设计等技术，建立"序列-功能"的黑箱模型[4]，逐渐形成一套系统的理论和方法学，对关键生命活动过程进行准确模拟与预测，实现蛋白质线路、基因线路、代谢通路、细胞功能网络，以及基因组和全基因组层面的细胞工程改造与设计，有望将人工生物体的性能提升到系统代谢工程与经典代谢工程无法达到的水平。

蛋白质是执行生物功能的主要大分子，也是构筑生物系统的基本元件，实现其高效的设计是合成生物学发展的核心目标之一。20 世纪 80 年代，德格拉多（DeGrado）最早开始蛋白质设计的初步尝试，使用基于规则的启发式设计方法成功构建出稳定的四股螺旋束[5]。随后，基于大分子力场和侧链旋转异构体（rotamer）库，

1 Abudayyeh O O, Gootenberg J S, Franklin B, et al. A cytosine deaminase for programmable single-base RNA editing. Science, 2019, 365(6451): 382-386.

2 Fredens J, Wang K H, Torre D D, et al. Total synthesis of *Escherichia coli* with a recoded genome. Nature, 2019, 569(7757): 514-518.

3 刘海燕, 黄斌. 生物体系的多层次计算设计与合成生物学. 中国科学: 生命科学, 2015, 45: 943-949.

4 罗楠, 赵国屏, 刘陈立. 合成生物学的科学问题. 生命科学, 2021, 33(12): 1429-1435.

5 Regan L, DeGrado W F. Characterization of a helical protein designed from first principles. Science, 1988, 241: 976-978.

出现了通过自动优化能量函数进行序列设计的计算方法[1]。进入 21 世纪，华盛顿大学的戴维·贝克（David Baker）团队首先设计出了自然界中不存在的折叠类型，引领了蛋白质骨架从头设计的先河。2008 年，贝克团队通过计算设计人工创造出 Kemp 消除酶[2]、醛缩酶[3]和 Diels-Alder 合成酶[4]等数个非天然酶，蛋白质计算设计开始对生物学研究产生影响。近年来，蛋白质从头设计中出现的算法被应用于天然蛋白质结构了功能重塑，出现了蛋白质计算重塑这一方向。贝克团队从数据库中发掘了特殊苯甲醛裂解酶（BAL），利用 Foldit 和 Rosetta Design，重新设计出甲醛聚合酶（FLS）以催化甲醛聚合[5]。2019 年，贝克团队又利用合成生物学使得人工合成蛋白在细胞中的功能解析可以达到高通量的水平，其所涉及的元件包括蛋白质开关（LOCKR）、生物反馈网络（degronLOCK），开发即插即用的内源性信号通路、基因线路的反馈控制[6]。利用从头设计，不仅可大幅提高蛋白质功能研究的效率，同时也促进了合成生物学的研究及应用。例如，贝克团队利用从头设计的调控蛋白，构建了两输入或三输入的模块化逻辑门；这些模块化的逻辑门，可以用于开发翻译后的调控工具[7]。此外，贝克团队新设计的蛋白质开关（Co-LOCKR），可在细胞膜的表面进行布尔逻辑的运算：在设置的条件满足后，这些开关便会被激活，在细胞群内实现不依赖于转录的快速响应，从而将特异性的表面标记用于癌细胞的精准靶向开发。以下是贝克团队自 2005 年以来申请的蛋白质设计方面的相关专利（表 3-12）。

表 3-12 贝克团队申请的部分发明专利（例举）

申请号	申请日	发明内容
EP05735217	2005/4/7	红色荧光蛋白
WOUS08086715	2008/12/12	从计算设计衍生的人工酶的合成
EP11773937	2011/10/6	用于呼吸道合胞病毒感染治疗的多肽

1 Dahiyat B I, Mayo S L. *De novo* protein design: fully automated sequence selection. Science, 1997, 278: 82-87.

2 Röthlisberger D, Khersonsky O, Wollacott A M, et al. Kemp elimination catalysts by computational enzyme design. Nature, 2008, 453: 190-195.

3 Jiang L, Althoff E A, Clemente F R, et al. *De novo* computational design of retro-aldol enzymes. Science, 2008, 319: 1387-1391.

4 Siegel J B, Zanghellini A, Lovick H M, et al. Computational design of an enzyme catalyst for a stereoselective bimolecular Diels-Alder reaction. Science, 2010, 329: 309-313.

5 Siegel J B, Smith A L, Poust S, et al. Computational protein design enables a novel onecarbon assimilation pathway. Proc Natl Acad Sci U S A, 2015, 112: 3704-3709.

6 Langan R A, Boyken S E, Ng A H, et al. *De novo* design of bioactive protein switches. Nature, 2019, 572: 205-210.

7 Chen Z B, Kibler R D, Hunt A, et al. *De novo* design of protein logic gates. Science, 2020, 368: 78-84.

续表

申请号	申请日	发明内容
US13802464	2013/3/13	自组装蛋白质纳米材料的通用设计方法
US14387699	2013/3/25	免疫球蛋白恒定区结合蛋白
US14766259	2014/3/13	高亲和力的地高辛配基结合蛋白
US14766375	2014/3/14	用于治疗流感感染的多肽
US14930792	2015/11/3	用于自组装蛋白质纳米结构的多肽
US15541201	2016/2/29	包括多个寡聚亚结构的多聚体
CN201680032977.9	2016/6/8	治疗乳糜泻疾病的多肽
CN201680065667.7	2016/9/7	工程化的正交细胞因子受体/配体
US15262716	2016/9/12	抑制细胞淋巴瘤家族蛋白的多肽
US15272650	2016/9/22	多孔膜结合肽
US16060640	2016/12/16	用于蛋白质设计的计算体系
CN201780026994.6	2017/3/31	用于识别和筛选氢键网络的方法
US15696889	2017/9/6	超稳定约束肽及其设计
US15813872	2017/11/15	自组装环状蛋白质同型低聚物的计算设计
US16483865	2018/3/15	人工设计的血凝素结合蛋白
US62700681	2018/7/19	蛋白质开关的新设计
CN201980027919.0	2019/2/28	自组装纳米结构疫苗

（四）基因组设计和重构

基因组设计是基因组工程的关键。目前，人工合成基因组并不仅是简单地重新合成天然的基因组，更多的是对基因组进行设计。现阶段所设计的人工基因组，更多的还是基于天然基因组的改造。当然，工程化的基因组构建不仅涉及基因的设计、合成和组装等流程，还涉及对中间品的质量控制、基因组的检测。从无细胞系统到最简细胞系统，从原核细胞到真核细胞，以及如何将底盘细胞与合成基因组有机结合，需要开发更多新的工具。其中，基因组的组装通常涉及扩增、处理、纯化、转移等步骤，诸多环节都会增加不确定性。除序列本身的信息外，DNA二级结构、组装方法、组装过程所需的附加序列、表观遗传学修饰等都可能会带来预料之外的影响，这就需要对中间序列和最终序列进行验证。

在基因组转化方面，尽管已有电转化、化学转化等工具得以开发和应用，但是大规模的基因组操作仍存在困难。如何利用无细胞系统，或者开发基于细胞的骨架，使人工合成的基因组能更好地导入宿主细胞，仍是需要攻关的难题。在人工合成基因组的工作中，合成染色体的组装并非易事，而将合成染色体导入宿主细胞则更加困难。即使是将合成染色体导入宿主细胞，也还需替换宿主细胞内原有的染色体，尤其是对于 2Mb 以上的基因组难度更大。虽然体外克隆技术已经取得了很多进展，但完整染色体的构建还需更多技术和工具的支撑[1]。目前，在酵母内已经可以实现 1Mb 左右的染色体组装。酿酒酵母作为基因片段的组装载体效率较高，但在特异性的基因组合成中仍然面临诸多制约，如在高 GC 含量的片段组装中或受到限制，其作用也受到环境条件的限制。为此，科学家一直在寻找其他的适宜载体[2]。人工合成染色体构建后，跨种属的转移也面临困难。尽管已开发了细胞融合等技术，微注射等技术也有助于自动化转移，但还需要进一步开发更加高效的自动化技术。未来对线粒体、叶绿体等植物质体基因组的深入研究，或许将从细胞器基因组的视角，为人工染色体转移提供更多的新的途径。

自 2010 年以来，克雷格·文特尔团队在基因组的设计和重构方面进行了许多开拓性的工作，构建了多个最小基因组的版本。在全球多个团队开展并完成了细菌染色体和病毒 DNA 的构建研究之后，更多科学家将目光转向生命科学研究的模式真核生物染色体的合成研究。2014 年，纽约大学 Jef Boeke（此前在约翰·霍普金斯大学）领导的一个国际研究团队成功合成了第一个酵母功能性染色体。他们利用计算机辅助设计，建立了一个全功能的染色体，并成功地将这一染色体整合进啤酒酵母（*Saccharomyces cerevisiae*）[3]。

2016 年 6 月 2 日，George Church、Jef Boeke 和 Andrew Hessel 在《科学》（*Science*）杂志发文宣布，将筹资 1 亿美元启动历时 10 年的人类基因组编写计划（Genome Project-Write，GP-Write）（简称"基因组编写计划"），将在实验室从头合成人类基因组[4]。该基因组编写计划是利用 DNA 合成、基因编辑以及其他技术去理解、操控和检测生命系统，其目的不仅是加深对生命的认知，而且要开发可广泛应用的技术。为进一步推进酵母染色体的人工合成研究，"人工合成酵母基因组计划"（Sc2.0 Project）项目应运而生。该计划由 Jef Boeke 发起，有美国、中国、英国、法国、澳大利亚、新加坡等国家的研究机构参与并分工协作，致力于设计和化学再造完整的酿酒酵母基因组。2017 年，我国天津大学、清华大学和深圳华大生命科学研究院的科学家完成了 4 条酿酒酵母染色体的人工合成[5]。2018 年，中国科学

---

1 Karas B J, Suzuki Y, Weyman P D. Strategies for cloning and manipulating natural and synthetic chromosomes. Chromosome Res, 2015, 23: 57-68.

2 Mitchell L A, Wang A, Stracquadanio G, et al. Synthesis, debugging, and effects of synthetic chromosome consolidation: synVI and beyond. Science, 2017, 355: eaaf4831.

3 Annaluru N, Muller H, Mitchell L A, et al. Total synthesis of a functional designer eukaryotic chromosome. Science, 2014, 344(6179): 55-58.

4 Boeke J D, Church G, Andrew H, et al. The genome project-write—we need technology and an ethical framework for genome-scale engineering. Science, 2016, 353(6295): 126-127.

5 Richardson S M, Mitchell L A, Stracquadanio G, et al. Design of a synthetic yeast genome. Science, 2017, 355(6329): 1040-1044.

院分子植物科学卓越创新中心的团队创造出有生命活性的人造单条染色体酵母[1]。同年，在美国波士顿召开的基因组编写计划会议上，组织者宣布该计划的重点不再是合成人类基因组的 30 亿个 DNA 碱基，而是转向构建能够对病毒产生免疫的"超级细胞"，以用于制造疫苗、抗体等生物药，降低人体免疫系统对药物的排异风险。由此，基因组编写计划的重点不再是基因组合成本身，而是与生物医药领域的应用开发相结合。2019 年，多位研究者在 *Science* 杂志上发文，倡导在基因组编写计划上通过进一步的全球协作来解决合成基因组编写的难题，最终通过编写和测试完整的基因组，充分释放工程生物学的全部潜力。同时，研究者还讨论了联合开发计算机辅助设计（CAD）程序的愿景，提出了对设计效率、设计成本、设计可靠性以及用户友好性等方面的需求[2]。

近年来，有一批研究者正在从事用于计算机辅助设计的程序开发。例如，美国波士顿大学电气与计算机工程道格·丹斯莫尔（Doug Densmore）团队、耶鲁大学的细胞分子和发育生物学法伦·艾萨克斯（Farren Isaacs）团队等借鉴电子信息领域的自动化设计方法，探索在生物学领域开发类似程序的可行性。可以预见的是，未来用于生物学的计算机辅助设计（Bio-CAD）或生物设计自动化（BDA）工具或将得到广泛应用，并在迭代中不断提升基因组合成和编辑的效率。同时，根据基因组编写计划的设想，这些设计工具需要满足国际基因合成协会的生物安全标准。例如，其第一步就是与风险序列数据库进行比对，确保不会制造出风险序列，也不会引发不受控的细胞增殖和环境风险。从某种程度上看，该类工具开发对基因组编写计划的推动，或将起到类似基因测序工具对人类基因组计划实施的效果。

二、测试技术

在合成生物学的"设计-构建-测试-学习"工程循环中，测试是对已设计或构建的生物元件、线路或细胞等加以测量，以验证其是否符合预期的过程。通常，测试分多阶段进行，包括利用模型来测试设计的可行性，利用工具检测合成的准确性，在实验室条件下通过细胞培养测试其特性，利用模式生物验证基因型与表型的关系等。当合成生物学产品在农业、工业、环境、健康等领域应用前，还需要进行严格的试验来确保其安全性。

在高通量筛选方面，利用自动化技术可构建大型文库，并对成千上万个突变体的表型加以筛选。大规模突变体文库的构建，可用于优良表型的筛选，该技术

1　Shao Y, Lu N, Wu Z, et al. Creating a functional single-chromosome yeast. Nature, 2018, 560(7718): 331-335.

2　Ostrov N, Beal J, Ellis T, et al. Technological challenges and milestones for writing genomes—synthetic genomics requires improved technologies. Science, 2019, 366(6463): 310-312.

与基因组编辑技术所涉及的具有明确目标的改造过程相反。随着人类对基因型与表型关系的认知加深，利用密码子突变、核苷酸突变等寡核苷酸构建方法，或可构建更多目标相关文库。通常，基于细胞培养的高通量筛选是常见的方法，然而对大规模的测试而言，需要有更低成本、更加高效的筛选方法，尤其是基因组学、转录组学、蛋白质组学、代谢组学等"多组学"的结合方法。同时，"细胞表型测试"是合成生物学重要的共性技术之一。单细胞分析技术可在单个细胞精度上进行功能识别与表征，能够在最"深"的水平挖掘生命元件、刻画细胞功能与理解生命过程。同时，单细胞分析技术不依赖于细胞培养而是直接分析每个细胞的功能，因此不仅节约时间，而且克服了环境中大部分微生物细胞尚难培养这一难题。

随着技术的发展，合成生物学测试的对象已不再局限于单一对象，而是可以利用高通量筛选等方法开展多个平行试验，利用定向进化的方法在随机突变的生物中筛选出最佳表型。在定向进化方面，研究者采用类似自然界的进化过程，从随机突变的基因库中筛选与预期结果匹配度较高的表型。这种预期表型既可能是由于碱基、密码子、氨基酸的个别差异而产生的，也可能是由于多基因的改变而形成的。定向进化可用来平行评估成百上千个生物元件，使得研究人员无需再创造相应规模的文库。同时，定向进化的测试过程可在宿主细胞内进行。此外，基于基因组编辑的文库构建、多重自动化基因组工程技术等用于文库构建和高通量筛选的技术也可用于进化研究。同时，随着代谢物生物传感与代谢时空调控技术的进步，未来 10 年内，有望研发成功 500 种以上的中心代谢物与重要次级代谢物的高性能荧光探针，可同时对 5 种以上的细胞代谢进程进行正交精密调控，可在单细胞水平上获取 500 个以上的代谢动态表型参数，在一亿以上库容量上对合成生物系统进行单细胞水平的代谢途径定向进化[1]。

无论是在合成生物学领域还是在生命科学和生物技术其他领域的研究与开发过程中，所涉及的测量数据日益增多。如何获得高质量的数据、如何开展高水平的知识管理、如何将知识和元数据加以合理关联，都涉及许多新解决方案的开发。尽管当前已有众多针对微生物或动植物细胞表型的测量工具，但这些工具在测试标准、控制参数和测量校准方式等方面差异巨大，因而限制了其在协同研发过程中的可比性和可用性。

多参数、多因素的测试，往往会增加测试的复杂性。例如，DNA 结构、基因组序列修饰、细胞生长表型、细胞功能之间存在复杂的相关性，而这些又与预期应用过程中可能经历的环境变化稳健性相关。因而，在不同时间尺度上对适应性、代谢负担和其他表型特性进行定义与测量并非易事。同时，随着被操纵基因与细

---

1 中国学科及前沿领域发展战略研究(2021—2035)项目组. 中国合成生物学 2035 发展战略. 北京: 科学出版社, 2023.

胞种类的增多、代谢通路与调控的复杂化，合成生物系统日益复杂。如何从合成生物学的不同模块之间的海量组合中，发现与选择最优策略，成为合成生物学研究的瓶颈问题。而代谢物生物传感与代谢时空调控的前沿技术，则为合成生物学研究提供了新的机遇。目前，在活体无损、非标记式、提供全景式表型、能分辨复杂功能、快速高通量且低成本、能与组学分析联动等方面，以拉曼组与单细胞拉曼分选等为代表的单细胞代谢表型组分析分选方法学体系，作为一种细胞功能测试的新手段，具有特色与优势。

为降低复杂性，需要运用标准化流程、可参照的细胞系、实验设计的样板，来提高测试结果的严谨性和可信度。在这些基础上再开发测试工具，确保工程化测试的质量。对生物实验的校准有助于实现单间实验室与各实验室之间的数据对比。除此之外，就合成生物学测试来说，分享实验数据、元数据应用、测试进程以及校准自动化均非常重要。只有充分利用这些元素，才能更好地构建模型，模拟实验室信息管理系统（LIMS）工具与行政管理软件配合，并保证元数据的持久有效性。

三、机器学习

利用合成生物学构建的基因组与表型间的对应关系，需要综合模型来解析，此类模型的创建、校准和验证需要充分利用机器学习等人工智能的赋能。要实现这一目标，高质量的数据是基础，因而合成生物学设计语言的引入、高质量的实验数据的运用，都是必不可少的前提。系统生物学标记语言（SBML）、CellML和 NeuroML 的标准格式，有助于提升学习过程自动化的效率。

由于生命活动规律的复杂性，即使拥有高质量的数据，大规模、自动化的工具和模型生成也仍有许多挑战。如何从生物系统的复杂性出发，对跨尺度、多层级的特征加以模拟，进而开发出预测模型、数据驱动模型，需要工程师对生命科学、信息科学有深度的理解，以此为基础开发启发式设计规则。一方面，需要对代谢工程、宿主相容性等约束模型的要素进行深入的理解；另一方面，需要对数据源、假设和设计动机等模型建构要素进行合理的运用。只有如此，才能在适宜范围内实现合理运用和高效预测，并通过添加额外元件、替代动力学特征或替代参数值等约束模型的要素来解释新的观察结果。

随着机器学习等技术的发展，蛋白质理性设计和定向进化的结合、人工智能与蛋白质设计的结合、大数据分析和基因线路设计的结合、基因组编辑工具与其他工具的交叉融合已经成为可能。例如，哈佛大学丘奇团队利用无监督深度学习方法开发了氨基酸序列的统一表示方法 UniRep，提高了蛋白质功能预测的准确度，并可用于蛋白质设计[1]；清华大学汪小我团队利用深度对抗网络成功设计了全新的高表达大肠杆菌启动子元件，为生物调控元件的设计和优化提供了新的手　段[2]；斯坦福大学 Smolke 团队运用卷积神经网络，成功设计出了具有高活性、高多样性的酿酒酵母启动子[3]。相比经验式设计方法，深度学习在合成元件设计的多样性、成功率方面已经显现出独特优势。未来，如何提高机器学习尤其是深度学习模型的泛化能力，是亟待解决的关键技术问题。

四、工作流管理

对"设计-构建-测试-学习"循环而言，复杂的工作流程需要有效的软件交互、高效的实验室流程作为支撑，同时保证生物安全和信息安全。由于众多合成生物学研究机构和实验室缺乏"标准交换格式"，阻碍了不同生物元件库的无缝链接、生物设计结果的可重复性，最终导致信息的不完整性和不准确性。因此，特别需要开发适用于合成生物学的通用工作流语言（CWL）、开放平台（如Dockstore）、共享工作流程平台（如 MyExperiment）等方面的通用工具，以及用于溯源的 PROV 本体（PROV-O）、生物信息学引擎（如 Cromwell、Galaxy、NextFlow 和 Toil）。

在实验开展的过程中，已有很多技术可用于实验室自动化的开发，其与实验室信息管理系统（LIMS）的结合或可很大程度上提升可重复性和实验效率。同时，一些可用于实验室自动化的语言和系统（如 Aquarium、Antha 与 Autoprotocol）也正在开发，从而进一步提升效率。如若合成生物学实验室的各环节能够无缝对接，各种标准化工具、数据库或有助于信息的统一访问，并基于"可找到、可访问、可互操作、可复制"（FAIR）原则来实现数据管理、数据共享。因此，建立数据驱动的自动化合成生物实验非常重要，一方面，理性设计能力需要通过实验验证；另一方面，自动化实验产生标准化、高通量的合成生物数据，通过"数据-模型-实验"闭环迭代，不断提升理性设计的能力。自动化合成生物实验未来需要重点在高通量工艺、信息化软件和自动化硬件方面进行突破。

第三节　人工生物系统的开发及应用

对合成生物学的定义及内涵的界定，至今见仁见智，并未达成共识。赵国屏

---

1 Alley E C, Khimulya G, Biswas S, et al. Unified rational protein engineering with sequence-based deep representation learning. Nat Methods, 2019, 16: 1315-1322.

2 Wang Y, Wang H, Wei L, et al. Synthetic promoter design in *Escherichia coli* based on a deep generative network. Nucleic Acids Res, 2020, 48: 6403-6412.

3 Kotopka B J, Smolke C D. Model-driven generation of artificial yeast promoters. Nat Commun, 2020, 11: 2113.

等在系统梳理相关领域的专家、机构的各种定义的基础上，对 2014 年尤恩·卡梅伦（Ewen Cameron）等提出的合成生物学定义进行了调整与补充，强调了工程学的"目的导向"，以及在"设计-构建-测试-学习""自下而上"研究理念指导下的理论构架与技术（工程）平台，归纳出了既强调合成生物学本质又反映现阶段合成生物学全貌的一个定义。这个定义强调了合成生物学是在工程科学"自下而上"理念的指导下，以创建特定结构功能的工程化生命为导向，首先具有"工程学内涵"，其次具有"生物技术和科学内涵"。

沿着工程学内涵，丘奇等研究者从工程学理念出发，提出了合成生物学并不是仅专注研究"遗传线路"，而是在生物学领域作为一门工程学科迅速成熟起来，包括计算机辅助设计、安全系统、集成模型、基因组编辑和加速生物进化。由于合成生物学在建模方面优化了整个系统，使它不太像高度模块化（或类似"开关"）的电气工程和计算机科学，而更像土木和机械工程。沿着生物技术和生命科学内涵，克雷格·文特尔（Craig Venter）等研究者在 2010 年创造了首个"人造生命"辛西娅（Synthia），将丝状支原体（*Mycoplasma mycoides*）的染色体解码并重新排列，使重组的 DNA 片段在酵母中慢慢聚合而产生了拥有 901 个基因的人造细胞。2016 年，文特尔又将"辛西娅"设计改进为只有 437 个基因的细菌，其是目前具有最少基因数的生命体。同时，文特尔也提出许多工程工作涉及"设计-构建-测试"（DBT）循环，以实现最佳解决方案。然而，在设计生物系统（即蛋白质、代谢通路、遗传回路和基因组）时，这些循环步骤在执行方面遇到了多重障碍。其中一个主要原因是生物学的研究和发展在很大程度上依赖于研究人员的操作，这就表现出两个方面的问题。首先，低吞吐量限制了 DBT 循环的周转率以及每个周期中并行探索的设计数量；其次，手动操作容易出现人为偏见和错误，很难以一致和客观的方式进行实验，并且由于生物系统的复杂性，可能需要多次迭代才能实现理想的工程目标。增强计算能力、实验室自动化、具有成本效益的 DNA 合成和测序技术以及其他强大的 DNA 操作等技术的发展，使生物工程研究人员能够更快速地重复 DBT 循环，为预期目的改进设计和产品，凸显"指定"（specify）和"学习"（learn）等在工程生物学中的重要性，从而形成"设计-构建-测试-学习"（DBTL）的循环。

可以看到，"工程学、生物技术和科学"三个内涵，反映了以"合成人造生命"为使命的合成生物学为生命科学和生物技术提供了崭新的研究思想与使能技术，促使生命科学从以观测、描述及经验总结为主的"发现"科学，跃升为可定量、计算、预测和工程化合成的及具有颠覆性"创新"能力的"工程"科学，既催生了新兴融合生物技术，又促进了生物产业的发展与变革，为生命科学和生物技术提供了为社会经济发展服务的崭新"出口"。

合成生物学将原有的生物技术提升到工程化、系统化和标准化的高度，不仅能完成传统生物技术难以胜任的任务，还将创建自然进化无法实现的功能与行为，极大地提升了生物技术的能力。同时，其又与信息技术、材料技术、纳米技术等融合发展，孕育了一系列新的领域和方向。例如，基于 DNA 的海量信息存储，开发节能、小规模、细胞启发式的信息系统，有望颠覆传统的数据存储、传输技术，开创下一代信息存储和处理技术。又如，合成生物学技术的进步还将促进自供电智能传感器系统的发展，从而集成生物传感功能和无机能量产生与计算能力，发展细胞-半导体接口、电子-生物系统设计自动化等技术，构建"生物-半导体"混合系统。同时，合成生物学也为应对人类发展面临的资源、能源、健康、环境、安全等领域的重大挑战提供了新的方案。设计构建疾病发生发展的人工干预途径，可实现基因和细胞治疗、免疫治疗等生物治疗领域的新突破；创建人工细胞工厂，可实现稀缺天然产物、药物的高效合成，推进医药健康产业的高质量发展；设计功能强大、性能优越的人工生物系统，可实现燃料、材料及各类高值化学品制造转型升级和绿色发展；重塑植物的信号或代谢通路，可实现高效光合、固氮和抗逆，破解农业发展的资源环境瓶颈约束；人工合成微生物及其群落，可大幅提升环境污染监测、修复和治理能力，助力健康环境建设和可持续发展。

一、疾病的预防诊治

合成生物学的发展，使得科学家在深入认识和理解生命的本质与活动规律的基础上，能更深入地理解疾病的发生发展，并开发更加有效、精准的预防和诊治手段。例如，随着基因线路的发展，科学家已经可以周期性地调控基因表达的开和关，从而进一步研究生物钟的节律。再如，科学家可以利用合成生物学，更为深入地研究患者的肿瘤细胞和免疫细胞，开发针对性地识别和清除肿瘤细胞的方法。

在疾病诊断方面，利用合成生物学，开发基于酶辅助核酸诊断的潜力[1]，能像抗原检测试纸条一样进行方便、实用的核酸检测；开发针对发热、脑炎、肺炎、出血热的病毒病快速鉴别诊断技术，并能成为常规的临床技术。利用合成生物学，开发多种生物传感器、高分辨率成像技术。例如，英国帝国理工学院的汤姆·艾利斯（Tom Ellis）团队对酵母的 G 蛋白偶联受体（G protein-coupled receptor，GPCR）感知系统进行工程化的改造，使其得以作为生物传感器来感知疾病、感染因子和药物分子的监测与响应[2]。加利福尼亚大学旧金山分校的 Tanja Kortemme 团队用蛋

1 Suea-Ngam A, Bezinge L, Mateescu B, et al. Enzyme-assisted nucleic acid detection for infectious disease diagnostics: moving toward the point-of-care. ACS Sensors, 2020, 5: 2701-2723.

2 Shaw W M, Yamauchi H, Mead J, et al. Engineering a model cell for rational tuning of GPCR signaling. Cell, 2019, 177(3): 782-796.

白质计算工具来设计模块化的蛋白质感应系统，实现了配体与分裂蛋白的响应偶联，可用于蛋白质传感器设计[1]。加州理工学院的米克黑尔·夏皮罗（Mikhail Shapiro）团队在哺乳动物细胞的基因表达系统中，将超声造影剂引入其中，实现了活体动物中的基因表达高分辨率成像[2]。在医学诊断中，对单碱基突变的精准鉴定能力有重要的意义，然而在活细胞和复杂环境中鉴定单碱基突变并不容易。亚利桑那州立大学的亚历山大·格林（Alexander Green）团队开发了检测单碱基突变的新工具（SNIPR）[3]，将其与分子诊断的其他常用技术结合，可用于临床中癌症突变、病毒感染等方面的检测。

在疾病治疗方面，合成生物学可有效用于抗生素、细胞治疗等药物和方法的开发。例如，针对抗生素耐药性的问题，麻省理工学院的柯林斯团队利用深度神经网络，对具有抗菌特性的分子进行预测，发现了若干与已知抗生素有较大差异的化合物[4]。在基因治疗方面，哈佛大学的研究团队利用合成生物学改造，实现了对小鼠视细胞的表观修饰基因的精准改造，使其恢复了 DNA 的甲基化，促进了损伤后的视细胞轴突再生，改善了视细胞相关的组织功能[5]。在细胞治疗方面，宾夕法尼亚大学的卡尔·朱恩（Carl June）团队利用基因组编辑对免疫细胞加以改造，在 I 期临床试验中证明这些免疫细胞可在体内存活 9 个月，且不引起副作用[6]。在免疫治疗方面，哥伦比亚大学的塔尔·达尼诺（Tal Danino）团队通过对细菌进行编程，可表达在肿瘤免疫中发挥重要调控作用的 CD47，诱导抗病毒免疫反应[7]。加利福尼亚大学旧金山分校的林行健（Wendell Lim）团队利用合成模式（synNotch）模块，新设计了可识别目标抗原的 T 细胞，且该模块可通过布尔逻辑的运算，精

1 Glasgow A A, Huang Y M, Mandell D J, et al. Computational design of a modular protein sense-response system. Science, 2019, 366(6468): 1024-1028.

2 Farhadi A, Ho G H, Sawyer D P, et al. Ultrasound imaging of gene expression in mammalian cells. Science, 2019, 365(6460): 1469-1475.

3 Hong F, Ma D, Wu K, et al. Precise and programmable detection of mutations using ultraspecific riboregulators. Cell, 2020, 180(5): 1018-1032.

4 Stokes J M, Yang K, Swanson K, et al. A deep learning approach to antibiotic discovery. Cell, 2020, 180(4): 688-702.

5 Lu Y, Brommer B, Tian X, et al. Reprogramming to recover youthful epigenetic information and restore vision. Nature, 2020, 588(7836): 124-129.

6 Stadtmauer E A, Fraietta J A, Davis M M, et al. CRISPR-engineered T cells in patients with refractory cancer. Science, 2020, 367(6481): eaba7365.

7 Chowdhury S, Castro S, Coker C, et al. Programmable bacteria induce durable tumor regression and systemic antitumor immunity. Nature Medicine, 2019, 25(7): 1057-1063.

准识别目标肿瘤[1]。北京大学邓宏魁教授[2]等团队利用 CRISPR/Cas9 在造血干细胞和祖细胞（hematopoietic stem and progenitor cell，HSPC）中编辑 *CCR5* 基因，并成功移植到同时患有艾滋病和急性淋巴细胞白血病的患者身上，使患者的白血病得到完全缓解（complete response，CR）。

在异种器官移植和类器官方面，异种器官移植是器官衰竭患者的替代选择，尤其是使用猪器官替代进行人类器官移植。哈佛大学的丘奇团队、启函生物的杨璐菡团队，利用基因组编辑技术消除猪的 3 种异种抗原，同时通过表达人源化基因提升了拟移植猪器官与人体组织的相容性[3]。类器官作为一种用干细胞制造出来的微型器官，具有器官的某些功能。研究人员已经能利用人的胚胎干细胞和其他干细胞培育多种类器官，包括肝、肾、胰腺、食管、肺、胃、肠、大脑、膀胱等，其中以类肝脏最为成功。以色列的科学家使用 3D 生物打印机成功打印出一颗"类心脏"，其具有细胞、血管、心室和心房。紧接着，美国明尼苏达大学的研究人员首次 3D 打印出能够正常运转的厘米级人类心脏泵。

另外，科学家还通过将合成生物学、医学与计算科学、电子学、材料科学及技术相结合，研发新型的监测和诊治手段。在基于合成生物学的细胞调控开关设计方面，华东师范大学的叶海峰团队开发的、包括 Split-Cre 重组系统（FISC）[4]和 Split-Cas9 系统（FAST）的远红外光学调控系统[5]，可用于小鼠的基因组编辑。该团队研发阿魏酸钠（SF）调控的转录开关，可用于基因表达的调控[6]。苏黎世联邦理工学院的马丁·弗森格（Martin Fussenegger）团队开发的生物电子接口，可以感知电信号输入，调控细胞的基因表达过程，或者控制囊泡储存的胰岛素的释放；将其皮下植入后，电调控的囊泡释放系统有助于 1 型糖尿病小鼠的血糖调控[7]。弗森格团队设计可调节的基因线路开关，可以调节相关蛋白用于糖尿病、肌肉萎缩

1 Toda S, Blauch L R, Tang S K Y, et al. Programming self-organizing multicellular structures with synthetic cell-cell signaling. Science, 2018, 361(6398): 156-162.

2 Xu L, Wang J, Liu Y L, et al. CRISPR-edited stem cells in a patient with HIV and acute lymphocytic leukemia. N Eng J Med, 2019, 381(13): 1240-1247.

3 Yue Y, Xu W, Kan Y, et al. Extensive germline genome engineering in pigs. Nature Biomedical Engineering, 2021, 5(2): 134-143.

4 Wu J, Wang M, Yang X, et al. A non-invasive far-red light-induced split-Cre recombinase system for controllable genome engineering in mice. Nature Communications, 2020, 11(1): 1-11.

5 Yu Y, Wu X, Guan N, et al. Engineering a far-red light–activated split-Cas9 system for remote-controlled genome editing of internal organs and tumors. Science Advances, 2020, 6(28): eabb1777.

6 Wang Y, Liao S, Guan N, et al. A versatile genetic control system in mammalian cells and mice responsive to clinically licensed sodium ferulate. Science Advances, 2020, 6(32): eabb9484.

7 Krawczyk K, Xue S, Buchmann P, et al. Electrogenetic cellular insulin release for real-time glycemic control in type 1 diabetic mice. Science, 2020, 368(6494): 993-1001.

症的治疗[1]。

二、化学品的生产

利用合成生物学技术可以改造自然界中微生物的合成能力，甚至创造新的合成途径；利用合成细胞工厂，能够在细胞内调控生化通路，实现目标化学品的生产。在代谢通路中，研发人员可以识别参与关键途径的基因，进而加以改造。然而，增加酶的表达或增加细胞资源的消耗，可影响细胞生产能力。同时，中间化学品的引入可能产生细胞毒性。因而，合成细胞工厂的开发需要考虑多重因素。

2003 年，加利福尼亚大学伯克利分校的杰伊·科斯林（Jay Keasling）团队设计出能够产出青蒿酸的酵母细胞[2]，成为合成生物学应用研究的重要里程碑。此后，以大肠杆菌为底盘细胞的研究开发日益深入。中国科学院天津工业生物技术研究所张大伟团队通过在大肠杆菌中进行从头人工途径的设计，最终得到生产维生素 B_{12} 的细胞工厂，发酵周期缩短为 20～24h，为生产维生素 B_{12} 的工业菌株奠定了基础[3]。然而，作为原核细胞，大肠杆菌具有无法翻译后修饰等局限，这就需要大力开发酵母等真核细胞作为底盘。斯坦福大学的克里斯蒂娜·斯莫尔克（Christina Smolke）团队利用酵母细胞，合成生物碱类神经递质抑制剂莨菪碱、东莨菪碱[4,5]。目前，利用细菌和酵母作为底盘，科学家已经在青蒿素、紫杉醇、次丹参酮、人参皂苷、丹参素、甜菊糖苷等天然产物的合成，以及烷烃、异丁醇、丁二酸、3-羟丁酸、戊二胺、黏糠酸等化学品的合成上取得了突破。

在代谢工程中，多酶的协同催化往往可以提高协同催化的效率，然而在复杂的生物系统中如何实现酶与酶之间的协同并非易事——尤其是涉及多个乃至 10 个以上的酶时，如何设计酶的协同催化路径就十分困难。为解决酶空间结构等方面的难题，研究者将目光转向各类生物分子支架。目前开发的生物分子支架，大体可以分为核酸支架和蛋白支架两大类。无论是哪一种支架，其作用都在于把人

1 Bai P, Liu Y, Xue S, et al. A fully human transgene switch to regulate therapeutic protein production by cooling sensation. Nature Medicine, 2019, 25(8): 1266-1273.

2 Martin V J J, Pitera D J, Withers S T, et al. Engineering a mevalonate pathway in *Escherichia coli* for production of terpenoids. Nature Biotechnology, 2003, 21(7): 796-802.

3 Fang H, Li D, Kang J, et al. Metabolic engineering of *Escherichia coli* for *de novo* biosynthesis of vitamin B_{12}. Nat Commun, 2018, 9: 4917.

4 Srinivasan P, Smolke C D. Engineering a microbial biosynthesis platform for *de novo* production of tropane alkaloids. Nature Communications, 2019, 10(1): 1-15.

5 Srinivasan P, Smolke C D. Biosynthesis of medicinal tropane alkaloids in yeast. Nature, 2020, 585(7826): 614-619.

工合成的底盘细胞中各种外源合成的蛋白，按预期方式组装成多酶的催化体系，以此来提升异源合成或人工合成的效率。其中，蛋白支架的结构核心是支架蛋白，通过蛋白质与蛋白质之间的相互作用及通过空间结构将目标酶集聚起来，形成多种酶协同催化的体系。与之相比，核酸支架则是利用核酸与酶的特异性结合来实现。例如，微室型蛋白支架能够封装上百种酶，利用这些蛋白支架能够在细胞内实现更好的"区隔化"，与细胞器在细胞中所发挥的作用类似。因此，在合成生物学的研究中，也有不少的研究者将目光投向生物分子支架，将其作为"底物通道"来实现底物在不同的酶之间的定向转移[1]。

近年来，除多酶体系外，化学品生产所需的微生物已从单一微生物发展至多种微生物。在复杂的生物转化过程中，与多种微生物之间的联合可以降低单个微生物的代谢负担，同时可以更有效地转化多种底物。为此，研究人员将目光锁定至生物反应器内的多种微生物协同代谢的开发。例如，瑞士伯尔尼大学的迈克尔·斯图德（Michael Studer）团队所开发的多种微生物的联合代谢，可以以木质纤维素为原料，将其转化成短链的脂肪酸[2]；伦敦大学学院的克里斯·巴涅斯（Chris Barnes）团队利用合成生物学的方法，实现了微生物群落的自动化设计，从而使其可以用于研究合成微生物群落的设计原则，揭示群落组成的主要因素[3]。

三、材料制备和回收利用

生物学的工程化，扩展了人类制备蜘蛛丝、菌丝体和二氧化硅等新材料的能力。利用合成生物学，人类或可制造新型和非天然化学物质、构象和功能化实现全新材料，使其在强度、弹性、导电性等方面具备更好性能，或更好地理解和利用表面结构、动力学、相互作用等特性。这些开发使得生物材料的应用从以医用材料为重点，拓展至新型结构材料、新型涂层和表面处理材料、新型信息存储与处理材料等方面。同时，活性材料也成为物理学和生物学的前沿热点。

与传统的材料制备方法相比，生物系统能够以可再生和低成本的方式合成更加复杂的各种多功能结构。在生物体中，高分子结构的多样性或可对新型材料的开发有很大的启示。合成生物学方法也可以用于二维叠加层、孔隙系统、三维结构等新型结构开发。例如，基于微生物制造的纤维素或具备指定的孔隙、大表面

---

1 Sweetlove L J, Fernie A R. The role of dynamic enzyme assemblies and substrate channelling in metabolic regulation. Nature Communications, 2018, 9(1): 1-12.

2 Shahab R L, Brethauer S, Davey M P, et al. A heterogeneous microbial consortium producing short-chain fatty acids from lignocellulose. Science, 2020, 369(6507): eabb1214.

3 Fedorec A J H, Karkaria B D, Sulu M, et al. Single strain control of microbial consortia. Nature Communications, 2021, 12(1): 1-12.

积，在燃料电池中应降低贵、重金属（如铂）的用量。基于丝绸等蛋白质材料的开发，其或具有可编码的自组装潜力，更好地用于 3D 打印。利用合成生物学技术改造底盘宿主的代谢合成途径，可以赋予表达的生物组分更接近自然的性能特征。例如，韩国浦项科技大学的 Hyung Joon Cha 团队通过工程改造的氨酰 tRNA 合成酶，能够在细胞生产贻贝足丝黏蛋白过程中引入非天然氨基酸 L-多巴（L-dopa）[1]；麻省理工学院的 Christopher A. Voigt 团队[2]在大肠杆菌中过量表达磷酸化酶，可以促进重组蛋白的翻译后磷酸化修饰，使用翻译后修饰的肽能够实现在常温常压下对二氧化硅形态的控制。

随着越来越多电池被停止使用，利用合成生物学方法提升回收成分含量或种类以获得稀有或昂贵元素（如钴或铜）的能力也在提升。例如，铜矿开采中已利用自然存在的微生物从矿石中提取铜，降低了传统方法的能耗需求。此外，微生物也在铀、金、钴、镍和稀土元素的提取中得到了研究或利用。

四、农业研究和开发

合成生物学在光合作用（高光效固碳）、生物固氮（节肥增效）、生物抗逆（节水耐旱）、生物转化（生物质资源化）等农业领域也有着广泛开发及应用。近年来，基因组编辑技术方面的农业应用研究取得重要进展。例如，中国科学院遗传与发育生物学研究所的高彩霞团队利用单碱基编辑工具，开发了植物饱和突变编辑器（STEME）[3]；在先导编辑（prime editing）技术的基础上，建立并优化了适用于植物的先导编辑技术（plant prime editing，PPE）[4]；利用 APOBEC-Cas9 建立了多核苷酸靶向删除系统（AFIDs），开发了用于植物的碱基删减工具，该工具可用于预测基因调控或蛋白结构对作物产量的影响[5]。

光合作用是所有植物将阳光转化为能量和产量的自然过程，有 100 多个步骤，效率极低，研究人员一直在努力改进这个过程。在光合作用的效率改进和提升方面，美国伊利诺伊大学卡尔沃兹基因组生物学研究所的 Donald Ort 团队，在烟草

---

1 Jeong Y S, Yang B, Yang B, et al. Enhanced production of dopa-incorporated mussel adhesive protein using engineered translational machineries. Biotechnol Bioeng, 2020, 117: 1961-1969.

2 Wallace A K, Chanut N, Voigt C A. Silica nanostructures produced using diatom peptides with designed post-translational modifications. Adv Funct Mater, 2020, 30(30): 2000849

3 Li C, Zhang R, Meng X, et al. Targeted, random mutagenesis of plant genes with dual cytosine and adenine base editors. Nature Biotechnology, 2020, 38(7): 875-882.

4 Lin Q, Zong Y, Xue C, et al. Prime genome editing in rice and wheat. Nature Biotechnology, 2020, 38(5): 582-585.

5 Wang S, Zong Y, Lin Q, et al. Precise, predictable multi-nucleotide deletions in rice and wheat using APOBEC-Cas9. Nature Biotechnology, 2020, 38(12): 1460-1465.

中构建了新的生物线路，使其能够更有效地捕获光合作用的副产物[1]。2022 年，伊利诺伊大学卡尔沃兹基因组生物学研究所、英国兰克斯特大学的 Stephen Long 团队改进了大豆植株内的 VPZ 结构（指包含三个编码叶黄素循环蛋白质的基因，即 VDE、PsbS 和 ZEP），以提高光合作用"切换"效率，田间试验表明，在没有施用肥料的情况下，经过针对提高光合作用效率的基因改造后，大豆产量平均提高 4.5%，在某些情况下提高 33%，而蛋白质和油含量保持不变[2]。

生物固氮是一个由固氮酶在绝对厌氧或微好氧条件下催化氮气转变为铵的高度耗能生化还原过程。合成生物学与多组学、系统生物学、计算生物学等学科交叉融合，在固氮微生物资源利用、基因组演化、代谢网络解析、微生物组与宿主互作、人工固氮体系构建以及固氮结构生物学等方面取得重要研究进展。目前，已应用于农业生产的固氮微生物有共生结瘤和根际联合固氮微生物两种，共生结瘤固氮微生物的固氮效率高，可为豆科植物提供 100% 的氮素来源。国际上多个研究团队围绕扩大共生结瘤固氮微生物的固氮范围，人工构建非豆科作物结瘤固氮体系。例如，美国麻省理工学院的 Christopher A. Voigt 团队在大肠杆菌底盘实现了产酸克氏杆菌钼铁固氮酶系统的从头设计合成，达到产酸克氏杆菌 57% 的固氮酶活[3]。英国剑桥大学的 Giles Oldroyd 团队借助菌根共生体系的部分信号通路，在非豆科植物体内搭建可以响应根瘤菌的共生信号转导途径[4]。

在农业和林业的病虫害防治中，昆虫性信息素是替代化学杀虫剂的理想成分，其对环境和健康的不良影响相对较小。此前，该类成分的合成较为困难。随着合成生物学的发展，昆虫类信息素的成本得以降低，效率得以提升。例如，丹麦理工大学的 Irina Borodina 团队利用酵母合成了蛾类害虫的信息素成分及其前体，这些不饱和脂肪醇的合成为农业虫害防控提供了新途径[5]。

五、生物固碳和生物制氢

低碳人工生物合成是指构建人工合成途径或者使用天然 CO_2 利用途径，以 CO_2 作为原料合成各式各样的化学品或生物材料，如淀粉、蛋白质、多聚材料和

1 South P F, Cavanagh A P, Liu H W, et al. Synthetic glycolate metabolism pathways stimulate crop growth and productivity in the field. Science, 2019, 363(6422): eaat9077.

2 De Souza A P, Burgess S J, Doran L, et al. Soybean photosynthesis and crop yield are improved by accelerating recovery from photoprotection. Science, 2022, 377(6608): 851-854.

3 Smanski M J, Bhatia S, Zhao D, et al. Functional optimization of gene clusters by combinatorial design and assembly. Nature Biotechnology, 2014, 32: 1241-1249.

4 Zipfel C, Oldroyd G E D. Plant signalling in symbiosis and immunity. Nature, 2017, 543: 328-336.

5 Kildegaard K R, Arnesen J A, Adiego-Pérez B, et al. Tailored biosynthesis of gibberellin plant hormones in yeast. Metabolic Engineering, 2021, 66: 1-11.

生物燃料等。对细菌进行人工优化和改造，建造可将大气中的 CO_2 转化为酮、醇、酸等化学品的"细胞工厂"，可以实现 CO_2 等资源的高效综合利用。2021 年，中国科学院天津工业生物技术研究所的马延和团队，利用合成生物学从头设计和构建了非自然固碳与淀粉合成途径，在实验室中首次实现了从 CO_2 到淀粉分子的全合成[1]。中国台湾的廖俊智团队以甲醇为碳源，在大肠杆菌中实现了生物合成，其生长速率与嗜甲醇菌的生长速率相当[2]。奥地利的 Matthias Steiger 团队在酵母中利用甲醇同化的代谢途径，实现了以二氧化碳为碳源的进化[3]。以色列魏茨曼科学研究所的 Ron Milo 团队利用合成生物学的方法，使得改造后的大肠杆菌以二氧化碳作为唯一的碳源，从异养生物变成自养型生物[4]。德国马普学会的 Tobias Erb 团队将类叶绿体封装于微流控的液滴中，在光驱动下实现固碳合成[5]。

　　生物制氢是指生物系统利用可再生生物质产生并释放分子氢的过程，涉及的微生物类群包括绿藻和蓝细菌等光解微生物、光发酵细菌与暗发酵细菌等。我国学者通过基因工程技术对生物制氢中关键的多种酶的基因进行改造，以提高氢气的产量和生产稳定性。英国利物浦大学的刘鲁宁团队利用编码羧基体蛋白的基因，在大肠杆菌中构建了羧基体外壳，并在其中整合催化酶来产生氢气[6]。除微生物发酵产氢之外，非细胞多酶级联催化产氢是近年来兴起的一条颠覆性产氢新路线。该路线由我国科学家首次提出，实现了复杂生物质高效转化产氢，为移动产氢和氢燃料电池车等产业展现出更加广阔的发展前景[7]。

六、环境监测和修复

　　利用合成生物学技术，可以开发出人工合成的微生物传感器，助力环境监测，

1 Cai T, Sun H, Qiao J, et al. Cell-free chemoenzymatic starch synthesis from carbon dioxide. Science, 2021, 373(6562): 1523-1527.

2 Chen F Y H, Jung H W, Tsuei C Y, et al. Converting *Escherichia coli* to a synthetic methylotroph growing solely on methanol. Cell, 2020, 182(4): 933-946.e14.

3 Gassler T, Sauer M, Gasser B, et al. The industrial yeast *Pichia pastoris* is converted from a heterotroph into an autotroph capable of growth on CO_2. Nature Biotechnology, 2020, 38(2): 210-216.

4 Gleizer S, Ben-Nissan R, Bar-On Y M, et al. Conversion of *Escherichia coli* to generate all biomass carbon from CO_2. Cell, 2019, 179(6): 1255-1263.

5 Miller T E, Beneyton T, Schwander T, et al. Light-powered CO_2 fixation in a chloroplast mimic with natural and synthetic parts. Science, 2020, 368(6491): 649-654.

6 Li T, Jiang Q, Huang J, et al. Reprogramming bacterial protein organelles as a nanoreactor for hydrogen production. Nature Communications, 2020, 11(1): 1-10.

7 Kim E J, Kim J E, Zhang Y H P. Ultra-rapid rates of water splitting for biohydrogen gas production through *in vitro* artificial enzymatic pathways. Energy Environ Sci, 2018, 11(8): 2064-2072.

也可以设计构建能够识别和富集土壤或水中污染物的微生物，通过"定制"微生物去除难降解的有机污染物，对污染的环境进行修复。酶具有催化密度高、选择性高和特异性高等特点，而在高温、高盐、酸碱等环境条件下可分解出高稳定性的酶，这些酶为多样性的环境监测和修复提供了支撑。法国图卢兹大学的 Tournier 等[1]团队对降解聚对苯二甲酸乙二醇酯（PET）的关键酶叶枝堆肥角质酶（leaf-branch compost cutinase，LCC）进行定向进化，在这种酶的帮助下，PET 的水解效率从 20h 分解不到 50% 跃升至 15h 分解 85%。并且在特定温度下，LCC 解聚 PET 的产物能重新形成 PET 晶体，这为工业化回收再利用 PET 塑料提供了一个全新、高效的方案。

随着合成生物学和人工智能等技术的整合，研究者可以通过高通量的"设计-构建-测试-学习"循环来深入研究酶催化的结构-功能关系。利用生物分子支架，可实现多酶的协同催化，用于复杂污染物的降解；还通过进一步设计并优化单个底盘细胞的代谢能力，获得各单细胞模块的最佳组合，实现对复杂污染物的高效降解。南京农业大学蒋建东团队[2]利用代谢模型技术人工设计并合成除草剂阿特拉津代谢的微生物组，定量解析不同微生物组代谢污染物的动态过程，有效设计高效微生物组并用于污染环境的修复。

---

1 Tournier V, Topham C M, Gilles A, et al. An engineered PET depolymerase to break down and recycle plastic bottles. Nature, 2020, 580: 216-219.

2 Xu X, Zarecki R, Medina S, et al. Modeling microbial communities from atrazine contaminated soils promotes the development of biostimulation solutions. ISME J, 2019, 13: 494-508.

第四章　合成生物学的产业发展

从合成生物学的概念在 2000 年正式确立，到 2005 年前后研究论文数量开始快速增长（2010～2020 年全球论文数量增长了近 4 倍），到 2010 年前后的专利申请量开始快速增长（2010～2020 年全球专利申请量长了近 14 倍），再到 2015 年前后的产业投资开始快速增长（2021 年全球初创企业的融资额几乎是过去 20 年的总和）。由此可以看到，合成生物学在 21 世纪的前 20 年基本是以 5 年左右的周期不断发展。如果再从 2025 年、2030 年回头审视 2020 年前后的合成生物学产业发展，或许会看到应用场景的快速发展正在兴起。从早期的概念兴起到技术发端、工程循环、产业投资、应用实践，合成生物学正赋能健康、工业、农业、环境、安全等众多领域。

合成生物学将工程化理念与生物技术相结合，从而将其推广到诸多的应用场景，本身就符合产业发展的逻辑。在合成生物学兴起之前，生物技术发明在从实验室向健康、工业、农业、环境、安全等领域转化应用时，往往需要达到"标准化"与"个性化"之间的平衡。合成生物学的标准化、模块化、系统化思维，加之其与数字化的融合潜力，使其在多场景的应用中天然地契合产业发展的思维模式。一旦技术的底层逻辑与商业的底层逻辑打通，生物技术的发展便会进入到应用的星辰大海，产业升级的创新之路也会越走越宽广。从这个视角来看，2020 年以来，生物技术产业投资的广受重视，既有全社会日益重视传染病防控等外部原因，也有生物技术创新发展的内在逻辑。因而，合成生物学带来的创新不仅只是技术进步，也在一定程度上契合了产业的发展模式。

近年来，尤其是 2020 年以来，全球合成生物学市场愈发活跃，呈高速增长态势。Reportlinker 数据显示，全球合成生物学市场规模将从 2022 年的 131.1 亿美元增长到 2023 年的 170.7 亿美元，复合年增长率达 30.2%。据 Markets and Markets 预测，到 2027 年，全球合成生物学市场规模将增长至 400 亿美元（图 4-1）。

麦肯锡全球研究院 2020 年发布的报告指出，新型生物产品正在推动生物资源和生物技术应用领域的创新，也由此催生了一个新兴且快速扩张的经济领域，即生物经济。由于该领域的快速变化，预测存在很大的不确定性。在这种不确定性背景下，报告估计，2030～2040 年全球生物经济每年可能产生 2 万亿～4 万亿美元的直接经济影响（图 4-2）。

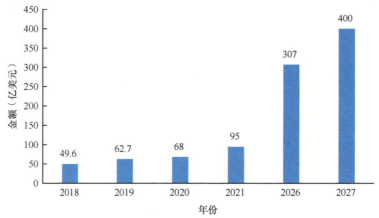

图 4-1　2018～2027 年全球合成生物学的市场规模

数据来源：Markets and Markets

图 4-2　预估 2030～2040 年生物经济对全球经济的直接影响[1]

综合 Synbiobeta、英国生物产业协会（BioIndustry Association，BIA）、EB Insights 等机构的统计数据，截至 2022 年底，全球至少有 800 家合成生物学领域的企业，其中美国近 400 家，占比约为 47%，中国近 200 家，占比约为 24%（图 4-3）。目前，合成生物学领域的企业大体分为 2 类，一类是技术赋能企业（基础层）：主要为行业提供关键技术及产品支持，如 DNA 测序、合成、基因编辑以及菌株等生物合成所必需的技术与生产能力。另一类是产品应用企业（应用层）：除主营产品所涉及的菌种和基因等技术能力以外，还包括产业化生产和商业推广能力，涵盖医药、化工、食品、农业、材料、环境等多个领域。本书对全球 770

---

1 President's Council of Advisors on Science and Technology. Biomanufacturing to Advance the Bioeconomy. 2022.

多家代表性企业的细分领域、重要的技术和产品以及代表性专利等信息进行了梳理（详见附表），希望能帮助读者从这一角度了解全球合成生物学产业化的发展格局。

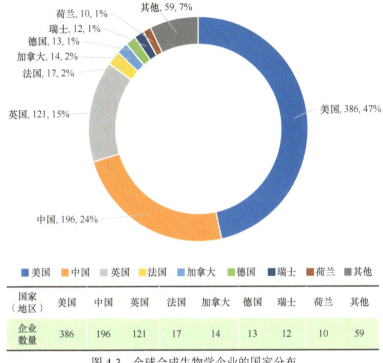

图 4-3　全球合成生物学企业的国家分布

国家（地区）	美国	中国	英国	法国	加拿大	德国	瑞士	荷兰	其他
企业数量	386	196	121	17	14	13	12	10	59

第一节　平台与应用的重点

　　合成生物学正步入发展的快车道，其细分应用场景已经开始向更多的领域拓展，也提供了产业应用的无限可能。对这样一个高度交叉融合的领域而言，平台的重要性不言而喻：因为有平台的赋能，产品开发能够顺利完成定义、设计、构建、测试、学习等全流程，并且通过计算机辅助设计（CAD）与自动化实验操作结合，形成可预测、可定量、可仿真的模型，再根据相关应用场景的要求，完成产品功能、特性、工程等多方面的详细构建，并利用自动化平台和必要的人工测试流程进行验证，最终迭代成符合应用场景要求的产品，进而实现大规模开发。

　　合成生物学经过约 20 年的发展，工程化理念已经深入人心。对于生物技术产业这样一个高度复杂、十分多样的领域，工程化发展又是数字化融合的基石。有了工程化发展带来的标准化、模块化、系统化的理念，生物技术开发的"所想""所造""所见""所得"之间就有了协同的大体构架。在此基础上，引入数字化的工具，才能够更大程度地提高服务效率、降低成本，从而可以对更深层的价值进行挖掘。因而，合成生物学的发展使得基因合成、编辑等生物技术工具与人工智能等信息技术手段得以在工程层面上实现深入融合，服务对象更加普惠，应用工具更加普及。

一、合成平台

芯片行业的发展，在一定程度上可以作为合成生物学产业发展可借鉴的模式。芯片、合成细胞都是纳米尺度的高技术产品，两个领域的开发均有技术密集、知识密集、人才密集、资金密集等特征，因而在产业链条上呈现出某些相似的特征。在芯片行业，经过几十年的发展，已经形成"设计-制造-测试"三大环节的分工。随着人工智能的发展，或许未来其也会发展成"设计-制造-测试-学习"的分工体系，这与合成生物学的"设计-构建-测试-学习"循环有很多相似之处。在芯片行业，随着产业分工的深入，制造环节出现了中国台湾积体电路制造股份有限公司（台积电）等专门从事代工的企业，在合成生物学的未来发展中或许也将出现类似平台。不过，除芯片与合成生物学尤其是合成细胞在产业开发上的共通之处外，两者也存在硅基和碳基产品的不少差异，因而在从合成基因组到合成细胞的平台发展逻辑上有其更加独特的特点。

首先，合成生物系统是可自我进化的系统。自我进化作为生物的特点，自然进化的进程很慢。随着合成生物学的发展，定向进化平台已经可用于核酸、蛋白质途径和线路的迭代优化。对定向进化平台的开发而言，至少有三个维度可以衡量其性能：一是进化后与进化前的目标功能水平的提升幅度对比，二是进化后与进化前的功能类型的扩展程度对比，三是进化后与进化前的功能可重复性对比。在这些衡量维度的要求下，目前不少定向进化技术已在实验室中得到开发，但在产业发展中研发相对较多的主要有蛋白质（包括酶）进化、核酸适配体（aptamer）进化两方面。从酶的定向进化来看，实质性的功能跃迁需要约 10 个或更多的适应性突变，高通量平台的开发是支撑其赋能的重要途径。例如，在多基因的代谢途径等长突变途径中，实现目标功能所需突变的数量或大幅增加。从核酸适配体的进化来看，适配体是可与特定蛋白质或小分子配体结合的核酸序列，指数富集的配体系统进化（systematic evolution of ligands by exponential enrichment，SELEX）技术，已经可用于新的适配体开发，但用于适配体靶向小分子的化学多样性、核酸适配体与调控因子等方面的结合仍存在挑战，这也依赖于使能技术的进一步发展。例如，双杂交系统、核酸-蛋白质相互作用选择系统、展示系统（如核糖体）和其他基于分子结合的选择系统等体内筛选系统的开发，以及微流控等体外筛选技术的运用，或有助于极大地提升进化能力。此外，许多实验室的环节实现自动化操作或有助于进一步降低成本、提高效率，实现多轮突变和选择。机器学习的引入，可使基于大型数据集的训练，形成高度可扩展的进化方法，这或可以使蛋白质设计平台能够很好地解决分子动力学等当前的研发瓶颈——酶依赖于复杂的分子动力学来进行催化，但当前的设计平台难以捕获其动态反应信息，这使得计算机设计的酶在催化效率（k_{cat}/K_m）上仍然比天然酶低 2～3 个数量级。

其次，合成生物系统具有较高的异质性、复杂性和多样性，这使得数字化建模具有较大的难度。因而，如若能用智能化的平台赋能无细胞系统和合成细胞的定制、特定功能单细胞与多细胞生物体的按需生产及调控，或将极大地提升效率。例如，对染色质状态的建模和设计而言，未来或需设计可快速查询数百种结构的酶、合成染色质蛋白的平台，才能更好地表征染色质的功能。又如，预测蛋白质的相互作用仍面临不少难题，或许需要发展共同进化模型、物理模型和设计平台，这意味着需要改进多状态设计算法，才能映射域、序列和功能。再如，对于无细胞系统的开发而言，或许得有足够数量的、稳健的无细胞系统，才能满足复杂遗传编码的多基因系统的开发条件，从而使其可以制造和纯化满足药监部门要求的蛋白质。解决这些瓶颈问题，既需要生命科学的研究发现、生物技术工具开发的进步，也需要借鉴计算机辅助设计（CAD）系统的成熟经验，并最终实现两者的有机融合。其他行业的经验，为开发计算机辅助（Bio-CAD）生物设计软件工具提供了一定基础。当前已经开发了一些计算机辅助生物设计工具（如 DIVA bioCAD、TeselaGen BioCAD/CAM 等）、用于基因线路设计的工具（如 CellDesigner、BioUML、iBioSim、COPASI、D-VASim、Uppaal、Asmparts、GEC、GenoCAD、Kera、ProMoT、Antimony、Proto、SynBioSS、TinkerCell、Cello 等），但是要将其适用于不同尺度或跨尺度的开发仍有不少难题待攻克。

最后，合成生物系统的构建和测试自动化开发涉及较多的耦合步骤，提高效率、比率、范围、可靠性和可重复性仍有较大挑战。为提高通量、容量和可重复性，近年来，实验室自动化已经越来越多地应用于合成生物学的研发活动。例如，液体处理器集成的并行生物反应器阵列，可用于自动实时控制和定期采样；其与实验室信息管理系统（LIMS）、自动化协议设计、人工智能分析的结合，则使得高通量和"24/7"操作成为现实。不过，应用于不同研究目的的生物学试剂、仪器和软件不仅十分多样，而且正在快速地迭代更新，因而自动化的操作本身也需要不断研究和验证。对此，美国工程生物学研究联盟（EBRC）发布的路线图提出，独立于样本的性能、单元运行解耦合和操作"良好"阈值使过程自动化成为可能，因而单元运行解耦合至关重要。同时，仪器故障、试剂或软件的替换等都有影响操作稳定性的风险，因而要将生物部件和系统的信息、实验室测试环境、生物构建的过程等进行有机的结合，仍需要解决很多细节工作。

以上仅仅是合成生物学平台开发过程中，其与其他类型的平台开发的差异之处的部分例举。这似乎也可以解释，为什么部分平台企业在早期受到投资者的高度青睐，但是在真正的运行和应用过程中并没有预期的那么顺利。从某种程度上看，这些难题或许是企业在选择是成为平台公司还是以应用产品开发为中心时较难权衡的瓶颈。合成生物学平台开发是成为一个独立的商业模式，还是只作为产品公司的赋能手段，这或许是很多合成生物学企业在规模扩张过程中必将面临的问题。若想将独立的合成生物学平台开发发展壮大，就需要把各单元的赋能做到有机的集成，并在时间或技术上参照"摩尔定律"的思维保持迭代更新状态。随着技术、仪器、工具等要素的不断发展，如若无法让平台自身持续"进化"，那么几年后平台的原有先发优势或许就会随着时间的推移而逐渐消减。

因此，合成生物学平台需要自身有"造血"能力，并且将其与公司产品的应用开发有机协调。对于这方面可以在一定程度上参照芯片代工企业与芯片设计公司的协作管理经验。从这个意义上看，平台公司不仅需要足够的技术敏锐性和工程化能力，还需要足够的市场开拓和用户支持能力，这对综合管理的水平提出了较高的要求。因而，此前部分合成生物学平台企业的开发困境不仅与其对下游定位和选择有关，还反映出该领域整体的科学、技术、工程和应用协同管理的重要性。随着若干最早期的合成生物学平台企业步入了发展拐点，"云端实验室"等合成生物学平台的商业模式在被验证的过程中尽管难点重重，但在商业竞争中依然继续前行。

2023 年 8 月 9 日，美国合成生物学企业 Amyris 及其美国子公司申请破产。Amyris 成立于 2003 年，拥有业内领先的计算工具、菌株构建工具、筛选和分析工具以及先进的实验室自动化与数据集成技术。Amyris 生产的原料和终端消费品都是基于其 Lab-to-Market™技术平台，该技术平台结合了专业知识、工业规模的制造能力以及可持续产品商业化的能力。同时，该平台还利用先进的机器学习、机器人技术和人工智能，使公司能够以商业规模快速将新的创新推向市场。生物制造技术是 Amyris 的核心业务，但在后期的发展中并没有发挥其应有的优势，疫情后 Amyris 的业务大部分集中在消费端产品。早期赛道选品失误、管理方面存在的问题以及商业模式等因素或许是 Amyris 破产的主要原因。作为合成生物学领域的"明星"企业，Amyris 曾经是资本市场的"宠儿"，吸引了大量投资。然而，仅仅经过 10 年，该公司就走向破产，这一事实令人深思。

从 Amyris 的案例中可以看到，合成生物学领域在技术、市场和商业模式等方面存在挑战。首先，合成生物学是一个技术门槛高、研发周期长的领域，需要持续投入大量的资金和人力资源。其次，合成生物学领域的市场前景和商业模式也需要深入探讨。虽然合成生物学在理论上具有广泛的应用前景，但在实际商业化过程中，需要解决诸多技术、法规和市场等方面的难题。此外，合成生物学还涉及伦理、环境和社会等方面的问题。总之，Amyris 的案例对合成生物学领域的技术研发、市场和商业模式等方面都具有重要的启示意义。深入分析和讨论这个案例，可为合成生物学未来的发展提供有益的借鉴和参考。

生物体设计与自动化平台型公司和提供赋能技术型公司在合成生物学领域中受到了高度关注。这些公司通过创新的技术和业务模式，为客户提供定制化的服务和解决方案，并且在多个领域进行布局和扩展。Ginkgo Bioworks 公司是一家生物体设计与自动化平台型公司，它通过构建先进的软件系统，为客户提供定制化的服务，广泛应用于精细化工、农业和医药等领域。该公司近年来通过合作伙伴关系和收购初创企业，不断扩展业务，已在农业、食品、医药、环境治理等多个领域进行布局。2021 年，Ginkgo Bioworks 公司通过与 SPAC 公司合并公开上市，其估值达到了 175 亿美元，这显示出市场对该公司的前景和商业模式的高度认可。此外，DNA Script 公司是一家提供赋能技术型公司，它利用合成生物学加速生命科学和人类健康的突破性研究，主要通过提供 DNA 合成技术来推动科学研究的进步。国内有多家合成平台型企业，在合成生物学的发展中发挥重要的推动作用。

二、生物治疗

从 1905 年法国医生尝试将兔肾移植至肾功能衰竭的儿童体内（最终以失败告终）开始的约一个世纪以来，不少人开始器官移植的探索。由于可供移植的器官来源有限，不少探索者将目光转向哺乳动物的器官。然而，由于免疫排斥等反应，临床异种器官移植手术均以失败告终，异种器官供体的选择成为关注的焦点。自 20 世纪 90 年代以来，全球越来越多的探索者开始将猪作为异种器官供体，但免疫排斥等问题依然阻碍着这一进程。近年来，随着基因编辑工具的发展，科学家尝试"敲除"猪基因组的内源逆转录病毒（endogenous retrovirus，ERV），因为如果不将其"敲除"，在器官移植的过程中，就有可能从猪的基因组"跳"到人的基因组中。2022 年 1 月 7 日，一名患者在美国马里兰大学医学中心接受了异种器官移植手术，用经基因编辑的猪心脏替换了患者原已超负荷的自身心脏。在此之前，医学团队将来源于猪的心脏移植到 50 只狒狒体内，开展了免疫排斥、血液凝固受阻等方面的实验。大约一周后，患者脱离了体外膜肺氧合（ECMO）系统而下地行走。

先进的工程化细胞系统、组织工程和器官移植，是人类在疾病治疗的过程中希望突破的方向。合成生物学的发展，为这方面的突破带来了新的思考。未来，合成生物学与干细胞研发的结合，或许会为源于自体细胞的组织器官再生和机体康复等带来更多突破。不过，就目前而言，合成生物学在免疫细胞治疗中的应用更加受到关注。从特异性的嵌合抗原受体 T 细胞（CAR-T）、嵌合抗原受体自然杀伤细胞（CAR-NK）、T 细胞受体嵌合 T 细胞（TCR-T）、肿瘤浸润淋巴细胞（TIL）、树突状细胞与细胞因子诱导的杀伤细胞（DC-CIK），到非特异性的淋巴因子激活的杀伤细胞（LAK）、细胞因子诱导的杀伤细胞（CIK），细胞治疗因选择性高（在特定的环境中激活）、局部浓度高（可主动迁移到靶组织或靶细胞内发挥作用）、可个性化定制细胞（可应用合成生物学设计基因开关加以控制，并根据临床需求定制不同细胞）受到越来越多的重视。截至 2022 年，全球经批准的细胞治疗产品共 33 款，其中有 9 款 CAR-T 疗法获批上市，其中美国 FDA 批准了 6 款，我国批准了 3 款。获批上市的 CAR-T 疗法的靶点集中在 CD19 和 B 细胞成熟抗原（BCMA）。接受靶向 CD19 的 CAR-T 细胞治疗 B 细胞恶性肿瘤的初始患者已有十多年的随访数据。研究数据表明，靶向 CD19 的 CAR-T 细胞可以为 B 细胞恶性肿瘤患者带来长期缓解[1]。未来，合成生物学将在细胞和基因治疗的研发与应用中发挥更大的作用。

首先，可利用逻辑线路的设计提高细胞治疗的特异性。在细胞治疗中，通过感应、响应抗原组合设计，能够提升治疗的特异性。利用逻辑门（与门、或门和非门），可以整合多个输入信号，从而增强特异性、降低副作用。例如，为了减少患者因肿瘤抗原逃逸导致的复发，或可采用双特异性的逻辑门，在工程免疫细胞的表面展示两个独特的单链抗体片段，使其被多种抗原激活。

其次，利用合成生物学或可设计多种调控开关，从而提升细胞治疗的安全性。例如，贝利库姆制药（Bellicum Pharmaceuticals）公司的药物诱导型半胱天冬酶 9（iCasp9）"杀死开关"（kill switch），正用于 CAR-T 细胞、组织相容性白细胞抗原（HLA）不匹配的造血干细胞移植（HSCT）治疗的临床试验。利用基因调控开关的优势在于，只有在特异性的条件发生时，治疗细胞才会被激活或抑制，从而根据临床需求来匹配响应。

再次，利用合成生物学可以改进细胞疗法的通用性。以免疫细胞治疗为例，由细胞内信号成分、细胞外对接结构域组成的通用嵌合抗原受体（CAR），可通过模块化对接适配。在通用化的探索中，部分生物公司（如 Cogent Bio 公司）、加利福尼亚州生物医学研究所（Calibr）等正在致力于开发此类平台。

最后，合成生物学的应用或有助于开发向特定组织和细胞靶向传递的基因疗法。随着合成基因线路、非免疫原性大分子和囊泡等技术的不断发展，向细胞和组织中定向递送核酸或治疗性核酸和蛋白质成为可能，甚至未来可能根据试验数据建立预测基因传递效率的模型。在基因治疗的调节和控制方面，利用合成生物学能够更好地控制基因治疗的定位和激活，保护免疫系统免受基因疗法产生的不良反应影响，并最终在预测模型的基础上实现基因线路的最佳设计、构建和测试。

经过多年的探索，无论是基因治疗还是细胞治疗，都被证明是可行的、有需

1 Cappell K M, Kochenderfer J N, Kochenderfer. Long-term outcomes following CAR T cell therapy: what we know so far. Nature Reviews Clinical Oncology, 2023, 20: 359-371.

求场景的、患者愿意接受的医疗和产业模式。不过，基因和细胞治疗产业发展当前还存在有效性、安全性等方面的技术局限，加之成本相对较高，使得其当前的市场规模仍然相对有限。未来，成熟业态的发展必然需要依托于工程化的平台、数字化的系统、个性化的诊疗，这些正是合成生物学的发展很有可能带来的赋能。或许是早早看到了这方面的潜力，不少基因和细胞治疗的企业已将目光投向了合成生物学，还有不少从事基因编辑研发的医药企业也将目光从罕见病治疗扩展至免疫细胞治疗。

　　未来，随着合成生物学的进一步发展，基因与细胞治疗也将呈现出越来越深入的交叉融合发展态势。例如，基因治疗的递送或治疗效果或许能在数字化的模型中得到更智能的预测。再如，患者来源的细胞或许可以与三维（3D）打印、微流控等技术相结合，从而用于更好的新药开发。随着技术的深入发展，相应的研发体系将实现更深层次的融合，同时，监管体系研究也将更加深入，在商业思维上，相较于"独善其身"更为重要的是"兼济天下"。

　　面对日益进步的合成生物学技术和不断升级的市场竞争，合成生物学在治疗领域的应用也正在逐渐分化。一些企业和投资者聚焦治疗用的肠道益生菌的载体，目前主要有质粒载体和噬菌体载体。例如，法国的生物技术公司 Eligo Bioscience 专注于基因编辑和基因递送技术，开发了一种噬菌体载体，用于传递治疗性基因到肠道微生物中。由于该方面的探索仍然处于早期阶段，合成生物学的赋能效果仍然有待更多的验证。尽管基因和细胞治疗领域整体正处于高速发展阶段，但是从总体上看，相关企业在运营细节上已经出现差异化，而其在合成生物元件、基因线路设计、底盘细胞开发方面的精细化布局已经初见端倪。例如，生物技术公司 Twist Bioscience 为基因和细胞治疗领域的研究提供合成基因与生物元件；GenScript 公司提供合成基因、合成 DNA 和定制生物学服务，支持基因和细胞治疗领域的研究开发；Ginkgo Bioworks 公司除了提供合成生物元件，也专注于基因线路设计和优化，为生物制药和基因治疗领域提供创新的解决方案。我国的博雅辑因公司建立了包括体外疗法造血干细胞平台、体外疗法通用型 CAR-T 平台、体内疗法 RNA 碱基编辑平台在内的多个治疗平台；呈源生物公司制备了全球最大的全合成、源于肿瘤浸润淋巴细胞的 T 细胞受体库（TIL-derived Fully Synthetic TCR Library），并通过该基因库鉴定出多个具有高度肿瘤杀伤能力的 TCR，相关产品管线正在快速向临床转化。

三、生物传感

　　生物传感器的研发可追溯到 1967 年。当时，S. J. 乌普迪克等成功研制出第一个葡萄糖传感器。他们将葡萄糖氧化酶（GOD）包含在聚丙烯酰胺胶体中加以固化，再将此胶体膜固定在隔膜氧电极的尖端上。改用其他的酶或微生物等固化膜，便可制得检测其对应物的其他传感器。随着科技的发展，人们研制和开发了第二代生物传感器与第三代生物传感器。如今，用于检测血糖的生物传感器已经作为便携式诊断设备进入千家万户，而生物传感器也逐渐应用于疾病诊断、食品检测、环境检测等诸多领域，检测对象已覆盖从核酸到蛋白质，再到细胞和生理信号等多种指标。在物联网发展的时代，生物传感器已成为必不可少的重要组成部分。

尽管生物传感器的应用领域广泛，但在实验室外使用的生物传感平台开发仍然有限。从大规模商业化应用的角度来看，理想的生物传感器需要同时满足低成本、高可靠、广适用、便携化、标准化等要求。从成本的角度来看，如果生物传感器的成本太高，就很难进入常规应用场景或普及到千家万户，而应用规模的有限又会进一步限制其开发的迭代升级。从可靠性的角度来看，生物传感器的使用需要得到专业人群的认可，否则便不能作为判断或决策的依据。从适用场景的角度来看，环境检测等应用场景的环境条件可能千变万化，广谱适用自然会有更佳的效果。从便携性的角度来看，即时诊断（POC）作为一种现场快速诊断的方法，对便携性、易用性等提出了较高要求。从标准化的角度来看，具有统一的、兼容的标准才可能拓展生物传感器的适用范围。

要满足这些要素，生物、纳米和信息技术的融合必不可少。相对而言，纳米技术、信息技术的标准化与模块化已经有较为成熟的开发经验，相应的元件或器件也有较多的选择。在合成生物学的发展中，对生物技术的标准化、模块化、工程化开发重视程度相对较低，再加上生物分子和生物信号的复杂性、多变性，在一定程度上制约了生物传感器的开发。目前，合成生物学的快速发展推动了生物线路等的开发，预示着未来合成生物传感器有望以低成本应用于快速诊断、健康信息的连续化监测、复杂环境的检测等诸多场景。

首先，在疾病诊断领域，基因线路的构建、标准化元件和模块的迭代更新，使得合成生物学与微流控、微针等技术结合，用于提升诊断速度、降低诊断成本、提高可拓展性、简化工作流程，同时提升检测的灵敏度、特异性和准确性。例如，转录层面的启动子元件、翻译层面的核糖体开关元件、蛋白质层面的荧光蛋白及其他多种元件，均可用于传染病或非传染性疾病的诊断开发。美国的工程生物学路线图对未来应用领域的展望指出，远程可穿戴设备或可与活细胞技术结合，利用可穿戴技术、生物传感器及体内传感器的信息，能更好地对健康和疾病进行预测与管理。目前，已有多家企业尝试将微生物组的感知与复杂疾病诊断相关联，从而对健康作更好的预测。例如，Second Genome 是一家生物技术公司，专注于研究微生物组与健康之间的关系，以开发用于疾病诊断和治疗的解决方案；Viome是一家健康科技公司，致力于通过分析个体微生物组和代谢物来提供个性化的健康建议，在提供诊断的同时预防疾病；Karius 公司则通过分析血液样本中的微生物 DNA 来帮助医生诊断感染性疾病。

其次，在食品安全领域，针对农药残留以及食源性致病菌、病毒、生物毒素等生物源性危害物的检测，合成生物学与微纳技术的融合运用，或有助于破解传统生物传感器抗干扰能力弱、背景信号嘈杂、检测限相对较高等方面的局限，从而发展出新型的酶生物传感器、核酸生物传感器、微生物传感器，为各类食品安全检测提供便携化工具。

此外，在环境检测领域，利用逻辑门构建的计算器、放大器、振荡器等器件，应用于生物传感器后或可用于开发检测重金属等污染物的微生物传感器。构建或优化基因线路，以及其与新的工程材料相结合，或可记录多种类型的时域和空域事件，感知和整合海量信号。

生物传感器作为一种先进的检测技术，具有广泛的应用前景。近年来，生物传感器市场的规模不断扩大。预计到 2025 年，全球生物传感器市场规模将达到430 亿美元，其中医疗领域将成为市场的主要驱动力。然而，生物传感器的发展仍面临挑战。一方面，从技术成熟度来看，未来新型的生物传感器开发需要合成生物学与材料、信息、芯片和机电等多领域的技术融合，这种复合型能力不仅对技术交叉融合的要求较高，也对工程化开发管理的能力要求较高，使得该领域并未步入技术生命周期中的成熟期。另一方面，尽管生物传感器应用场景广泛，但是场景类型的多样性使得每一细分领域的产品开发都要求其商业模式得到验证。也就是说，生物传感器市场的大规模拓展不能仅凭技术驱动，还需要与医疗卫生机构、家用场景、食品安全监管部门、环保监管部门等方面的应用场景有机融合，以此提升整体能力。

在整体能力的提升进程中，基于生物传感器采集的数据，必然需要与多维度的其他数据相融合，从而在智能化的平台中得以运用。因此，生物传感技术在大规模的推广应用过程中，还有可能涉及相关的生物数据库开发和利用过程。这些数据既有可能为个人、家庭或消费场景所用，也有可能为政策监管提供依据。相比于生物传感器本身的硬件开发和驱动的情境，"软环境"的提升是多方协同的过程。此时，对创业者的能力要求而言，复合型的知识背景、跨领域的沟通能力、能协同的运营风险就显得尤其重要。

从整体的市场大环境来讲，生物传感技术的开发要求合成生物学在内的多种技术、多类开发人员走向融合，形成向终端用户交付整体解决方案的能力，从而形成价值提升的模式。在这个过程中，不同的生物传感技术开发，还需要根据领域特点、用户群体变化、政策调整、技术升级进行不断组合，形成可拓展的模式。

四、生物材料

合成生物学的发展为新材料的发现、设计和生产带来了新的机遇。通过合成生物技术，可以利用工程活体生命系统生产材料，并且让生命系统也作为材料的组成部分，共同构成具有特定功能的活体材料。2019年6月，美国俄亥俄州建造了一条232m²的跑道原型。不同于传统跑道，用于建造这种临时跑道的材料不仅有沙子等传统的建筑材料，还有活的微生物。这些微生物的作用是将营养物转化为碳酸钙，并在室温下使沙子成为坚固可用的材料。

美国工程生物学研究联盟（EBRC）特别关注合成生物学与材料科学的高度融合，专门发布《工程生物学与材料科学：跨学科创新研究路线图》。该路线图设定了4个技术主题，分别是合成（synthesis）、组成与结构（composition and structure）、加工处理（processing）及性质与性能（property and performance）。其中，合成主题重点关注可用于材料的单体、聚合物、生物分子和大分子合成；组成与结构主题重点关注生物活性或生物组分的工程学改造，这些内容涉及"生物-非生物界面"及其中的三维结构；加工处理主题关注材料聚合和降解、模板化、图案化与打印、生物挤压（biological extrusion）、材料分泌、材料沉积、材料自组装和自拆卸等过程，以及这些过程中可能利用的无细胞系统或其他合成生物学工具；性质与性能主题重点关注的是材料动态特性和活性，尤其是材料在传感和响应、通信与计算、自我修复等方面的作用。从总体上看，很多前瞻性的设想分别延续到2022年、2025年、2030年和2040年，其中的不少方向或许在未来成为产业开发的前沿。

目前，对于合成生物学在材料领域的应用，诸多企业"不约而同"地选择了将聚羟基脂肪酸酯（PHA）作为突破的切入点。PHA可由很多细菌合成，是一种可生物降解的胞内聚酯。这类成分通常在微生物体内作为能源的贮藏物质，因而在微生物中具有较高的含量，该特点使多个研发团队发现了多种理想的底盘细胞。尽管PHA的生物相容性、光学活性、压电性、气体相隔性等性能早已被发现，但是以往相对较高的合成成本使其在工业或医疗应用中性价比不高。随着优良菌株的发现、合成生物学的发展，PHA的生产成本已经较以往有所下降，因而一批初创企业开始在该赛道上抢占先机。例如，成立于2016年的北京蓝晶微生物科技有限公司（蓝晶生物）的主要产品管线就包括生物可降解材料PHA、再生医学材料等。目前，蓝晶生物正在北京落地年产千吨PHA的生产基地，并在江苏省盐城市滨海县落地了一个占地130亩（1亩≈667m²）的PHA生产线，设计年产能2.5万t。

从当前企业对PHA的关注，到未来的工程活体材料（ELM）等方面的开发，合成生物材料的产业必然会经历多次的迭代。第一代生物材料的特点是可再生，最为常见的是PHA、聚乳酸（PLA）等。这些材料与石油基高分子材料的性能水平相当，而利用生物基的发酵生产也可规模化制造醇（乙醇）、酸（呋喃羧酸）、胺及可以制成尼龙和其他基础化学制品的环状分子等，这些分子再进而聚合成聚对苯二甲酸乙二醇酯（PET）、聚乙烯（PE）等材料。与第一代生物材料相比，第二代生物材料更强调在性能上优于传统聚合物，如基于生物基开发的聚呋喃甲酸乙二酯,具有更好的气体阻挡和热性能[1]。第三代的生物材料包括合成蜘蛛丝、纳米晶纤维素(NCC)、细菌纤维素、生物复合材料等。目前,利用胶原蛋白生产的天然皮革已经能与动物源的皮革产品、聚氨酯等在市场上竞争。总体上看,这些高性能的材料还存在成本高、产量低的特点,但是合成生物学的合理利用可以较好地发挥其"规模效应",从而降低成本。

五、生物制造

100 多年前的第一次世界大战期间,由于石油、煤炭和天然气的短缺,促使德国积极寻找替代能源,并开始研究新的合成油脂方法。人们发现酵母菌能使糖发酵变成酒精,酒精再被氧化生成甘油。于是,以甘油生产为重点的发酵工程迅速发展。在甘油发酵的过程中,还发现发酵工业可以用于生产另两种原料——丙酮、丁醇。以甘油和丙酮、丁醇的大规模发酵生产为标志,开启了化学品的微生物制造工业。现今,发酵工业已经成为现代工业的重要组成部分。在此期间,以柠檬酸为代表的有机酸的微生物制造也由此开启。

100 多年后,人们可以利用发酵生产成百上千种产品。这些产品有酸类与醇类中的 C_2 化合物乙酸、C_3 化合物乳酸、3-羟基丙酸、1,2-丙二醇、1,3-丙二醇、丙酮,C_4 化合物富马酸、琥珀酸、丁酸、丁醇、天冬氨酸,C_4 化合物衣康酸、谷氨酸,C_6 化合物柠檬酸、阿康酸、葡糖酸、曲酸等,氨基酸类的 L-丙氨酸、L-谷氨酸、L-组氨酸、L-羟脯氨酸、L-异亮氨酸、L-亮氨酸、L-脯氨酸、L-丝氨酸、L-缬氨酸、L-精氨酸、L-色氨酸、L-天冬氨酸盐、L-苯丙氨酸、L-苏氨酸、L-谷氨酸盐、L-赖氨酸等。从理论上看,绝大多数石油化学品都能够借助合成生物技术由生物原料制得,并且还可以合成传统化工方法难以合成的新材料(图 4-4)。

相比于传统的石油化工,生物制造对环境造成的破坏相对较小。随着合成生物学与其他技术的交叉融合,生物制造有望解决底物价格昂贵、发酵过程较难控制、能源资源消耗过多等问题,并应用于诸多领域。例如,生物制造的丙烯酸可替代石油基丙烯酸,广泛应用于涂料、黏合剂、卫生用品材料、纤维、纺织品、树脂、洗涤剂、清洁剂、弹性体、地板抛光等领域。对于生物制造的金合欢烯衍生的角鲨烷,因其优异的性能,可用于润肤剂领域。

---

1 Rosenboom J G, Langer R, Traverso G. Bioplastics for a circular economy. Nature Reviews Materials, 2022, 7: 117-137.

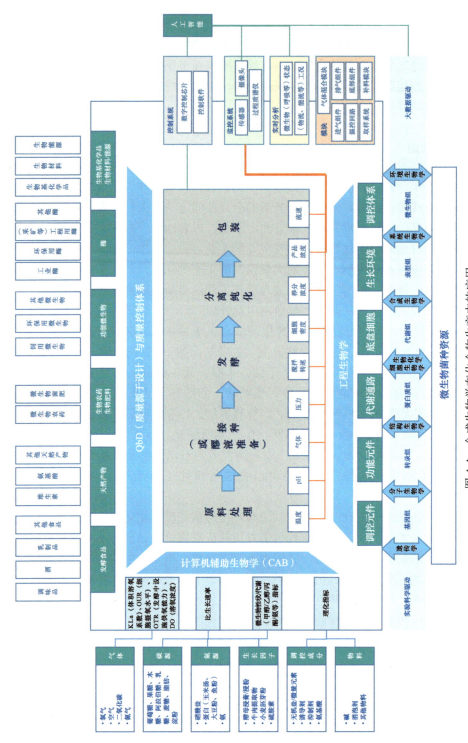

图 4-4　合成生物学在化合物生产中的应用

OTR：发酵中设施供氧能力或状态；OUR：细胞摄氧的水平或状态；DO：溶氧浓度

随着合成生物学的发展，未来或许可按需构建单细胞生物或无细胞体系，用以生产绝大多数的目标化学品。这些产品在依赖自然界的天然微生物或在很多条件下难以实现，此时就需要开发逆向生物合成（retrobiosynthesis）分析软件、合成生物学设计软件，对有机化学品的生产途径进行从头设计。除此之外，还需要考虑微生物细胞在生物反应器等生产环境中的适配条件，由此才能低成本、高效率地生产最终产品。

从传统发酵到未来基于合成生物学的生物制造，还需经历较为长期的历程。尽管还很难追溯到一个具体的时间节点，但可以观察到的一个重要指标就是逆向生物合成分析软件、合成生物学设计软件、生物反应器系统控制软件工具何时才能有机地集成，并且在生物制造中取得成效。由于这里面涉及多重因素叠加，因此各个单元的解耦合、各模块间的有机协同都并非易事，而支撑这些的又是生命科学、化学、系统动力学等方面的知识。因此，未来生物制造领域新企业的核心竞争力可能是系统化平台的赋能。反过来看，也正是这些方面的强大需求，推动了合成生物学平台的不断升级。

代谢途径或通路的基础发现、系统化工具的平台支撑、高附加值化学品的生产开发，构成了生物制造的完整价值链。三者相辅相成、互为表里。如果能够有体系支撑，那么提供比传统化工更高性价比、更高效率、更加绿色的产品完全有可能实现。因此，在合成生物制造的赛道上，未来可能悄然形成的头部企业一定会具备相应的系统集成能力。这种系统集成能力的实现是愿景，但切入点正是选择较好的细分单品。回顾石油石化产业的发展历程可以发现，正是因为沥青的需求才带动了整个石油石化产业的发展，其后才有了燃油工业和大宗化学品、精细化工产品的大规模发展。而低碳经济是石油石化产业发展到一定阶段的必然产物。如果能用前瞻的眼光合理地布局若干个单品，从而在合成生物制造领域内逐步推进、周期性升级，才有可能在全球的国际竞争中处于领跑地位，占据较高的市场份额。尤其是在"刚需高频"这个容易出大公司的赛道中，合成生物学在日化等消费品领域有着巨大的发展空间。即便是对新兴的初创企业而言，选准这种细分方向，至少可以在未来的发展中以适宜的形式进行错位竞争。

六、生态农业

人类在几千年前就开始了对野生植物的驯化，以获得更多的食物和其他资源。在这个过程中，人们逐渐掌握了种植水稻、小麦等粮食作物的技术。几千年后的今天，人类从光合作用途径、叶肉细胞排列结构等角度将常见绿色植物分为 C_4 植物和 C_3 植物：当高温和强光等导致植物气孔关闭时，玉米、甘蔗、高梁、苋菜等 C_4 植物能够利用叶片内细胞间隙的二氧化碳进行光合作用；而小麦、水稻、大豆、棉花等 C_3 植物的光呼吸强度高，二氧化碳补偿点高，光合效率相对较低。

在光合作用中，C_4 植物和 C_3 植物同化二氧化碳的最初产物有所不同，前者的光合碳循环的最初产物是四碳化合物：苹果酸或天冬氨酸，后者的光合碳循环的最初产物是三碳化合物：3-磷酸甘油酸。不过，C_4 植物和 C_3 植物的代谢途径差异，仅仅是植物代谢途径差异的一个侧面。植物基因组十分庞大，其代谢途径更是多种多样。如何利用基因组学、系统生物学、合成生物学等方面的成果，对作物育种进行合理、系统、有效、准确的评估，从而合理提升植物的光合作用利用率、改善作物的生长特征、提高作物的营养价值，是诸多研究者正在探索的方向。

面对粮食和营养需求，研究人员将视野扩展至合成生物学与其他学科的交叉融合在农业领域的应用。例如，对影响农业产量的光能捕获效率、光能向生物量转化、收获指数[作物收获时经济产量（籽粒、果实等）与生物产量之比]这三大指标，利用计算机辅助模型来预测内源性代谢网络中合成代谢途径整合，有望提升效率。要实现这种预测，除植物代谢途径本身的复杂性外，还需要利用计算工具从热力学可行性、通量平衡分析（FBA）等角度进行分析，并需要在此基础上对多组分性状的调控加以综合考虑。

不过，合成生物学对农业生产的赋能远不止于作物育种等环节。例如，合理地减少化肥使用也是一项重大需求，这也带来了提高氮肥利用率、改善植物对养分的吸收或同化等需求。在合成生物学发展之前，研究者对改善植物中氮和磷利用率的探索，主要局限于个体组分的生物学利用方面。随着合成生物学的进步，可以对共生体系中的养分利用机制进行研究。以作物共生固氮的体系为例，利用合成生物学策略，可以对固氮微生物中的多功能固氮酶基因、金属共生因子等进行研究，从而在理解植物-微生物相互作用的基础上，对丛枝菌根真菌、固氮菌等加以协同改造，调控相关组分的靶向释放，提高植物对氮、磷等养分的利用率。

合成生物学的这种赋能还涉及农业生产的多个环节。2021 年 8 月，澳大利亚联邦科学与工业研究组织（CSIRO）发布的《国家合成生物学路线图：确定澳大利亚的商业和经济机会》，就基于对合成生物学在农业可持续发展中的应用的分析，提出动物饲料生产、农业化学品、农业和食品生物传感器、农业生物处理、工程作物等应用领域的若干未来研究方向（表 4-1）。

表 4-1　合成生物学在农业领域的应用[1]

应用	描述	举例
动物饲料生产	牲畜和水产养殖饲料配料和添加剂的生物制造。利用合成生物学的制造业可以减少对具有生态局限性的野生饲料鱼的依赖,降低水产养殖的成本并提高可持续性	将烟道气中的 CO_2 和氢转化为蛋白质,从而取代水产养殖和农业饲料中的大豆与鱼粉 设计虾青素(动物饲料和水产养殖饲料的营养抗氧化剂)的发酵,从而取代基于石化的生产方法
农业化学品	农业化学品的生物制造,包括化肥、杀虫剂和除草剂。有助于提高生产系统的可持续性,或降低农药残留对土壤和水质的负面影响	设计基于藻类的生物制造平台,用于农业化学品(如生物农药)的生产投入
农业和食品生物传感器	工程蛋白质或基于细胞的传感器,用于食品安全、生物安全、质量控制、来源追踪和农业条件监测,如水需求和污染物暴露。基于合成生物学的生物传感器可以检测新的目标,实现比现有产品更复杂的功能和更高的效率	利用生物传感器快速检测酿酒葡萄中的烟雾污染水平,从而实现更高效的葡萄酒生产 将生物传感器技术商业化,用于实时检测食品安全、营养价值和质量,从而降低检测成本和解决时间延迟问题
农业生物处理	农作物的生物处理,包括化肥和杀虫剂的替代品。工程生物处理可能为传统农业化学品提供更具环境可持续性的替代品	可持续作物保护中心正在开发一种基于 RNA 的生物农药喷雾剂,用于减少化学品的使用、提高生产力和提高作物种植的可持续性 工程化改造土壤微生物,用于提高其固定氮的能力,增加作物对养分的吸收,并减少传统的氮肥使用
工程作物	新作物特性的工程学改造,包括抗病、抗虫和抗旱,增强固氮能力、提高产量以及提高营养含量。这些特性有助于减少食品和其他产品在农业生产中的废弃物产生及所需投入	开发一种油料作物,用于生产来源于鱼类的 ω-3 脂肪酸。 利用基因编辑技术设计抗巴拿马病的香蕉作物,巴拿马病在亚太地区造成作物损害,包括澳大利亚在内

由此可见,实现可持续的、高效率的农业生产是未来的发展趋势。在这样的体系中,需要开拓更多的技术和产品开发"赛道"。随着合成生物学的不断发展,诸多的细分领域都有可能为新兴企业的创立提供广阔的市场空间。

七、新型食品

新型食品是指由新技术、新工艺、新物质等开发研制出来的食品或添加剂,以及市场上尚未销售的食品或添加剂。近年来,以基因重组、基因编辑、合成生物学等技术为代表的新兴生物技术为食品产业颠覆性变革奠定了重要基础。全球

---

1 Australia's National Science Agency. Australia's Synthetic Biology Roadmap. 2021. https://www.csiro.au/en/work-with-us/services/consultancy-strategic-advice-services/csiro-futures/future-industries/synthetic-biology-roadmap [2022-10-15].

范围内，以新生物技术改造或生产益生菌、低热量甜味剂、营养化学品、细胞培养肉和可降解食品包装材料等产品已经在技术上实现，部分已投入产业应用[1]。

细胞来源肉类（CBM）也被称为离体肉、合成肉、实验室培养肉或养殖肉（本书统一称"细胞培养肉"），通常是指通过细胞和组织培养等技术生产的类似传统肉的产品[2]。细胞培养肉技术主要是基于干细胞生物学（如诱导多能干细胞）和组织工程（如体外骨骼肌移植物）发展而来，其生产过程涉及 4 个核心部分：肌肉和脂肪细胞的分离与培养、无外源动物蛋白成分的培养基配方、支架开发、生物反应器设计。

细胞培养肉在研究领域的高速发展带来产业与市场的活跃势头。2019～2020年，全球范围内涌现大批细胞培养肉的上下游企业。2020 年，细胞培养肉产品相关企业新增 20 余家。2020 年 12 月，美国初创企业 EatJust 推出了使用生物反应器生产的鸡块，并获得新加坡食品局（Singapore Food Agency，SFA）批准入市。美国农业部 2023 年 6 月准许优选食品公司（Upside Foods）和好肉公司（Good Meat）两家企业的细胞培养鸡肉上市销售。这两家企业的产品先前已获美国食品药品监督管理局批准，确认安全可食用。澳大利亚新西兰食品标准局（FSANZ）成为第三个接受细胞培养肉申请的监管机构，以色列批准了该国首个精密发酵衍生动物蛋白。根据 Deepak Choudhury 调研显示，目前约有 32 家初创公司正在不断寻找更好的技术改良，以实现工业规模细胞培养肉的生产[3]（表 4-2）。

表 4-2　替代蛋白企业（例举）[4]

企业	概述	国家	成立时间	发酵技术
3F Bio	利用真菌蛋白生产肉类和其他蛋白成分	英国	1985 年	生物质发酵
Algama	微藻食品及蛋白原料供应（包括蛋类、海鲜、肉类、乳制品的替代品）	法国	2013 年	生物质发酵
Atlast Food Co.	菌丝体整切肉产品（以培根起家）	美国	2014 年	生物质发酵
Clara Foods	发酵生产蛋白	美国	2015 年	精准发酵
Imagindairy Ltd.	通过人工智能和发酵生产乳蛋白	以色列	2017 年	精准发酵
Meati（原 Emergy Foods）	通过菌丝体生产整切肉，包括牛排、鸡肉和鱼肉	美国	2018 年	生物质发酵

1 李德茂, 曾艳, 周桔, 等. 生物制造食品原料市场准入政策比较及对我国的建议. 中国科学院院刊, 2020, 35(8): 1041-1052.

2 Post M J, Levenberg S, Kaplan D L, et al. Scientific, sustainability and regulatory challenges of cultured meat. Nature Food, 2020, 1(7): 403-415.

3 李玉娟, 傅雄飞, 杜立. 细胞培养肉商业化的法律规范与监管: 外国经验及对我国启示. 合成生物学, 2021, 3(1): 209-223.

4 Good Food Institute (GFI). State of the Industry Report: Fermentation. 2022. https://gfi.org/resource/fermentation-state-of-the-industry-report/ [2023-2-10].

续表

企业	概述	国家	成立时间	发酵技术
MycoTechnology	真菌蛋白苦味阻断剂和其他功能性蛋白产品	美国	2019 年	传统发酵
Perfect Day	通过发酵生产乳蛋白	美国	2019 年	精准发酵
Triton Algae Innovations	血红素和其他肉类添加剂产品	美国	2020 年	精准发酵

替代蛋白是一种新型的食品补充剂,可以替代传统肉类蛋白,主要分为以下4 类:植物蛋白、细胞蛋白、昆虫蛋白和微生物蛋白。全球数据科学公司 StartUs Insights 将"替代蛋白"评为 2022 年食品科技领域的十大创新点之一。

2020 年,替代蛋白行业研究机构好食品研究所(Good Food Institute,GFI)发布的多份报告指出,植物基的肉、蛋、奶替代制品可以减少土地使用,减少空气和水污染,正越来越受欢迎。同时,发酵技术与替代蛋白有着巨大的创新空间。基于菌丝体、微藻、微生物和植物蛋白的食品,不仅能提供营养成分,还能形成类似禽肉产品的感官体验。与动物蛋白相比,不少发酵生产的替代蛋白或许成本更低、质量更加可控。对整个生态系统而言,以此为基础生产替代蛋白,或许能在很多方面可以实现更好的资源利用和可持续循环。据 GFI 发布的《2022 年全球食品替代蛋白质政策报告》(*The State of Global Policy on Alternative Proteins*)显示,2022 年各国政府将在替代蛋白生态系统上投资 6.35 亿美元,其中约 1.8 亿美元用于研发,2.9 亿美元用于商业化,1.65 亿美元用于结合研发和商业化的举措[1]。

从产业化的角度来看,新型蛋白食品在各国(地区)的市场推广,首先需要厘清的就是其作为食品的监管方式。植物来源的替代蛋白与细胞来源的肉类,在监管方式上有较大的差别,在不同国家(地区)的监管体系下有不同之处。在不少国家(地区),植物来源的蛋白与其他非动物性食品的监管方式相似,如果是新成分,在部分国家(地区)需要接受新食品原料的评估。例如,欧盟委员会提出"欧盟蛋白质计划",鼓励企业生产食用替代蛋白,其对应的分类则归为"1997年 5 月 15 日之前欧盟尚未食用或没有在欧洲出现过的食品"。在市场推广环节,不少欧盟成员国在使用植物来源的替代蛋白时,如何使用香肠、培根、鱼片、牛排等术语也有专门的审查或限制。对于细胞来源的肉类,依据《新食品法规》,欧盟采用新型食品监管途径对其加以监管;美国则由食品药品监督管理局(FDA)和农业部(USDA)联合采取系列措施,通过举行联席会议、签订跨部门协议以及成立联合工作组等多种机制合作监管细胞培养肉的生产与商业化。

除新型食品外,合成生物学在食品生产工艺中也有着广泛的用途。在淀粉糖生产、烘焙加工、酒类酿造、乳制品加工、果蔬汁生产、肉制品加工、油脂加工、

---

1 Good Food Institute (GFI). The State of Global Policy on Alternative Proteins. 2022. https://gfi.org/resource/alternative-proteins-state-of-global-policy/ [2023-5-1].

功能性食品和饮料加工等过程中，微生物、细胞或酶制剂已经得到广泛的应用。2019～2022 年，我国公告批准的"三新食品"（新食品原料、食品添加剂新品种和食品相关产品新品种）中，有 42 种食品工业用酶制剂新品种，2023 年批准了11 种（截止到 2023 年 8 月）（表 4-3）。这些用于食品工艺的酶的生产，或相关的细胞、微生物资源的开发，在未来都有可能因为合成生物学的赋能而进一步升级。

表 4-3　2019～2023 年我国公告批准的食品工业用酶制剂新品种（例举）

序号	酶	来源	批准年份
1	葡糖淀粉酶	里氏木霉（Trichoderma reesei）	2019
2	蛋白质谷氨酰胺酶	解朊金黄杆菌（Chryseobacterium proteolyticum）	2020
3	α-淀粉酶	地衣芽孢杆菌（Bacillus licheniformis）	2021
4	蛋白酶	枯草芽孢杆菌（Bacillus subtilis）	2021
5	乳糖酶	枯草芽孢杆菌（Bacillus subtilis）	2021
6	4-α-糖基转移酶	苍白空气芽孢杆菌（Aeribacillus pallidus）	2021
7	多聚半乳糖醛酸酶	里氏木霉（Trichoderma reesei）	2021
8	果胶酯酶	里氏木霉（Trichoderma reesei）	2021
9	磷酸肌醇磷脂酶 C	地衣芽孢杆菌（Bacillus licheniformis）	2021
10	磷脂酶 C	地衣芽孢杆菌（Bacillus licheniformis）	2021
11	木聚糖酶	里氏木霉（Trichoderma reesei）	2021
12	葡糖淀粉酶	黑曲霉（Aspergillus niger）	2021
13	脂肪酶	里氏木霉（Trichoderma reesei）	2021
14	乳糖酶	黑曲霉（Aspergillus niger）	2022
15	β-淀粉酶	弯曲芽孢杆菌（Bacillus flexus）	2023
16	溶血磷脂酶（磷脂酶 B）	里氏木霉（Trichoderma reesei）	2023
17	氨基肽酶	米曲霉（Aspergillus oryzae）	2023
18	蛋白酶	里氏木霉（Trichoderma reesei）	2023
19	磷脂酶 A2	里氏木霉（Trichoderma reesei）	2023
20	麦芽糖淀粉酶	酿酒酵母（Saccharomyces cerevisiae）	2023
21	木聚糖酶	地衣芽孢杆菌（Bacillus licheniformis）	2023
22	乳糖酶（β-半乳糖苷酶）	土生蝶形银耳（Papiliotrema terrestris）	2023
23	羧肽酶	米曲霉（Aspergillus oryzae）	2023
24	脱氨酶	米曲霉（Aspergillus oryzae）	2023
25	D-阿洛酮糖-3-差向异构酶	枯草芽孢杆菌（Bacillus subtilis）	2023

八、环境保护

自工业革命以来，人们一直希望能找到有效的环境保护和污染修复手段，但至今仍然对持久性有机污染物等难降解污染物的处理缺乏高效的治理手段。近几十年来，大家将目光投向微生物，特别是细菌的催化活性，试图挖掘出其在环境修复等方面的潜力。由于微生物具有快速进化的能力，因此它们具有处理通过人类活动从地质储库中释放的大量分子（如烃类、重金属）或通过化学合成产生的分子（如异源化合物）的生化能力。虽然自然界存在的微生物已经具有相当大的能力来去除许多环境污染物，并且无需外部干预，但 20 世纪 80 年代基因工程的出现使得有目的地设计细菌来降解特定化合物成为可能，这些化合物最终可以作为生物修复剂释放到环境中，并且证明了生物修复或可成功用于受污染的土壤、地下水、江河湖海的治理。此外，近年来涌现出的新兴的领域，包括系统生物学、合成生物学和代谢工程，提供了全新且更为强大的方法，用于重新审视当前所面临的环境污染挑战。我们关注的焦点不仅包括受污染地点和化学物质，还扩展至人为排放的温室气体以及全球范围内塑料废物的积累问题[1]。

生物传感器在环境的监测和治理中已经得到了应用，其开发也随着合成生物学的引入而得以升级[2]。同时，合成生物学的发展，使得科学家挖掘的污染物降解相关代谢途径、生物元件或可根据生物修复等需求加以重新排列组合，从而在更多的场景中得到应用。例如，Prospect Bio 公司研制了可以测量化学物质的生物传感器。然而，面对复杂多样的污染物尤其是难降解污染物，天然微生物资源或许不足以覆盖各种应用场景、适用于各种污染物类型，尤其是在定向进化技术发展后，可降解的底物也不断扩展（如从苯甲胺扩展至二苯甲胺），而降解菌株适应环境的能力也得以提升，为环保领域的技术升级带来了赋能。

从商业的角度来看，不同区域的环境治理过程面临的污染物类型存在差异。因而，环境治理的解决方案在商业模式呈现为定制化的过程。这种高度的个性化差异，意味着每个解决方案都有可能需要一定程度的重新研发，以适应种类繁多、不断变化的环境污染物。例如，加拿大公司 FREDsense Technologies 开发了用于检测水传播化学品和污染物（砷、铁、锰）的便携式测试套件；英国公司 Oxford Molecular Biosensors 开发检测超低浓度的金属、有机物和生物毒素的新技术；美国公司 Sample6 聚焦开发李斯特菌的监测方法。因此，传统的环保产业模式在污染修复的细分领域尚有不少的瓶颈。随着合成生物学的运用，技术团队在面对不同的污染物类型时，或可利用更多的生物元件、生物线路的组合来满足对污染物降解的特定处理需求，或者利用对微生物群落的创制，将生物修复的需求分配至多个微生物，以降低单一生物的负担。例如，美国合成生物学公司 Phylagen 开发了用于跟踪物流的全球微生物组数据库，对环境中的微生物群落进行监测和管理。

1 Dvořák P, Nikel P, Damborsky J, et al. Bioremediation 3.0: engineering pollutant-removing bacteria in the times of systemic biology. Biotechnol Adv, 2017, 35(7): 845-866.

2 Gavrilas S, Ursachi C S, Perta-Crisan S, et al. Recent trends in biosensors for environmental quality monitoring. Sensors, 2022, 22(4): 1513.

从这个角度来看，合成生物学的发展所带来的生物元件、基因线路、底盘细胞的设计，或能带来复杂污染物高效降解的最佳组合，从而实现技术和产业的同步提升。这种提升所带来的优势，可能会引发环境修复的颠覆性创新。除难降解污染物的生物修复外，合成生物学可能带来的另一个场景创新就是原位修复。即在受污染的环境中，利用合成生物学与其他技术的融合，使用于生物修复的微生物菌株或微生物群落能够适应复杂的温度、酸碱性、盐碱、压力乃至辐射等，并且实现合成生物的可控释放，从而降低因异地治理带来的衍生风险。

要实现这样的产业升级，构建合成生物学平台是基础。只有确保足够的生物元件、基因线路、底盘细胞的供给，同时开发出高效的合成生物学设计体系，才能针对目标污染物，通过模拟、计算和预测，设计出高效的降解线路与适配底盘。这样的体系构建，既需要丰富的生物资源积淀，又需要数字化的平台作为支撑，才能满足复杂场景下对有效性、稳定性、鲁棒性和安全性的要求。

因而，合成生物学为环保领域的转型升级提供了强大驱动力，但要将驱动力转化为可持续发展的新商业模式，目前离理想的平台还有一定距离。在这种趋势下，更多的企业家做更多的探索，将原有模式与数字化、工程化进一步融合。尽管未来的技术、资源、场景等因素存在诸多的不确定，但仍需要在不确定性中挖掘出共通的路径和模式，从而在强监管的环保体系中寻找融合的机会，探索出"螺旋式上升"的成长路径。

九、新兴产业

60 年前，英特尔公司的创始人之一戈登·摩尔（Gordon Moore）在分析探讨集成电路的发展时认为，随着半导体行业的晶体管小型化发展，单位面积电路上集成的晶体管数量将按几何级数快速增长，至少 10 年内每年都能翻一番。后来，摩尔及行业的其他人员又先后将该预测修正，修改为"每两年翻一番"以及"晶体管集成度将会每 18 个月增加一倍"。此后，半导体行业一直遵循摩尔定律保持着高速增长。

如今，人类发展已经进入后摩尔时代，微处理器的晶体管数量已经达到极限，计算机的性能难以进一步提高，而数字经济时代的数据存储规模仍在高速增长。随着信息量的指数式增长，开发新型数据存储技术已成为各界关注的焦点。在已研发的存储介质中，DNA 作为存储介质具有高密度、高稳定性、高保密性、小体积、易拷贝、可并行访问、强兼容性的优点。

利用 DNA 存储数字信息的技术流程主要包含两个方面：①信息写入，首先对信息的二进制码流进行编码，得到由 A、T、C、G 组成的碱基序列，随后利用 DNA 合成技术将信息写入对应的 DNA 片段，并对其进行保存；②信息读取，通过对 DNA 片段进行测序，将存储在 DNA 介质中的数据还原为原始数字化信息。

当前 DNA 信息存储的主要挑战为单位信息存储成本高、信息读写速度慢、无法高效对接现有信息系统。传统上 DNA 合成主要用于生命科学研究，其技术指标与 DNA 信息存储的需求不匹配。随着半导体器件、微纳加工在 DNA 信息存储领域的应用，该领域的巨大投入将对 DNA 合成技术产生重大影响，DNA 合成技术与装备快速迭代升级，合成通量快速提升，合成成本有望快速下降[1]。

DNA 信息存储是一个新兴的、多学科深度交叉融合的研究方向。2013 年，美国半导体研究联盟启动"半导体合成生物学"（semiconductor synthetic biology，SemiSynBio）计划[2]，使半导体与合成生物学的交叉融合进一步加深。2018 年，美国发布《半导体合成生物学路线图》[3]，进一步明确半导体与合成生物学融合的具体目标和方向，其首要任务就是基于 DNA 的大规模信息存储支持相关项目研究，探索用于信息处理与存储技术的半导体合成生物学，促进研究和产业的整合。

据高德纳咨询公司的数据，2024 年将有 30% 的数字业务进行 DNA 存储试验，以应对指数级增长的数据存储需求。DNA 存储的巨大潜力，不仅吸引了高校和一批创业者加入其中，也使得微软、英特尔、华为等龙头企业将目光投向其中。在企业专利权人中，美国昂飞（Affymetrix）公司作为生物芯片的早期开发者之一，较早地布局了一些相关专利，而安捷伦（Agilent）公司、合成基因组（Synthetic Genomics）公司等专利权人也是该领域的积极参与者。其中，安捷伦是利用喷墨打印来合成寡核苷酸的最早开发者，Twist 生物科学（Twist Bioscience）公司则进一步拓展了该技术，使芯片上可合成的基因座数量增加到数千个，引领了第二代基因合成仪的发展。在酶促合成方面，成立于 2013 年的美国分子组装（Molecular Assemblies）公司和成立于 2014 年的法国 DNA Script 公司，都是酶促合成的代表性专利权人。近年来，微软等信息技术企业也开展了 DNA 存储技术的研发。例如，微软和华盛顿大学不仅合作申请了不少专利，还共同开发了用于 DNA 存储数据的全自动系统。2020 年，Twist 生物科学、因美纳（Illumina）、西部数据（Western Digital）、微软 4 家公司成立 DNA 数据存储联盟（DNA Data Storage Alliance），共同推进 DNA 存储的发展。目前，该联盟成员已经超过 25 家机构。2021 年 6 月，联盟发布首份白皮书《保存我们的数字遗产：DNA 数据存储》[4]，介绍了 DNA 存

---

1 韩明哲，陈为刚，宋理富，等. DNA 信息存储：生命系统与信息系统的桥梁. 合成生物学，2021, 2(3): 309-322.

2 Selberg J, Gomez M, Rolandi M. The potential for convergence between synthetic biology and bioelectronics. Cell Systems, 2018, 7(3): 231-244.

3 Zhirnov V V, Rasic D. 2018 Semiconductor Synthetic Biology Roadmap. 2018.

4 DNA data storage Alliance. Preserving Our Digital Legacy: An Introduction to DNA Data Storage. 2021. https://dnastoragealliance.org/wp-content/uploads/2021/06/DNA-Data-Storage-Alliance-An-Introduction-to-DNA-Data-Storage.pdf. [2022-22-01]

储的基本原理、技术概述、潜在的新存储介质的成本，讨论了使用 DNA 存储的必要性，以及其在解决数字数据指数增长方面的前景。

DNA 存储除了要考虑"写"的速度、成本，还要考虑"读"的便捷性，以及信息存储的安全性、稳定性等技术要求。"写"与"读"（通常利用先进的测序技术）的结合，构成了未来 DNA 存储系统的基本架构。一旦这种架构建立后，由于各个环节或工艺都可以持续优化，未来或许可以期待 DNA 存储也能呈现出类似"摩尔定律"的定期升级换代的趋势。

DNA 存储只是合成生物学与其他领域交叉融合带来的前沿领域之一，各种生物分子和细胞或可用于更多的功能领域。与硅基材料的纳米器件相比，生物系统或能因其高分子结构的多样性，以低成本、高效率的方式合成更加复杂的多功能结构。例如，DNA 或蛋白质或能够自我组装，形成核酸支架或蛋白质支架等高度结构化的环境，从而为纳米空间的化学和物理操纵提供独特的模板。同时，生物系统也能用于纳米级的合成，从而为纳米材料和器件的开发带来巨大的变革。例如，基于合成生物学的发展，未来可能开发二维叠加层或三维结构；利用微生物纤维素制造的孔隙可能因其大表面积而减少燃料电池中铂的使用；蛋白质材料的可编码、自组装潜能，或可融入 3D 打印平台；利用噬菌体制成的模块化材料可用于电池组件的开发，改善结构刚度。

随着技术的不断进步，生物组分（细胞、活组织、蛋白质等）和非生物组分（半导体、医疗器械等）可能会以电子的形式交换电化学信息，将为开发微生物燃料电池（MFC）、混合细胞半导体系统等提供可能。总之，合成生物学与其他技术的交叉融合，将为新兴技术开发和新兴产业开辟更广阔的空间。

第二节　创新与创业的发展

2018 年，弗朗西斯·阿诺德（Frances H. Arnold）、乔治·史密斯（George P. Smith）和格雷戈里·温特（Gregory P. Winter）因在酶的定向进化以及用于多肽和抗体的噬菌体展示技术方面的成就，获得了诺贝尔化学奖。自此开始，一批研发定向技术的创新企业受到投资者的青睐，而这仅仅是合成生物学创业发展的一个缩影。

随着合成生物学技术的不断发展，其交叉融合解决业务场景中的重大瓶颈问题，已成为很多创新企业思考的方向。2020 年 11 月，技术创新孵化平台（Mills Fabrica）与生物材料创新企业（Bolt Threads）合作发布了《技术型初创企业的合成生物学手册：为创始人提供指导》报告[1]。该报告聚焦消费品领域，讨论了合成

---

1 Fabrica M, Threads B. Synbio Playbook for Techstyle Startups-A Complete Guide for Founders. 2020. https://www.themillsfabrica.com/insights/blogs/synbio-playbook-for-techstyle-startups-a-complete-guide-for-founders/ [2022-11-01]

生物学初创企业发展可能面临的 5 个主题：①企业的战略与定位；②新兴合成生物学企业在扩大技术规模中面临的常见瓶颈与挑战，并探索了不同的商业模式；③利用有效的营销策略走向市场；④企业的筹资方式；⑤参与更广泛的合成生态系统。尽管该报告主要聚集食品、材料、时尚消费等领域，但其内容同样可为其他合成生物学企业提供参考。

以初创企业面临的问题作为切入点，在更高的维度整体思考合成生物学的创业发展就可能发现，无论是对于个人还是对于企业，合成生物学的发展不仅考验创业团队的专业水平、市场能力和运营水平，也考验创业团队的战略定位与实践能力。唯有着眼未来的战略定位、立足现实的务实实践，在实现战略目标的过程中，才能够从容不迫。研究和探索跨领域的技术与方法，逐步建立起合成生物学企业发展的核心能力，打破跨领域融合的技术壁垒，建立具有竞争力且能持续迭代的创新技术平台，最终形成可持续发展的体系。

一、战略与定位

合成生物学技术型初创企业在战略与定位部分，重点涉及 4 个主题，分别是可预见的定位、适宜的模式、对市场的了解、技术和业务的平衡。其中，从可预见的定位角度来看，要明确的是企业目标是产品公司（短期内又细分为单品、产品线）还是平台公司，以及技术能力和制造规模哪个更优先。从适宜的模式角度来看，要明确的是产品开发导向的人才和资金需求、技术发展导向的重点发展方向。从对市场的了解角度来看，需要明确当前市场痛点、解决痛点的方案、消费群体的特征和需求、产品上市的速度与价值。从技术和业务的平衡角度来看，企业创始人必须考虑如何明确业务时间表，按季度跟踪实际情况与预测情况，展望 4～6 个季度的发展。在实际的操作中，要尽早定义长期价值和愿景，同时根据实际情况动态评估发展进程，合理调整战略。

合成生物学的初创企业要发展，一方面可以借鉴其他类型企业创新的经验，另一方面又因其高度交叉融合及赋能的特点，需要独特的思考定位。英国皇家工程院于 2019 年发布的《工程生物学：优先发展事项》（*Engineering Biology: A Priority for Growth*）报告中明确指出，在英国这样一个高度重视合成生物学发展的国家，许多成熟行业还没有意识到工程生物学发展对本行业的潜在影响。尽管不少技术已显示出巨大的潜力和希望，但还没有达到颠覆现有产品的阶段，因而大企业还很少向小企业采购创新解决方案，各方的理解和有效沟通还存在挑战。

从这个角度来看，探讨合成生物学对其他行业可能带来的潜在影响，还存在"信息不对称"带来的问题。过去 20 年里，若要衡量新技术对传统行业带来的颠覆性影响，信息技术无疑是最典型的代表。因为互联网的应用和发展，今天的各行各业已经发生了巨大的变化，而且这种变化仍将因数字化、智能化的加深而延续。对合成生物学企业的发展战略而言，恰逢与数字化、智能化的融合同步，因而从战略角度来看，对生物技术、工程化、数字化、应用场景这4方面的理解是关键，这或许是选择成为平台公司还是产品公司的根本依据。若能够在这几方面实现理解上的有机协同，那么在不同发展阶段平台公司和产品公司之间的合理转化未非不可能。

对比电子信息行业的发展历程表明，在20世纪70年代末、80年代初，即个人计算机（PC）发展之前，集成电路企业主要采取垂直一体化（IDM）模式，即设计、制造、封测集成于一家企业中。当时，集成电路的应用市场还主要集中在国防领域，在民用领域的规模有限。20世纪80年代，个人计算机快速发展，使得存储器等集成电路的需求规模快速放大，以台积电为典型企业代表的垂直分工模式应运而生，并逐步发展出如今的无晶圆厂设计公司（Fabless）、晶圆代工厂（Foundry）和知识产权模块（IP核）等互相分工协作的各种类型的企业。合成生物学相关产业的发展需要思考类似问题：是否会出现类似电子信息行业中的个人计算机那样的大规模单品？如出现，大致会在何时？如不出现，多样化的下游产品可能会对上游分工带来怎样的变化？

尽管这些问题没有现成的答案，但我们仍能通过前文的有关合成生物学发展模式的分析、与其他行业的对比、与其他技术的交叉融合而隐约窥见一二。总体上看，"碳基"的合成生物学行业发展与"硅基"的集成电路行业发展有相似之处，但在"设计-构建-测试-学习"的分工上或有所差别。不过，与电子系统相比，生物系统的多样性、复杂性或意味着合成生物学行业可能会出现更多类型的创新企业，在医疗、传感、材料、环保、农业、信息等不同领域形成不同的解决方案。因此，合成生物学平台可能不仅仅是单一平台，而是形成"1+N"的多个协同平台的模式：其中"1"是指"设计-构建-测试-学习"的协作平台，而"N"则是指面向不同领域的个性化的解决方案。

二、周期与路径

过去20年左右，合成生物学大致以5年为周期，沿着概念形成、基础研究、专利布局、投资发展、市场兴起的路径向前推进。展望未来，2025~2030年合成生物学的下游市场或会迎来多样性的应用解决方案，这些方案一方面将驱动下游相关行业的升级，另一方面也将带动合成生物学平台或研发能力的自身升级。

以生物制造为重点，合成生物学产品的开发过程可以从实验室、试点、示范、大规模生产的过程进行划分，所需时间分别为6个月至3年、1年以上、1~3年、3~10年。如果从合成生物学的医药应用来看，从实验室研究到产品上市的过程可能需要若干年。从这个角度看，当前合成生物学领域已有部分创新技术取得突破，其中有些可能在 2025 年以后转化为创新的解决方案。

在这期间，需要克服一些共同的技术障碍。以生物制造为例，实验室参数的调试与生物反应器内的本地参数、生产工艺的控制需要做更多的协调。这是个高度复杂、较难控制、步骤众多的过程，要实现高水平的质量控制并非易事。在合成生物学时代，可以预见的是，工程化、数字化会带来更好的赋能。工程化可以提供更加精确和可预测的工具与技术，数字化则可以将实验数据转化为新的生产要素，可以更快地了解和改进生物系统的性能，从而更快地开发新的产品和应用。此外，更好地管理和分析实验数据，还能减少实验的错误和浪费，提高实验的效率和准确性。因此，无论是生物制造领域，还是医药、农业、环保等领域，都将更加重视应用场景数据的价值。

因而，在数据的价值能力成为重要因素，"'干''湿'结合"成为基本范式的背景下，工程化、数字化及其融合的水平，可以成为合成生物学创业发展周期的重要参考。在这样的机遇和挑战面前，无论对于哪个细分领域的解决方案，都要坚持好的战略定位、做好的产品，树立大局观或是发展路径选择的根本。拥有大局观可以帮助企业更好地把握市场和行业的发展趋势，选择正确的战略与决策，更好地把握发展方向，提升竞争力和影响力，这样才容易实现长期发展与成功。因此，将合成生物学创新企业的成长，置于长、中、短不同的时间维度上考量，或许能在技术路线上减少外界不确定因素的影响，同时也能通过协作获得外部平台的支持。对合成生物学创新企业而言，其意义不仅仅是更快、更好、更高效地发展，更在于核心价值的凝练和整合。例如，云端实验室的出现，表明研究者可以用数字技术架起从设计到现实之间的桥梁，对合成生物学的标准化推进、实验的可重复性、数字会聚等业态的发展，都具有重要意义。对不同的细分领域而言，哪些研发可以外包给云端实验室，哪些核心价值在自身更长远的坚持中不断成长，或许会成为影响发展的重要因素。

合成生物学已开始真正进入工程化时代，标准化元件、模块化线路、通用化底盘的外部采购或合作共享有了更大的空间；而进入数字化时代，合成生物学数据获得的能力以前所未有的速度提升，这既带来了知识体系整合的机遇，也面临集成复杂性、技术选型、数据一致性、安全性等系统集成的新挑战。对合成生物学而言，数据既体现在生物元件、线路和底盘细胞等"湿"的方面，又体现在对应的参数、性能、描述中。把应用场景、生产线和实验室的数据与信息，用标准化、模块化、系统化的组织连接起来，从而使得机器可以统计生产数量，应用场景可以测量实际性能，实验室研发可以测算成本和效率，才能更好地推算未来几个季度里需要进行哪些更精细的分析。理想的状态是，通过物联网设备将生产设备的关键指标提取出来，利用关键指标与产品的良率或合格率等建立关联，生成直接有效、可证实、可证伪的定性模型，但这个体系的构建本身就需要时间。

因此，成功的合成生物学企业可能会具备这样的特征，即在提升自身价值的同时不断完善价值链或创新链、供应链体系，充分利用协同优势保证创新链的快速响应，带动上游供应商、中游合作方和下游客户端生成知识网络，为信息快速流转和及时理解提供支撑，由此也增加了合作伙伴间的信任。利用协同研发，打破企业之间的界限，实现创新资源的最大化利用；利用联合创新伙伴，开发试验并用"数据说话"，有效地解决研发目标不一致的问题，提高研发效率和成功率。

三、市场与生态

目前，合成生物学的下游终端市场主要是现有市场中的产品替代，这意味着与已有企业或行业的有效协作或是切实可行的目标。合成生物学的技术型初创企业在"利用各种营销策略进行市场渗透"时，重点要考虑如何与品牌商进行合作。其在与品牌商洽谈前，关键考虑的因素有品牌的市场重点是什么、可持续发展的优先事项有哪些、如何展示公司的想法并证明其可以实现、如何使公司产品与品牌优先事项保持一致；在品牌商选择环节，关键考虑的因素是与谁合作、在什么时间以什么流程合作；在品牌商洽谈环节，关键考虑的因素是品牌商希望在哪里整合创新、根据批次还是项目采取什么收费模式、合作时需要取得哪些成果以确保后续行动；在与品牌商签订合同时，关键考虑的因素有可交付成果、付款时间表、合同类型、排他条款。

综合来看，合成生物学的下游应用市场涉及健康、农业、环境等公共影响较大的领域，因而相关政策的影响可能成为常态。同时，合成生物学的发展本身又与生物安全、数据安全息息相关，因而在关注行动方案、技术指南等政策文件的同时，有前瞻性地提升质量控制标准，从而为适应不同国家或地区的市场保留更大的空间。此外，随着"双碳"工作深入推进，合成生物学生产过程如何与碳排放权交易有效协作，也将成为生物制造领域的重要考量因素。

在这样的市场环境下，合成生物学相关投资和市场必将在发展中更趋理性。未来几年内，合成生物学在不断验证的过程中演变出成熟的创新业态。从近年来对合成生物学等前沿生物技术领域投资相对较前瞻的风险投资机构来看，如美国的 Arch Venture Partners、Flagship Pioneering、Third Rock，欧洲的 Sofinnova Partners，这些投资机构在投资孵化出 mRNA 疫苗等产品的过程中，其内部的组织机制已有较大的创新，如采取"制度性创业"等机制来确保创业时前沿市场开拓与技术创新能力相匹配。

因此，在合成生物学市场发展的过程中，一方面是政策、技术、经济、社会的协同推进，另一方面是合成生物学与其他技术融合带来的解决方案。这也需要构建更好的协作体系或治理机制，以促进更有效的多方融合，使得当越来越多的公众开始关注合成生物学产品或市场时，能够前瞻地预判其可能带来的影响，从而使其不仅仅成为"风口"，更是成为产业升级的"入口"和解决方案的"出口"。显然，这种产业生态的构建，并非一家合成生物学企业能够独自完成，因而构建区域的产业生态系统仍值得进一步探讨和分析。

第三节　产业集群与产业生态的形成

从概念提出至今，合成生物学已逐步从实验室迈向市场。生物技术与工程学理念的融合、数字化平台和知识体系的融合已成为支撑这个领域发展的重要基石。这些特点为合成生物学开启了巨大的产业发展空间。为了促进这一领域的进一步发展，需要研发机构、应用解决方案企业、平台服务商、合成生物学社区及其他相关合作方围绕创新链和产业链，通过有序合作、营造良好环境等，构建产业集群与产业生态系统，促进协同创新和资源共享。这种产业生态系统的形成，既可以是合成生物学的赋能带来的传统产业的升级，也可以是围绕合成生物技术平台的集聚，还可以是在合成生物学与其他技术的跨界融合中实现。

一、应用产业集群的转型升级

合成生物学的发展，折射着生命科学和生物技术在不断演进的发展过程中，朝着工程化开发和应用的历史。从某个视角来看，其发展也折射出一个国家或地区在生物技术产业化方面的发展水平，成为区域产业集聚与升级的缩影。因此，合成生物学在逐步发展的过程中，对材料、化工、医药、农业、食品、环保等产业"寄予厚望"，期望在未来的发展中推动这些行业的转型升级。尽管转型升级的道路从来充满坎坷，而且在初期的发展中也还没有很清晰的成功转型之路可供借鉴，但是不少国家和地区已经将合成生物学作为重要的驱动力，积极推动产业集群的升级。

欧洲的工业生物技术创新与合成生物学加速器的背景之一是欧洲对生物技术发展的重视和前瞻研判。欧洲在《工业生物技术 2025 远景规划》中提出，力争于2025 年实现"生物能源替代化石能源 20%；化学品替代化石能源 10%～20%，其中化工原料替代 6%～12%，精细化学品替代 30%～60%"。除工业生物技术外，欧洲多国十分重视其生物技术的集群发展，并已形成了多个较为典型的园区（表 4-4）。合成生物技术的进步，为这些园区的发展带来了新的机遇。

表 4-4　欧洲部分生物技术园区（例举）

园区	国家	领域
Biobased Delta	荷兰	农业、食品、生物能源
BioEconomy Cluster Central Germany	德国	塑料、化学品、生物材料

续表

园区	国家	领域
BioVale Limited	英国	农业、食品、生物材料、生物能源
CBB Capbiotek	法国	生物药、生物材料、海洋生物技术
Cluster Plastics and Chemistry Brandenburg	德国	化学品、包装产品、环境用产品、生物材料
CTA Biotech	西班牙	生物材料
Ecoplus. The Business Agency of Lower Austria, Plastics-Cluster	奥地利	塑料、包装、生物聚合物、橡胶
Flanders Biobased Valley	比利时	化学品、塑料、环境工程、发酵
GreenWin	比利时	化学品、环境工程（碳排放等）
IAR-The French Bioeconomy Cluster	法国	农业、食品、包装、环境工程、生物能源
Lombardy Green Chemistry Cluster	意大利	医药、包装、酶、化学品
North East of England Process Industry Cluster（NEPIC）	英国	医药、环境、碳捕获、生物能源
POLEPHARMA	法国	医药
Poly4EmI	斯洛文尼亚	农业、包装、园区、生物材料、生物质、环境
SPRING-Italian Cluster of Green Chemistry	意大利	化学品、包装、生物材料、生物能源
The Life Science Cluster	挪威	医药、环境、生物材料

从合成生物学发展的角度来看，尽管相应的理论体系、人才团队和基础设施已经初具雏形，但在发展过程中能否明确应用场景，并与特有的细分领域相结合，将是未来一段时期内合成生物学发展的关键。澳大利亚十分注重合成生物学与其特色产业的结合。2021 年 8 月，澳大利亚联邦科学与工业研究组织发布的《国家合成生物学路线图：确定澳大利亚的商业和经济机会》中，对 2040 年可能的产业发展前景进行了研判，认为合成生物学给其带来的最大产业机遇是在食品与农业领域。基于此，该报告提出了在 2025 年前支持研究转化、开发共享基础设施、吸引国际企业和人才、加强生态系统基础要素 4 方面的 10 条建议。

由于合成生物学仍处于快速发展阶段，因此在已有的化工、医药、农业、食品、环保等产业集群中引入合成生物学，寻找新的发展机遇和路径，还是一条边探索边发展的路。从整个合成生物学的产业链条来看，这些应用场景的需求拉动，或可以在一定区域范围内形成较高的合成生物学应用知识体系浓度和创新集聚密度，从而带动相关区域的研发效率与转化能力的提升。

二、成果转化的协同发展

经过约 20 年的发展，合成生物学已经取得了显著的进展，国内外的不少区域已经具备了较好的研究基础，一些知名的合成生物学研究机构已取得了重要的研究成果，为合成生物学的发展提供了重要的支持和保障，同时，也为将研究成果转化为商业化产品奠定了坚实基础。不过,与不少高新技术领域类似,合成生物学成果的转化也涉及复杂的、相互影响的因素,不仅技术合作、风险投资等外部因素可能影响其商业可行性,而且产业认知和市场需求等内部因素也同样重要。合成生物学成果的转化需要生物孵化器设施来支持从高价值、小批量应用到大规模开发的过程,这些设施包括共享实验室、共享的概念验证设施等,为创新企业提供必要的资源和支持。基础设施是合成生物技术创新成果转化的重要支撑,它提供自动化、高通量的生物设计服务,对推动区域的合成生物学产业化开发十分重要。因此,美国工程生物学研究联盟发布的《工程生物学:下一代生物经济研究路线图》、加拿大国家工程生物学指导委员发布的《加拿大工程生物学白皮书:推动经济复苏和生物制造现代化的技术平台》、澳大利亚发布的《国家合成生物学路线图:确定澳大利亚的商业和经济机会》"不约而同"地提及了"生物铸造"(biofoundry)。2019 年 5 月成立的国际合成生物设施联盟(Global Biofoundry Alliance,GBA)更是致力于打造一个交流信息、制定标准及共同瞄准重大项目的国际中心,支持国家生命铸造厂规模和能力的提升。"生物铸造"是一种新型的生物技术研发方式,它将生物技术的研究和开发过程类似于制造业的"设计-制造-测试-学习"循环,通过自动化、集成化和模块化的方式进行大规模的高通量实验,以快速、高效地开发和筛选具有特定功能的生物。"生物铸造厂"是生物铸造的工业化应用,它采用类似于半导体制造厂的"分布式制造"模式,将生物技术的研发和生产过程分散到多个实验室或工厂中进行。例如,美国能源部生物能源技术办公室(BETO)在 2016 年成立的敏捷生物铸造厂(Agile Biofoundry),由 7 个国家实验室组成。作为国家实验室联盟,该生物铸造厂与工业界和学术界合作,以分布式的模式运转,旨在通过集中研发来加速生物经济的发展和减少对环境的影响。

英国政府基于大量的政策和战略研究,确认合成生物学作为未来的重点发展方向之后,积极推动相关的布局。2012 年发布的《英国合成生物学路线图》便开宗明义地指出"帮助企业开发新产品、新工艺和符合公众利益的服务,推动经济发展,提供就业机会"。2016 年,英国合成生物学领导理事会(SBLC)发布的《生物经济的生物设计——英国合成生物学战略计划 2016》则重点强调了新兴创意的转化、应用的商品化以及全球市场部署,目标是在 2030 年建立价值约 100 亿英镑的合成生物学产业。

在促进合成生物学研究成果转化的过程中,鉴于合成生物学的交叉融合特点,相应的政策支持策略往往也是需要系统设计的。剑桥咨询(Cambridge Consultants)公司专门组织了研讨会,并在其发布的报告《构建生物设计的转化之路:合成生物学产业已准备就绪》中指出,将合成生物学转化为竞争性生物设计产业的重要因素之一是提供整合、协作和具有竞争力、能够组装出商业化产品的供应链(图4-5)。

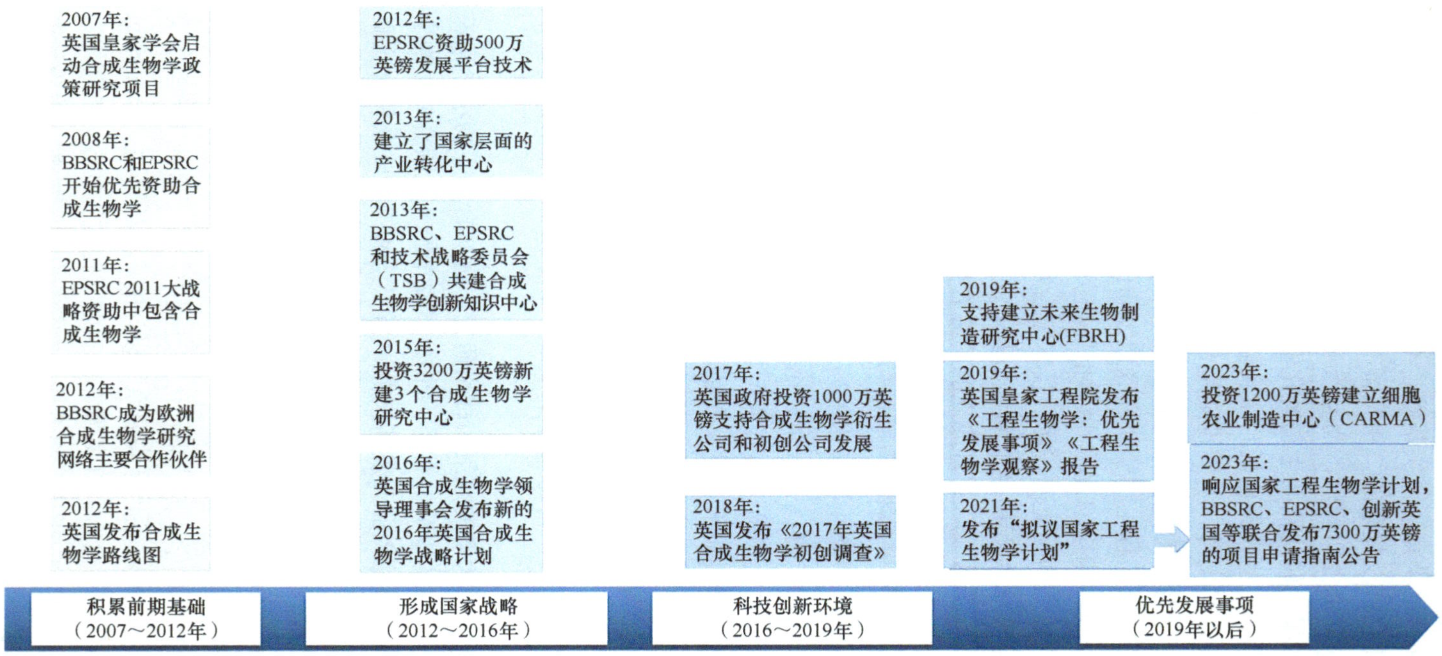

2023年：
投资1200万英镑建立细胞农业制造中心（CARMA）

2023年：
响应国家工程生物学计划，BBSRC、EPSRC、创新英国等联合发布7300万英镑的项目申请指南公告

2019年：
支持建立未来生物制造研究中心(FBRH)

2019年：
英国皇家工程院发布《工程生物学：优先发展事项》《工程生物学观察》报告

2021年：
发布"拟议国家工程生物学计划"

2012年：
EPSRC资助500万英镑发展平台技术

2013年：
建立了国家层面的产业转化中心

2013年：
BBSRC、EPSRC科技木战略委员会（TSB）共建合成生物学创新知识中心

2015年：
投资3200万英镑新建3个合成生物学研究中心

2016年：
英国合成生物学领导理事会发布新的2016年英国合成生物学战略计划

2017年：
英国政府投资1000万英镑支持合成生物学衍生公司和初创公司发展

2018年：
英国发布《2017年英国合成生物学初创调查》

2007年：
英国皇家学会启动合成生物学研究项目

2008年：
BBSRC和EPSRC开始优先资助合成生物学

2011年：
EPSRC 2011大战略资助中包含合成生物学

2012年：
BBSRC成为欧洲合成生物学研究网络主要合作伙伴

2012年：
英国发布合成生物学路线图

积累前期基础（2007~2012年）	形成国家战略（2012~2016年）	科技创新环境（2016~2019年）	优先发展事项（2019年以后）

图 4-5 英国合成生物学的发展战略与布局

　　因此，在当今全球化经济环境下，供应链的发展已经成为决定企业成功与否的关键因素之一。然而，合成生物学产业供应链的发展涉及多个方面，主要包括专业化、标准化、可扩展性和下游应用。只有在这 4 个方面都得到充分发展，才能推动整个供应链的进步。其中，专业化是提升供应链质量的关键。在生产过程中，不同的环节需要不同的专业技能和知识，多个组织之间需要实现材料和数据的无缝转移，以提高各个环节的通量和产品质量。例如，合成生物学领域内的不同公司，可能擅长不同的技术环节，通过相互合作可以使得每个公司都能够发挥自己的专长，提高整个供应链的效率。此外，专业化还能够解决合成生物学企业的碎片化发展问题，由于不同的公司和组织都有自己的专业重点与技术优势，通过专业化的合作，可以将这些不同的优势整合到一个统一的供应链中，从而形成合力，促进整个行业的发展。另外，需要通过标准化来实现定制硬件中工作流的自动化，推动设计转移、数据管理、综合处理、商业制造及管理审批的通用标准的建立。例如，在生物设计领域，需要建立国际通用的生物设计语言，使不同公司和组织都能够使用统一的语言进行交流与合作。可扩展性是供应链发展中另一个不可忽视额的重要方面。由于实验室规模和生产规模间存在较大的差距，需要缩短这种差距，实现小批量研发到商业规模转化的平衡，这就需要将实验室的认知和成果转化为适合大规模生产的模型与工艺，从而使得产品能够在商业规模下实现高效的生产。例如，可以采用化学和生物技术实现从大规模上游生产到后续下游加工的无缝转化。下游应用是指在生物设计和生产过程中，需要充分考虑下游的限制和要求，设计能够满足简化需求的产品。例如，在合成生物医药应用领域，需要根据具体的疾病和治疗需求，设计适合的药物分子，采用合适的生产工艺来实现大规模的生产。此外，在下游应用中，还需要根据具体情况定制工艺，使得产品能够满足不同的市场需求和法规要求。

　　显然，面对专业化、标准化、可扩展性和下游应用的协同难题，仅靠一家企业或一个机构是无法完成的，这就需要区域内的政策进行合理引导，促进各相关方共同努力，建立起可促进合成生物学创新成果协同发展的集成体系。

三、交叉融合的创新生态

　　合成生物学与其他技术的交叉融合日益深入，有助于解决多方面的复杂问题。从复杂疾病的诊治到复杂环境的修复，许多问题的解决必须要靠合成生物学与其他学科建立合理的协同创新机制，才能针对复杂难题给出全新的答案。虽然会聚研究的基础是分子生物学革命与基因组学革命，但会聚的标志就是生命科学与物质科学向工程学的跨界（而非简单的交叉）。因此，从本质上说，合成生物学就是会聚研究的典型代表。在会聚范式的引领下，当前的协同创新有了落地实现的可能，但这需要形成有效的协同创新文化为其提供支撑。

早在 2001 年，在美国国家科学基金会（NSF）联合其他政府部门举办的研讨会上，首次提出"会聚技术"（converging technology）的概念，在此之后，美国国家研究理事会发布的《数学和二十一世纪生物学》《生物学启示：从分子到材料到机器》《物理科学和生命科学交叉领域的研究》《生物能源研究前沿：自然系统的分子水平学习的研讨会报告》等报告，对学科交叉融合文化的形成加以引导。美国半导体研究联盟积极推动"半导体合成生物学"（SemiSynBio）的研发，将合成生物学的发展视为未来半导体领域重要的新机遇；美国国家科学院发布的《会聚观：推动跨学科融合——生命科学与物质科学和工程学等学科的跨界》报告指出，"会聚"是生命科学继分子生物学、基因组学后的第三次革命。进一步分析这些报告或者设想提出的背景，可以发现，美国大波士顿地区的麻省理工学院等高校的战略科学家深度参与其中，这些战略科学家多具有交叉乃至跨学科的视野，他们的工作环境十分多元化，包括科学家、工程师、医生、企业家、投资者、职业经理人，以及实习生、用户和其他的相关人员，并且各方互动极为频繁。正是这样的文化，促进了学科交叉，推动了生物学与工程学融合、合成生物学与半导体融合、合成生物学与人工智能融合等概念的提出以及实践。

总之，合成生物学的革命性和颠覆性既是科技的革命，也是科学文化的革命，它在很大程度上更加依赖跨学科、跨领域的合作，不仅需要政府部门、学术界与产业界的协同，更需要构建与会聚研究能力相适应的生态系统，以及有助于会聚的文化[1]（图 4-6）。实现高效、有序、良性的交流和协同，对解决合成生物学发展中的复杂技术难题、协同治理、产业融合问题等都具有重要的意义。首先，建立开放包容的文化，支持和允许不确定性的探索；其次，创造思想碰撞、理念交流的机会，提高对学科差异的理解，支持跨学科的"会聚"研究；此外，要针对学科交叉和跨部门合作，打破学科的知识界限和组织模式，设置相应的研究单元（机构）及为其量身定制的组织架构，推动深入有效的合作，实现资源与成果的整合与共享。若能够形成这样的高效体系，合成生物学的创新成果将持续涌现，成果落地应用并不断拓展，一批批合成生物学企业也将迅速崛起，各种服务和产品也将陆续进入市场，为人类带来更多的福祉和进步。

---

1 The National Academy of Sciences. Engineering and Medicine. Fostering the Culture of Convergence in Research: Proceedings of a Workshop. Washinton DC: National Academies Press, 2019.

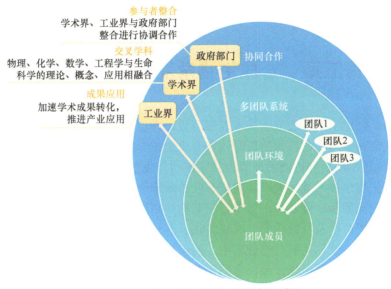

图 4-6　有助于"会聚"的创新生态系统

第五章　合成生物学发展的协同治理

目前，合成生物学已处于快速发展阶段，开启了将工程学的理念、思想和方法引入生命科学与生物技术的新时代。合成生物学特有的"赋能"和"会聚"两大特质，使技术创新和协同治理成为共同推动合成生物学高质量发展的两大引擎。由于合成生物学技术及相关产品的复杂性、新颖性，以及应用范围、规模等正向前所未有的深度和广度发展，带来组织架构、知识产权、生物安全和伦理规范等方面的新问题，以及基础研究、成果转化、产品开发和创新企业的发展。同时，在合成生物学科技创新的良性进程中，治理模式的不断迭代和优化也是必要的。完善合成生物学协同治理体系，有助于推动基础研究、成果转化、产品开发和创新企业的进步。

第一节　工作流的整合

工程化开发是人类社会发展的重要动力。近代以来，材料、能源和信息的每一次工程化开发都极大地推动了生产力的发展。尽管生物细胞是人类较晚关注的对象之一，但其在医疗、生物技术和其他领域中的应用却蕴含着巨大的潜力。例如，用于肿瘤治疗的免疫细胞的开发在近几年就已经显现出极大的潜力，尤其是在肿瘤治疗领域。然而，细胞的工程化开发与传统工程的开发有着本质的区别。传统工程通常使用一种或多种成分明确、耦合程度相对较低的材料，而生命科学的研究对象往往是高度复杂的有机物。在能量的处理方式上，生命系统的调节和控制往往涉及复杂的物理与化学因素，这与电气工程等相对均一的能量处理方式截然不同。从信息工程的角度来看，生物体的信息处理方式涉及反馈控制等复杂的方式，这往往需要系统论和控制论的有机融合，才可能进行有效描述。

从工程学的角度来看，合成生物学的基本思想是将任何生物系统都视为单个功能元素的组合，这种思想假设生物系统中的元素都可以被描述为有限的"零件"，通过将这些"零件"与新的配置相结合，就可以实现修改或者创建新的功能。在此背景下，人为改造的方法正从基因的合理组合（如标准分子生物学和生物技术）转向按照第一原则构建复杂生物系统的新方法学[1]。因而，在科学、技术和工程的交叉融合中，合成生物学因其工程对象的特点，带来了复杂系统工程（complex

---

1 de Lorenzo V, Danchin A. Synthetic biology: discovering new worlds and new words. EMBO Reports, 2008, 9: 822-827.

systems engineering）的新视角[1]。复杂系统工程是一种新兴的工程领域，它研究如何设计和分析由多个相互作用的子系统组成的复杂系统。这些子系统可能具有非线性、适应性、自组织等特性，使得整体系统的行为难以通过各子系统的行为进行预测。

在合成生物学中，基因、蛋白质和其他生物分子被视为可编程的元素，可以通过重新配置这些元素来修改或创建新的生物功能。这种"编程"的思想是复杂系统工程的典型特征，它与计算机科学和工程的相似性显而易见。事实上，合成生物学已经借鉴并应用了许多计算机科学和工程的理论与方法，如生物信息学、人工智能和系统生物学。此外，合成生物学还借鉴了控制理论、网络理论和其他系统科学的概念，以建立和发展更有效的设计与分析方法。例如，通过建立描述生物系统的数学模型，科学家可以预测引入新的基因或蛋白质对整个系统的影响，从而优化生物系统的性能。

DNA 合成和编辑、基因组建模、设计与检测等方面的挑战受到广泛关注，但很少有人关注如何将这些任务整合到计算机应用环境下的自动化工作流（workflow）中，所涉及的技术、存储库、标准等中。工作流是一个将任务按照一定的顺序组织起来以完成某个特定目标的过程。美国西奈山伊坎医学院、BBN 科技公司、国家标准与技术研究院（NIST）的研究人员指出，工作流整合是千兆碱基规模基因组工程（简称"基因组工程"）面临的首要问题[2]。在"设计-构建-测试-学习"的工作流循环中，需要进行广泛的材料、信息和其他资源的交换，而这些交换或协作需要有效地嵌入安全、安保、法律、合同、知识产权和伦理方面的治理要求。只有这样，系统生物学、基因组学、遗传学、生物信息学、软件工程、数据库工程和高性能计算等相关领域的解决方案，才能有机地融入其中，有效地促进合成生物学的发展（图 5-1）。

从工作流的视角可以更好地理解合成生物学发展所需的协同治理体系，即从局部到整体、从监测到预测的全过程识别，其是合成生物学发展中不可或缺的一环。优化工作流在可以塑造更大价值的同时，促进了新的解决方案的提出。工作流融合为合成生物学的发展提供了新的可能性。在场景化、工程化、数字化的工作流体系下，合成生物学治理可以更有序和高效。优化工作流和建立全面的协同治理体系，在推动合成生物学进一步发展的同时，确保这种发展可以在未来产业的升级中发挥重要作用。

1　Endy D. Foundations for engineering biology. Nature, 2005, 438: 449-453.

2　Bartley B A, Beal J, Karr J R, et al. Organizing genome engineering for the gigabase scale. Nature Communications, 2020, 11(1): 1-9.

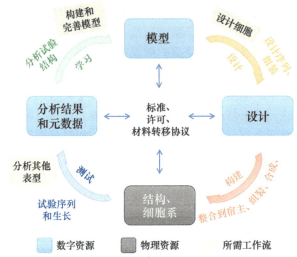

图 5-1　新兴基因组工程"设计-构建-测试-学习"的工作流

合成生物学的转化发展，尤其是在工作流整合、评估和迭代体系的建立方面，更重要的意义或许是为技术创新和商业模式在各层面上的深度连接提供了新的可能性，更为重要的是，这些体系还有助于形成"合成生物学操作系统"或"合成生物学知识体系"，从而能将人与设备、云平台资源在共同创造或理解数据的过程中紧密结合，打破单一环节的局限，共同完善行业规则。在数字化与开放式创新的时代，需要多方协同。这种协同不仅有助于集中发力、提高开发效率，而且有助于提高合成生物学技术和产品的成熟度，还能够助力各方开发相对封闭的"碎片化"开发策略，打造更加灵活、多元化的合成生物学产业生态系统。

近年来，合成生物学产业正经历着深刻的转型，从最初的"技术供应商"到如今的"综合解决方案服务商"，其转变不仅仅是商业角色的变化，更是整个产业价值链的优化和升级。在这个过程中，人才、技术、知识、数据等要素的有序融合是推动产业发展的关键，可以为合成生物学产业的转型和升级提供新的思路与路径。将各模块的价值衡量载体转化为工作流，不仅可以提升企业的整体运营效率，还可以为客户创造更大的价值。

第二节　标准体系的构建

标准是在执行任务、交流信息和量化测试等方面多方商定的共识声明，或是有关产品与相关工艺过程的指南、要求和规范的正式文件[1]。随着合成生物学进入

---

[1] Glykofrydis F, Elfick A. Exploring standards for multicellular mammalian synthetic biology. Trends Biotechnol, 2022, 40(11): 1299-1312.

商业化时代，在合成生物学"设计-构建-测试-学习"的工作流中，标准化是提升研发效率和研发能力的重要因素。共同遵循的标准和规范能够减少沟通成本、提高工作效率，同时也能够确保研发的可重复性、数据可再现性、模块可兼容性和知识可连接性。标准体系的构建对研发的可重复性、数据可再现性、模块可兼容性、知识可连接性具有基础性的支撑作用。统一的接口或标准则是"硬标准、软实力"的综合体现。标准化对研发效率和研发能力的提升具有重要的意义。一是标准化能够促成自动化的服务，减少对人力资源的依赖，提高生产效率和质量。二是标准化能够降低对材料的物理转移需求，减少物流成本和时间成本，提高工作效率。三是标准化能够降低前沿领域的研究门槛，使得更多的人可以参与到研发工作中来，提高研发的创新性和竞争力。

合成生物学相关的标准化工作是一项充满挑战的任务。首先，由于合成生物学涉及生命科学、化学、数学、计算机科学、工程学和物理学等诸多领域，而每个领域都有其各自的研究范式、方法和标准。为了建立适应性的标准体系，需要采取系统工程方法。虽然可借鉴电子工程等成熟领域的标准化工作经验，但生命活动的规律具有非线性、自适应、连续性等典型特点，需结合合成生物学的特点，制定出适合该领域的标准和规范。

其次，合成生物学的标准化还需充分考虑其在生物安全、数据安全等方面的法律法规，以及在健康、工业、农业、环保、信息等应用领域的现有标准体系。由于没有现成的共通标准可供借鉴，因此需要对相关标准进行适当的衔接、调整。以合成生物学应用于开发化妆品用的香料为例，国际标准化组织已经采用化妆品指南（ISO 16128），即"提供一个根据组分特征来确定产品的天然、天然来源、有机、有机来源概念的框架"，但是指南不涉及"产品宣传（如声称和标签）、人体安全、环境安全和社会经济因素（如公平贸易），以及化妆品的包装"。因而，如何在满足化妆品开发市场需求、生物安全等方面的合规要求、合成生物学自身发展特点的基础上进行标准化，是一个需要深入研究和考量的问题。

此外，标准化的实施并非简单的任务，需要各方的合理参与和共同努力。其中，时机的选择、主题的确定、类型的确定以及协作方式的选择等都会对标准化的进程产生重要的影响。时机的选择对标准化的成功实施具有关键作用，过早制定标准可能会限制创新，而过晚制定标准可能会错失最佳机会。而不适宜的强制性技术标准可能会妨碍创新，因此必须谨慎选择标准化的项目或主题。另外，标准的类型也是影响标准化实施的一个重要因素。适用于工业界的标准与适用于学术界的标准可能相一致，也可能不一致。因而从团体标准到行业标准、国家标准、国际标准都需要进行系统地斟酌。最后，全球范围内实施标准化涉及的主体众多，标准的影响程度取决于参与主体在价值链活动中的定位，因而要促成各方对标准的采纳会比标准制定本身更难。

　　合成生物学领域的技术和互操作性标准变得越来越重要，多个组织和研究机构已经开始致力于开发与推广相关的标准及规范。其中，生物砖（BioBrick）是最早出现的标准化生物元件理念，由此成立的生物砖基金会（BBF）主导了《生物砖公众协议》（*BioBrick Public Agreement*，BPA）[1]。该协议从法律层面允许个人、公司及科研院校开发标准化生物元件，并在该协议架构下开放共享。标准生物元件开放设施（BIOFAB）是麻省理工学院在国际遗传工程机器大赛（iGEM）的基础上，创建的专门从事生物设计与构建的组织。它通过维护和尊重知识产权，支持学术和商业机构的研发[2]。BioRoboost 是一个国际合作网络，致力于合成生物学标准的制定和推广。SBOL 是一种用于描述和设计合成生物系统的标准化语言，旨在提供一个通用的、可共享的框架，以促进研究人员之间的合作和交流（信息框 5-1）。另外，斯坦福大学生物学计量学联合研究所牵头的合成生物学标准开发联合体（SBSC），也在为该领域的发展作出贡献。SBSC 致力于提供参考方法和协议等方面的互操作性标准，以确保不同的实验和设备可以相互兼容。通过提高互操作性，SBSC 的工作将有助于降低实验的成本和时间，从而推动合成生物学在更广泛领域的应用。

信息框 5-1　（合成）生物学标准的部分案例

·质粒标准：SEVA 系统

SEVA 是指标准欧洲矢量架构（Standard European Vector Architecture），是一个基于网络的原核生物质粒载体开放存储库。SEVA 质粒库已经实施了载体质粒物理组装及明确命名的标准。

·遗传元件标准：BioBrick 和 iGEM

BioBrick 元件是具有明确生物学功能的、可互换的 DNA 序列，可用于通过组合不同元件来构建新的生物线路。例如，国际遗传工程机器大赛（iGEM）使用遵循 BioBrick 组装标准的标准生物元件注册表。iGEM 可以被视为合成生物学、生物安全和风险管理标准化的试验台。

·酶的标准化：STRENDA

STRENDA 为酶相关研究中的数据报告制定了标准，以提高科学出版物中酶相关的数据的质量。

·筛选合成基因序列及其客户的标准化

国际基因合成联盟利用标准协议来筛选合成基因订单的序列和它们的客户。虽然最初的目的是保护，但它也具有生物安全功能，因为它限制了对受管制病原体的特定 DNA 的访问，以及只允许安全可靠的个人和机构来处理此类病原体的序列。

---

1 The BioBrick™ Public Agreement (BPA). https://biobricks.org/bpa/.

2 刘晓，曾艳，王力为，等. 创新政策体系保障合成生物学科技与产业发展. 中国科学院院刊, 2018, 33(11): 1260-1268.

　　因此，推进合成生物学标准体系的构建，需要从多个方面考虑，不仅包括生物元件和线路的标准化，还有设计语言、计算生物学标准的标准化，测试方法、研究工具的标准化，构建平台和数据平台的标准化，以及管理标准化与其他相关标准化。在生物元件和线路的标准化方面，需要制定一致的标准化方案，以便在不同的系统和平台上进行比较与分析。规范设计语言和计算生物学标准的使用，提高设计的可读性和可重复性，降低设计成本，并加速研究进程。测试方法和研究工具的标准化可以确保测试方法与研究工具的质量及可靠性。构建平台和数据平台的标准化可以确保不同平台之间的互通性与数据交互的顺畅性。人员管理、流程管理等方面的标准化可以提高研究效率、降低风险。同时，其他相关的标准化，如系统生物学的标准化工具和数据库（模型与建模相关的 COBRA、BiGG，蛋白质和代谢相关的 UniProt、KEGG 等），也可为合成生物学的研发提供重要的支持和帮助。

　　同时，在标准化的进程中，可能会涉及多个团队和部门之间的沟通与协作，还可能会涉及不同的流程和系统之间的集成与互操作等问题。需要建立基于各方共识的知识框架，这个框架应该包括：共享的语言和沟通方式、统一的流程与标准、互操作的系统及平台。只有建立了这样的框架，才有可能把各个工作流的核心部分融合在一起，形成真正能解决问题的完整系统。

第三节　知识产权的保护

　　2012 年，成簇规律间隔短回文重复（CRISPR）的发现，引领了一场基因编辑技术的革命。加利福尼亚大学伯克利分校、哈佛大学和麻省理工学院的博德研究所均声称拥有其知识产权。虽然加利福尼亚大学伯克利分校和马克斯·普朗克（Max Planck）研究所率先向美国专利局提交了专利申请，但博德研究所选择支付加速申请的费用，并快速获得了授权。此后，专利诉讼的硝烟弥漫在各个研究机构之间。尽管科学家曾尝试合作共享知识产权，但由于涉及利益、技术使用和商业决策等多方面的因素，最终导致这场知识产权纠纷诉诸法庭。鉴于 CRISPR 的重要价值，这场专利诉讼不仅影响了各家研究机构的学术研究，更对相关企业的商业决策和产品线前景产生了深远影响，每个判决、每个专利的授予都有可能改变这个新兴产业的格局。然而，随着该技术的商业化进程加速，相关的知识产权纠纷也可能日益增多。如何在保护知识产权的同时促进技术的共享和进步，是当前面临的一个重要挑战。

　　合成生物学的知识产权管理主要涉及专利、软件著作权、技术秘密和数据库保护等方面，目前仍然采用与其他领域相类似的策略。然而，合成生物学的研究方法和流程复杂，使得单一的知识产权保护往往很难覆盖整体发展的要求。未来，可能需要类似"集成电路布图设计"的新保护方法，以适应合成生物学的知识产权管理要求。因此，在现行的知识产权体系下，合成生物学相关的专利、著作权等管理和运营，需要用系统的眼光加以解析，包括对各种知识产权的深度理解、合理申请、有效运营以及充分保护。同时，也需要考虑如何设计和实施有效的知识产权策略，以促进合成生物学的技术创新和进步。

合成生物学专利具有高复杂性、高技术水平的特征，这增加了专利审查和运营的难度。在已有的技术领域中，半导体行业的专利保护策略或可供参考。在半导体行业，技术秘密、集成电路布图设计都是很重要的知识产权保护方式，但大量的专利申请仍然是保护其技术创新的重要手段。对于合成生物学乃至其他生物技术领域，拥有更多高价值专利的创新型企业在获得投资、合作研发等方面都处于相对有利的地位。在具体的管理和运营实践中，需要从多维度的视角对相关策略加以综合判断。

在合成生物学设计相关专利的保护方面，授予 DNA 合成的方法、细胞器合成的方法、生物线路的工程化改造方法等方面的专利后，对这个领域的研究影响深远。如果后续的研究者无法获得专利的许可，那么很多的研发工作或将难以展开。此外，随着合成生物学的设计工具的广泛应用，通路设计和实施、通路优化、DNA 与 RNA 设计、蛋白质设计等方面的专利层出不穷，对于这些专利的保护和使用，不同国家（地区）存在不同的态度和法规。有的国家将其视为商业方法专利加以保护，而在其他一些国家，这些专利却存在争议。这种差异化的专利保护政策不仅影响了研究成果的全球传播和应用，也给研究者带来了诸多困扰。因此，建立全球统一的专利保护法规和标准显得尤为必要。同时，研究者来也需要了解和遵守所在国家（地区）的专利法规。

自 2003 年以来，"开放式创新"已经成为推动科技创新的重要手段。这一理念是加利福尼亚大学伯克利分校亨利·切萨布鲁夫（Henry Chesbrough）提出的，它是指以跨部门、跨机构、跨领域、跨行业、跨区域的创新网络来推动创新目标的达成。其基本逻辑是，单一个体或组织往往没有足够的人才、知识、技术、资源等条件来支持复杂领域的科技创新。在合成生物学领域，开放式创新的重要性更加明显。在合成生物学领域的"设计-构建-测试-学习"循环中，每个环节都需要相应的平台对其加以支持。在这样的场景下，协同创新和合作研发的重要性日益凸显，开放式创新是缩短研发周期、提升研发效率、促进研发产出的重要手段。然而，这种开放式创新模式也带来了一些挑战，尤其是对知识产权的保护。传统的技术秘密保护方式在开放式创新环境下可能不再适用。因为开放式创新的本质要求是知识的公开化和共享化，这使得技术秘密的保护变得愈加困难。另外，现行的专利保护制度则是通过赋予专利权人一定的垄断权力来鼓励创新。然而，在开放式创新环境下，这一垄断权力可能会与开放式创新的要求产生矛盾。早在合成生物学发展之初，这一矛盾便已显现，有学者将其称为合成生物学的"知识产权之谜"（intellectual property puzzle）[1]。合成生物学知识产权的保护和利用经过多年实践，逐渐探索出了未来的发展方向：合成生物学领域的开放式创新，未来需要一种特殊的方法来破解这个"知识产权之谜"，就是专利权人采用付费的方式向其他创新者开放专利实施许可，简而言之，即采用"付费的开源模式"。然而，如何开源、如何付费目前还没有行业共识，因而需要技术、经济、法律、伦理等各领域的专家深入探讨，真正形成领域内的共识。生物砖基金会的做法或许值得参考。其强调在标准化的基础上开发组件以及研究平台开发过程中的模型，并根据开源原则实行分组许可，通过建立"开放生物材料转移协定"（OpenMTA）来促进研究人员之间的材料转移。

　　合成生物学作为生物技术领域最具工程化特点的领域，其元件标准常常与电子元件标准相提并论，在面对专利问题时，可以借鉴电子元件的标准化策略。然而，生物元件的独特性质使得标准的制定面临挑战。对一个电子产品而言，其所涉及的数百个元件可能由不同的专利权人所有，受到不同的专利权或者其他知识产权的保护，因此会出现"专利丛林"（patent thicket）的难题。同样，合成生物学产品所涉及的生物元件也可能成百上千的专利许可和转让成本或十分高昂，而相关管理的成本也不容忽视。为降低管理成本，可以借鉴电子元件的标准化策略。标准化可以使元件开发通用化、线路开发模块化，这在电子信息领域已经被证明有效。然而，生物元件的测试往往比电子元件更难，电子元件的标准化策略不能简单地套用至生物元件的标准化程序。这就意味着，合成生物学元件的标准化最好以公共平台或开源联盟的形式来推动，而且这种公共平台的建设需要以"开放式创新"的理念来运行。在"开放式创新"和"标准化"的背景下，建立专利池（patent pool）或许是一个可行的策略。专利池是一种由专利权人组成的专利许可交易平台，在很多领域，尤其是电子信息领域，由行业共同建立专利池越来越常见。在生物医药领域，单一靶标或者化合物的专利已经不能满足当前药物研发的需求，多靶点、多通路的药物研发将成为未来的发展趋势。此时，能够促进技术的共享和整合的专利的交叉许可或将成为常态。合成生物学可以借鉴电子信息行业的经验，针对某一特定技术，集聚一系列专利，构建知识产权的"交叉网络"，将有助于推动技术的发展，并使各公司或研究机构能够在共同推进技术的同时，避免专利的纠纷和侵权行为。

　　合成生物学领域还面临"自由实施"（freedom to operate，FTO）的难题。因为单个工程微生物就可能涉及上百个不同元件的专利，其知识产权归属也难以清晰界定。需要探索一种新的方法，即通过第三方机构对相关专利进行清算，以解决确权、谈判和实施过程中的高交易成本、高度的法律不确定性等问题。这种第

1　Kumar S, Rai A. Synthetic biology: the intellectual property puzzle. Tex L Rev, 2006, 85: 1745.

三方机构需要对合成生物学技术有深入理解，同时又对知识产权运营有专业的认知。利用这类机构，可以实现专利权人与被授权者的技术匹配和权利匹配，推动标准化的专利授权，推动居中调停和仲裁解决纠纷方案的提出。因而，这一机制的构建本身就是个系统工程，需要具备专业的技术人才、专业的知识产权运营能力及对"开放式创新"和"标准化"理念的认同。

目前，合成生物学领域的知识产权保护仍然以专利保护为主。然而，随着技术的快速进步和复杂性的增加，一些学者开始探索使用著作权等其他形式保护合成生物学知识产权的可能性。正如信息技术领域所展现的，以著作权的形式保护软件的机制形成，经历了漫长的过程。那么，对于合成生物学，是否也可以形成与软件著作权类似的"合成生物学作品著作权"呢？从某种程度上看，人工设计的基因组序列是人的智力成果，在某些特征上符合"作品"的范畴，而工程细胞的构建与计算机软件的创作过程在某种程度上类似。然而，合成生物学的"干""湿"结合特点，使其又与"干"的文学作品或计算机软件有所区别，因而能否形成类似软件著作权的"合成生物学作品著作权"形式，仍有待进一步的探讨。不过，随着合成生物学的进一步发展，生物设计、实验室自动化等过程必然会涉及越来越多的软件著作权。所以，利用软件著作权的形式对相关工具加以保护，也是必要的策略。另外，在合成生物学领域，商标同样是保护产品的重要手段，可以用来保护品牌形象、产品质量和服务等方面的知识产权。在技术秘密的保护方面，尽管合成生物学的"开放式创新"模式强调合理程度的开放极为重要，但对部分技术方法、科研数据而言，采用合理的技术秘密也是必要的。

总之，专利、软件著作权、商标和技术秘密等都是对相关知识产权进行保护的重要手段。合理运用这些保护策略，可以维护创造者的合法权益，促进合成生物学领域的健康发展。

第四节　数据的交互和利用

合成生物学领域的研究开发涉及大量的数据交互与实验室间的合作。由于这个领域的复杂性，在我国国家重点研发计划等专题项目中，多个课题组间的协同工作需要广泛的数据交互和管理。随着生物技术和信息技术的不断发展，如何实现高效的数据交互和安全通信成为合成生物学领域面临的重要问题之一。为了解决这个问题，需要综合的方案，既包括技术工具（如应用程序编程接口）和数据管理原则的开发，以及合同管理、合规管理等实践，也需要不断加强对数据交互和管理协同的培训，以提高实验室之间的合作效率和安全性。

千兆碱基规模基因组工程未来发展的建议指出，要扩展现有计划和样本、数据及工作流的表征方法，开发新的数据管理和质量控制技术。为了整合信息任务，计算工作流工具支持特定、可重复的操作，以及涉及多个软件程序和计算环境的复杂工作流的交换。当前，基因组工程的工作流工具包括通用工作流语言（CWL）与通用工具（Dockstore、MyExperiment）、用于追踪信息来源的本体（PROV）、生物信息学工具（如 Cromwell、Galaxy、NextFlow、Toil 等）。这些工具或策略运用于工作流的各个环节并建立连接，可以通过与标准联合方法和数据库管理系统（DBMS）联合，实现各阶段不同机构和工作流程对数据库信息的统一访问，并通过采用"可找到、可访问、可互操作、可复制"（FAIR）的数据管理原则，增强可扩展的共享。合成生物学开放语言（SBOL）则为研究者和工程师提供了一个共享知识、设计与构建基因元件及系统的标准化方法。目前，SBOL 2.3 版在保持与先前版本一致性的基础上，优化了语言结构和功能。首先，新版语言采用了更简洁的语法，研究者能够更方便地阅读和编写。此外，SBOL 2.3 版还引入了更多的基因元件和系统，覆盖了更广泛的生物工程应用。通过提供标准化的基因元件库，研究者能更容易地找到并共享所需的数据和设计[1]。

在数据集成的基础上，大规模、自动化的辅助模型的建立和运用是数据利用的重要环节。跨尺度、多维度、高性能的数据体系建立后，已有机构正在探索该体系模型的可预测性。合成生物学作为一种基于系统思维的生物工程应用，尚未达到半导体领域那样充分定义工具和工艺、实现标准化、根据投入预测产出水平，但为了实现更好的预测性能，需要多次运行"设计-构建-测试-学习"的工作流循环才能根据输入预测输出结果。在这一过程中，需要满足的条件包括：高质量的数据收集，一整套成熟的、可互操作的、能可靠应用于所有生物设计人员的工具，以及基于计算机的模拟分析的重大进展。利用模拟和分析，可以预测设计的性能，并根据结果进行调整和优化。

高质量的数据和标准化的数据交互是合成生物学领域发展的基础。一方面，标准化的数据交互使不同来源的数据能够有效汇合，为构建可预测的模型提供强大的支持；另一方面，合成生物学测试数据的质量提升是确保实验结果可靠、有效的关键。除生物元件、基因线路、底盘细胞的基本信息外，原位实时在线测量微生物或细胞培养过程中的生理学参数，以及生物反应器中的环境条件参数、代谢产物参数等，对高质量数据的获取同样至关重要。整合这些多元数据，运用机器学习、自然语言接口和人工智能等先进技术的计算机建模能力，才能真正实现从大量数据中提取有价值的信息，构建可预测的模型。

因此，数据交互和利用在合成生物学领域的创新发展中占据了重要地位。当前的研发也已经进入了标准化、数字化、工程化集成的关键时期，构建系统、全方位、深度融合的数据生态已成为迫切的需求。由于生物系统的复杂性、多样性

---

1 McLaughlin J A, Beal J, Misirli G, et al. The synthetic biology open language (SBOL) version 3: simplified data exchange for bioengineering. Front Bioeng Biotechnol, 2020, 8: 1009.

和系统性，对数据交互和利用提出了更高的要求。需要构建一个弹性、灵活、能够基于不同业务进行定制化配置的全维度增值体系。这样的体系的核心在于实现"从数据到信息、从信息到知识"的转化。利用这一过程，研发人员可以从海量的数据中提取有价值的信息，通过进一步地处理和分析这些信息，将其转化为理解和解决生物系统问题的知识。同时，这一转化过程与知识体系引导的多维数据采集体系的完善有机结合，可以进一步提升数据的利用效率和研究的深度。未来，随着数据交互和利用体系的不断完善，合成生物学在药物研发、疾病治疗、环境保护等诸多领域将发挥更大的作用。

第五节 伦理评估的完善

人类应不应该利用合成生物学方法人工制造新的生命体？人们对这个问题的争论由来已久。人工制造的"生命"是否与自然产生的"生命"一样，是否具有同样的社会属性，人类制造生命后是否会肆意对待生命（包括人类生命），这是人们关注的主要问题[1]。在麻省理工学院出版社于 2013 年出版的论文集《合成生物学和道德：人工生命和自然的界限》（*Synthetic Biology and Morality: Artificial Life and the Bounds of Nature*）中，研究者认为，合成生物学的发展使得人类有能力创造自然界不曾存在的生物体，其引发的伦理问题可以从进化论的视角加以探讨。

早在 2009 年 11 月，欧洲科学和新技术伦理小组（European Group on Ethics in Science and New Technologies）发表的研究报告《合成生物学伦理学》（*Ethics of Synthetic Biology*）[2]中，将伦理问题分为概念性伦理问题和非概念性的具体伦理问题。澳大利亚学术委员会（Australian Council of Learned Academies，ACOLA）于 2018 年 9 月发布的《澳大利亚合成生物学：2030 年前景》（*Synthetic Biology in Australia: An Outlook to 2030*）[3]，将合成生物学可能引发的社会和伦理问题分为三类：人与自然之间的关系、公平分配、合成生物学给人类带来的收益或损害。其中，公平分配方面的问题涵盖多个层面，包括技术发展是否会导致社会资源或资源的公平或不公平分配、合成生物学知识产权是否会被少数企业垄断，以及合成生物学产品是否会取代发展中国家的自给自足农业，等等。在探讨合成生物学给人类带来的收益或损害方面，报告指出，不仅要从技术层面进行深入分析，还需

---

1 刘晓, 熊燕, 王方, 等. 合成生物学伦理、法律与社会问题探讨. 生命科学, 2012, 24(11): 1334-1338.

2 European Group on Ethics in Science and New Technologies. Ethics of Synthetic Biology. 2009. https://www.coe.int/t/dg3/healthbioethic/cometh/EGE/20091118%20finalSB%20_2_%20MP.pdf [2020-9-6].

3 Australian Council of Learned Academies. Synthetic Biology in Australia: An Outlook to 2030. 2018. https://www.researchgate.net/publication/329523466_Synthetic_Biology_in_Australia_an_outlook_to_2030_Australian_Council_of_Learned_Academies_Expert_Working_Group_Horizon_Scanning_Project [2020-5-9].

要充分考虑公众价值观等因素。

总的来看，合成生物学的伦理问题主要表现在哲学、宗教、技术、社会和治理 5 个维度。在合成生物学发展的初期，伦理争论主要是围绕"合成生物学应该不应该发展，人类是不是应该拥有制造生命的权力"等问题展开。随着合成生物学技术的突破，伦理问题就延伸到制度层面。研究者们更倾向于讨论风险规避和其成果的社会影响，这些影响包括技术安全性、社会公平公正等方面。此时，现实的风险也会引发政策的冲突，形成制定新的伦理监管原则与方案和进行社会协同治理等政策层面的讨论[1]。2010 年 5 月 20 日，克雷格·文特尔（Craig Venter）宣布首次"人工合成生命细胞"后，美国生物伦理总统顾问委员会发布的《新方向：合成生物学和新兴技术的伦理问题》报告[2]，提出了评估包含合成生物学在内的新兴技术的 5 项基本伦理原则：①公众受益（public beneficence）；②负责任的管理（responsible stewardship）；③学术自由和责任（intellectual freedom and responsibility）；④民主评议（democratic deliberation）；⑤公正和公平（justice and fairness）。欧洲科学和新技术伦理小组发表的《合成生物学伦理学》（Ethics of Synthetic Biology）[3]提出 6 大伦理原则：安全原则、可持续性原则、预防原则、正义原则、研究自由原则和比例原则。

2021 年，为促进研究人员、社会科学家、政策制定者和其他利益相关方之间的思考与合作，美国工程生物学研究联盟（EBRC）提出工程生物学研究中的 6 条伦理指导原则[4]：①寻求创造有益于人类、社会或环境的产品或工艺流程，尽管基础研究通常不会直接用于产品开发，但却对人类理解相关开发有所裨益；②考虑并权衡研究的益处和潜在的危害，因而要求研究人员在合法、合规、合乎标准的范围内开展研究，并与生物伦理学和其他学科的相关专家保持沟通，作出正确的评估和决策；③在相关教育、研究、发展、政策和商业化的选择与实施中体现公平和公正，通过与目标人群、非政府组织、医疗专业人员、政府及社会和行为科学家进行交流沟通，理解、预见和考虑正在进行的研究与开发的影响；④争取公开发布早期的研发成果，鼓励更多的知识分享；⑤保障相关的个人权利，包括研

1 张慧，李秋甫，李正风. 合成生物学的伦理争论：根源、维度与走向. 科学学研究, 2022, 40: 577-585.

2 Presidential Commission for the Study of Bioethical Issues. New Directions: The Ethics of Synthetic Biology and Emerging Technologies. 2010. https://bioethicsarchive.georgetown.edu/pcsbi/sites/default/files/PCSBI-Synthetic-Biology-Report-12.16.10_0.pdf. [2022-11-01]

3 The European Group on Ethics in Science and New Technologies to the European Commission. Ethics of Synthetic Biology. 2010. https://op.europa.eu/en/publication-detail/-/publication/c9b00815-2268-4ba7-bdfe-59d96dfb1f5d/language-en/format-PDF/source-242264601.pdf [2020-7-14].

4 Mackelprang R, Aurand E R, Bovenberg R A L, et al. Guiding ethical principles in engineering biology research. ACS Synthetic Biology, 2021, 10(5): 907-910.

究人员的研究自由和研究参与者的自由、知情同意，其中研究人员有责任保持更高的道德标准；⑥支持研究人员与可能受到研究、开发和新技术影响的利益相关方之间的开放交流，听取社区成员的意见使研究人员能够了解人群的需求，研究人员、社会科学家和社区管理人员间的伙伴关系有利于确定合适的参与模式。

无论是美国采取的"审慎警惕原则下鼓励技术创新"还是欧洲的"预防原则下审慎对待技术发展"，都秉持不妨碍科学技术的发展与创新这一原则，在保护知识自由的基础上，通过由政府主导设立相关伦理委员会，明确合成生物学伦理审查机构职责并建立伦理审查机制，引导合成生物学有序发展。同时，在不同程度上关注现适用于合成生物学监管的法律法规。因此，伦理规范作为风险防控的前置性预警机制，能有效促进科研行为的规范性、合理性；法律法规作为风险防控的保障机制，是调整社会关系的最低限度，也是最为刚性的社会规范，其具有的强制性和权威性，为风险治理机制的规范化运行提供有效保障。

第六节　生物安全的管理

生物安全问题并非合成生物学特有。在 20 世纪下半叶，新的基因重组技术引发了生物技术的革命性变化，并迅速渗透到生命科学研究领域，进而向产业转化和拓展；同时，生命科学研究与生命健康领域的结合也日趋紧密。在此过程中，生物安全风险迅速凸显。De Vriend 于 2006 年撰写的"建构生命：对新兴合成生物学领域的早期社会反思"（*Constructing life: early social reflections on the emerging field of synthetic biology*）[1]和欧洲高校联盟（IDEA 联盟）于 2007 年编写的《合成生物学的伦理学》（*The Ethics of Synthetic Biology*）[2]中指出，生物安全风险主要有三类：一是对环境有负面影响的风险，通过合成创造的有机体可能具有意想不到的副作用；二是污染自然基因库的风险，合成有机体可能将其基因转移到自然有机体内；三是逃逸风险，合成有机体若无法停止复制自己，可能破坏环境和生态，出现类似纳米机器的情况。最早关注生物安全（biosafety）问题的是科学共同体，其强调"无意""意外"接触或释放生物因子带来的风险；而早期关注生物安保（biosecurity）问题的主要是政府部门，其强调"故意""滥用"等主观因素导致的风险[3]。

工程科学研究思路和策略的引入、合成生物学与人工智能等技术的融合，极

1 De Vriend H. Constructing life: early social reflections on the emerging field of synthetic biology. The Hague: Rathenau Institute, 2006.

2 IDEA League Summer School. The Ethics of Synthetic Biology. 2007. https://docslib.org/doc/10089895/ethics-of-synthetic-biology-idea-league-summerschool-august-2007-the-netherlands [2017-6-8].

3 刘晓, 汪哲, 陈大明, 等. 合成生物学时代的生物安全治理. 科学与社会, 2022, 12(3): 1-14.

大地拓展了对生物系统的设计和改造能力，存在着一系列与生物安全/安保问题相关的复杂性和不确定性。一方面，从头合成或改造病原微生物等能力的提升，增加了偶发事故（生物安全）与生物恐怖袭击（生物安保）发生的可能性；另一方面，生物元件、基因线路、底盘细胞等在设计、测试等环节中产生了大量数据，并实现了这些数据的开放共享，带来了滥用和谬用风险。早在 2009 年，经济合作与发展组织（OECD）便组织美国国家科学院和英国皇家学会共同举办了"合成生物学新兴领域的机遇与挑战"研讨会，就合成生物学的领域现状，商业和科学潜力，科学、教育和基础设施的需求，新兴的金融和商业模式、行业发展，以及该领域所带来的一系列生物安全、生命伦理、知识产权等相关问题进行深入探讨，以期提出可操作、可实施的框架和指南。

　　美国国家生物安全科学咨询委员会（NSABB）在 2010 年发布了《解决与合成生物学相关的生物安全问题》报告，报告针对合成生物学有关的生物安全问题提出了相关建议：①应制定专门的制度进行审查和监督；②对新型性技术研究的监督应超出生命科学和学术界的界限；③应制定针对新兴研究问题的卓越战略和教育战略；④政府在监测新的科学发现和新技术时，应包含对合成生物学进步的认识与对毒性/致病性的理解，诸如开展"技术观察"和"科学观察"等活动。在 NSABB 的倡导下，美国政府颁布了《生命科学两用性研究监管政策》。该政策明确对所有接受联邦政府资助的生命科学研究予以定期检查，鉴别两用研究（DURC）的潜在威胁并实施监管。另外，美国政府还委托美国国家科学院、工程院、医学院等机构开展"未来生物技术"的监管，以及合成生物学生物防御漏洞等方面的研究和讨论，提出风险评估框架及监管体系。美国 NIH 对其 2002 年颁布的《NIH 涉及重组 DNA 研究的生物安全指南》（简称《NIH 指南》）分别在 2013 年、2016 年进行修订。新版《NIH 指南》规定，对涉及生物安全的研究，要经过生物安全委员会或生物安全官员的危险评估，制定相应的生物安全防护措施后，才可启动。除了政府主导的监督和管理，业界也提出了自我监管（self-regulation）原则。2009 年建立的国际基因合成联盟（IGSC）联合了各大基因合成机构，制定了一套协调筛选协议，对基因/DNA 订单的序列进行筛选，对服务对象进行资格审查，以降低基因合成可能带来的潜在威胁。美国卫生与公众服务部（HHS）于 2010 年发布了《合成双链 DNA 供应商筛选框架指南》。该指南建议使用"最佳匹配"（best match）方法作为筛选序列的基线标准，其中根据大型序列数据库，按照每 200bp 的跨度，筛选订购序列。美国工程生物学研究联盟（EBRC）安全工作小组在其 2022 年 4 月发布的一份政策报告中指出[1]，虽然商业生产的、经筛选和未经筛选的合成 DNA

---

[1] EBRC. Security Screening in Synthetic DNA Synthesis: Recommendations for updated Federal Guidance. 2022. https://ebrc.org/wp-content/uploads/2022/04/EBRC-2022-Security-Screening-in-Synthetic-DNA-Synthesis.pdf [2023-2-20].

的百分比未知，但根据 IGSC 的信息，其成员约占全球 DNA 合成供应商的 80%。因此，全球大多数合成 DNA 可能是由遵守指南和/或 IGSC 协议的供应商合成的，但也有相当数量的合成 DNA 可能是由没有或具不充分筛选机制的公司生产和运输的。同时，DNA 合成和组装技术的快速发展给监管带来了挑战，主要体现在：目前，相关指南不建议筛选寡核苷酸库（由许多较短的 DNA 序列组成，通常少于 200bp），如今却可以利用寡核苷酸库组装更长的序列；指南也未涉及台式 DNA 合成设备的内容，由于这些设备是在客户端防火墙后面进行操作的，它们给指南中描述的序列筛选过程带来关键挑战；工程生物学正在不断扩大绕过筛选系统的潜力。指南仅适用于双链 DNA 的合成，但单链 DNA 和 RNA 均可在实验室中生成双链 DNA。此外，对于合成 DNA 的供应商和基因合成设备的制造商，目前缺乏保障其安全的措施的指南或法规。

2019 年 11 月，美国国防大学（National Defense University）和科学政策咨询公司（Science Policy Consulting LLC）的研究人员发布题为《合成生物学产业实践、生物安全机遇以及美国政府潜在作用》（*Synthetic Biology Industry Practices and Opportunities for Biosecurity and Potential Roles for the U.S. Government*）的报告，报告基于研讨会期间的访谈和讨论，收集了 50 多位专业人士的意见，并对其观点进行提炼，梳理了合成生物学工具和能力的潜在滥用风险（信息框 5-2）[1]。

信息框 5-2　《合成生物学产业实践、生物安全机遇以及美国政府潜在作用》中所提的合成生物学工具和能力的潜在滥用风险

参与发布报告的大多数行业代表认为，确认并减少与合成生物学工具被滥用相关的风险是值得努力的。然而，在讨论潜在滥用风险时，必须首先承认，这些工具主要是用于开发有用的产品、解决挑战并促进社会发展。一些行业代表认为，所有类型的工具都可能具有两用性，因此不应对某些合成生物学工具进行额外审查。也有人认为，这些工具的广泛传播本身是值得鼓励的，因为它有助于基层创新，并改善包括与生物安全相关成果在内的社会成果。

参与滥用相关讨论的行业代表提供了非常广泛的潜在风险和危害场景范围，从大流行病原体到降低滥用对经济和伦理损害的影响等。其中包括以下几个方面。

- 利用合成 DNA 制造有害病毒或其他传染制剂。
- 设计针对人类、植物或动物的蛋白质、基因组编辑器和/或载体。
- 进行生物体工程化从而产生新的毒素和/或在体内产生毒素。
- 开发无意中增强现有病原体或制剂的新产品。
- 可能会更容易地制造生物武器（病原体）。

---

1 Carter S R, DiEuliis D. Synthetic Biology Industry Practices and Opportunities for Biosecurity and Potential Roles for the U.S. Government. 2019. https://wmdcenter.ndu.edu/Portals/97/SynBio-Industry-and-Biosecurity-Nov- 201912.pdf [2021-9-7].

- 初创公司可以获得资金并将其用于非法活动。
- 病原体探测器（或其他基于生物的传感器）可能出现假阳性/阴性。
- 生物黑客或研究人员可以编辑自己或他人的 DNA（包括生殖系编辑）。
- 研究人员或其他人可以在未经授权的情况下释放基因驱动生物。
- 公司可能受黑客攻击，导致知识产权损失和/或数据损坏。
- 公司可能会制造出伦理上存疑或具有意外伦理后果的产品。

这些关注点包括许多已经确定并先前由美国国家科学院描述的案例，如研究人员在人体上进行不适宜的生殖系编辑。

　　近年来，我国也愈加重视生物安全体系建设，通过制定相关法律法规和政策措施，不断提升国家生物安全治理能力。2017 年，我国发布了《生物技术研究开发安全管理办法》，进一步加强了对生物技术研究和开发的监管。随后，全国人民代表大会常务委员会审议并于 2020 年通过了《中华人民共和国生物安全法》（以下简称《生物安全法》）。这部法律的颁布施行，标志着我国生物安全进入依法治理的新阶段。《生物安全法》聚焦生物安全领域主要风险，完善风险防控体制机制，全面规范生物安全相关活动。《生物安全法》的施行，为我国防范生物安全风险和提高生物安全治理能力提供了坚实的法律支撑，为实现生物安全风险的"全链条"防控提供了可靠的制度依据，对保障国家安全和社会公共利益具有重要意义。

　　随着合成生物学领域的迅速发展，数据安全越来越重要。一方面，生物实验室自动化水平不断提升，在标准化和自动化开发体系中，"生物砖"（BioBrick）等元件库的数据和材料的共享与分发主要采用开放生物材料转移协定（OpenMTA），允许元件接收者对所接受的元件进行二次分发，并配套了一系列开源软件。合成生物学的这些自动化平台以及开源元件、软件的开发利用，使得非法访问、远程操控甚至恶意使用成为可能。另一方面，生物元件、基因线路、底盘细胞等在设计、测试等环节中产生了大量数据，并实现了这些数据的开放共享，使获取及利用各类信息数据更加便捷、门槛更低，数据的安全、隐私及知识产权问题也更加突出。另外，云实验室的发展也带来了生物安全和数据安全的新挑战。在云实验室中，基因组数据等敏感信息的存储和管理需要特别注意。因此，应该加强对云实验室的监管，制定相应的生物安全准则和管理模式，防范网络入侵风险，避免黑客破坏或篡改实验室机器人的操作程序。未来，随着采用云实验室外包的模式的增多，需要建立相应的指导方针、负责任的创新管理体系，这不仅可以促进知识的合理共享和外包服务的提升，还能有效地保障生物安全。

　　因此，应密切关注合成生物学技术的特点、发展趋势及应用的变化，培养和建设识别不同技术、方法与产品的关键风险点的能力。要不断完善科学监管的能力，开发专业工具、标准和方法，增强对新技术、新产品监管判定的确切性和一致性，确保对合成生物学技术与成果转化或产品应用的安全进行科学而全面的评估及监管。同时，提升对数据安全风险信息的获取、分析、研判、预警能力，不断及时补充或升级针对新兴技术和产品的安全评价方法、工具与程序，动态更新两用研究（DURC）相关的评价方法和"负面清单"。根据不同的风险等级，制定相应的分类管理措施，建立科学有效的风险防范治理体系。正如世界卫生组织于2022年9月发布的《负责任地使用生命科学的全球指导框架：降低生物风险和管理两用研究》（*Global Guidance Framework for the Responsible Use of the Life Sciences: Mitigating Biorisks and Governing Dual-Use Research*）报告[1]所指出的那样，生命科学正在与化学、人工智能、纳米技术等领域融合，可能带来传统生物风险框架中没有涵盖的威胁。生物风险治理体系需要建立一个全面、有预见性、灵活性、持久和反应及时的指导框架，该框架以生物风险治理的实验室生物安全、生物安保和"两用"生命科学研究的监督三个核心支柱为基础，涵盖神经科学、生物信息学、基因编辑、合成生物学等领域可能产生的风险，同时呼吁各国政府、科研机构和利益相关者积极采取行动，落实框架中的建议和指导，以确保生命科学与生物技术的负责任使用和发展。

第七节 监管体系的完善

生物技术在从传统生物技术、近代生物技术到现代生物技术的发展过程中，对监管对象的认知逐步由合成产品扩展至合成技术与产品，监管动因也随之从"事后监管"向"事前、事中监管"演进。监管内容日益深入，监管主体分工不断细化，监管方式渐进完善[2]（表5-1）。

表5-1 生物技术及产品的监管历程

发展阶段	监管动因	监管内容	监管方式	监管主体
传统生物技术	维护市场秩序	掺假产品	真伪产品的比对	行业、政府
近代生物技术	事件驱动	有不良副作用的产品	安全性、有效性、一致性评价	政府、行业
现代生物技术	从源头防止不良事件的发生	存在安全风险的产品、技术	有效性、安全性、一致性评价、"两用"技术评估，伦理风险评估	政府、行业、资助机构、研究机构

生物技术的发展及监管史表明，科技创新与技术、产品的监管如影随形，相关监管面临的挑战在于：如果监管不力，不仅可能引发社会公共安全和伦理等风

1 World Health Organization. Global Guidance Framework for the Responsible Use of the Life Sciences: Mitigating Biorisks and Governing Dual-Use Research. Geneva: World Health Organization, 2022.

2 陈大明, 朱成姝, 汪哲, 等. 生物合成科技与应用的监管. 科学通报, 2023, 68(19): 2457-2469.

险,也无法从根本上保证科技创新活动的有序发展,甚至直接损害科技创新活动;如果监管过度,可能会限制科技创新的快速发展,也不利于将科技成果向应用转化。与基因工程技术相比,利用合成生物学技术开发的产品的类型更多,涉及的产业类型更广;产品的质量指标更精准,具有更高阶的关键工艺参数,或需要更先进的检测技术,这也使得产品的安全性、稳定性、一致性测试或评价的传统规范或理念受到挑战。正是因为这种挑战,合成生物学时代的监管面临越来越多、越来越复杂的难题,需要分析凝练涉及技术研发、产品准入、市场监管等多方面的关键问题,并分门别类地归纳总结,再结合对真实世界代表性案例的分析,探索适用于不同应用场景的监管准则,发展相关的标准、规范或工具,在伦理、安全、法律的基本框架下,构建与生物合成科技和应用阶段相适应的监管体系、多方协同的管理机制,才能有效保障合成生物技术的创新与应用。美国总统科技顾问委员会(PCAST)在《生物制造促进生物经济发展》的报告中指出,对于许多生物产品,尤其是那些新型或前沿的生物产品,国家需要建立新的监管程序,在保持严格审批的同时,加快这些产品通过审查和批准程序的速度。监管的不确定性还可能导致审查时间过长,阻碍商业发展。报告同时建议,美国食品药品监督管理局(FDA)、环境保护署(EPA)和农业部(USDA)应通过借鉴过去产品审查过程的演变经验,创建开放获取、可搜索的新生物产品确定途径或途径库,为新生物产品的监管审查和批准制定简化的模型途径。

首先,要进一步完善科技项目立项与组织实施方式,制定科学、灵活的预算与费用分摊机制,配套相应的资源投入与经费使用政策。其次,要针对合成生物学技术及产品的特点,厘清研发、成果转化与产品准入等关键节点上的"新生点"与现有监管政策之间的接口,对于能够"衔接"的部分,可以通过实施案例尽快明确;对于有"难点"或"堵点"、在衔接中不适应或难接口的部分,可以从研发和政策两个方面,开展和制定"调整性衔接"的研究与措施,尽早解决问题,降低操作成本;对于管理中明显存在不确定性,甚至有漏洞或空白的部分,应正视问题,开展监管科学和政策研究,探索科学、理性、有效、可行的管理原则,制定研发、生产、上市等各环节的配套措施,明确上市前申报、上市后监管的标准和评估路径,适时按需推出新的法规、指南或标准,并依法依规实施,实现管理政策上的创新与"突破"。最后,要进一步厘清监管部门的责权,明确谁来管、管什么、如何管;同时,还应建立完善统筹协调的机制,增强监管的系统性、整体性和协同性。

随着合成生物学的不断发展,跨学科人才的需求越来越大。然而,合成生物学的会聚发展模式,需要创新的人才培养和教育模式,要形成立足于跨学科的研究团队和梯队,同时强调学科建设与人才培养的结合。一方面,要进一步加强合成生物学的学科建设,夯实多学科的专业基础,致力于跨学科的创新研究;通过实施相关的教育计划，逐步建立合成生物学的学科教育体系。另一方面，通过国家、地方基地（平台）建设与人才队伍建设相结合，培养具备跨学科研发能力的人才队伍。注重学科建设与人才培养相结合，全面开展科学思维、自主学习、人际交往、团队协作、跨学科交流等能力训练。经合成生物学"会聚"研究能力的培养，保持独特的创新文化和合作分享文化，培育造就跨学科的研究梯队和系列人才，集中解决合成生物学的关键科学问题和产业转化问题[1]。

最后，应针对合成生物学科学传播与公众认知/参与的影响因素和有效途径等问题，建立合成生物学各级科普教育基地与科学传播平台，培养专业的合成生物学科普人才和传播队伍，促进合成生物学科技及其产业的健康发展。

总之，在合成生物学大发展的时代，要建立起让各类相关人员能够听见、听清且听懂的协同治理体系，需要从场景解决方案的角度出发，定义最初的设计，并由此解决创新治理方面的痛点、堵点和难点，从而促进治理效能的整体提升。

---

1 赵国屏. 合成生物学：从"造物致用"到产业转化. 生物工程学报, 2022, 38(11): 4001-4011.

结　　语

合成生物学采用理性设计以及"自下而上"的策略，从生物元器件、模块到复杂途径网络，有目的地设计并合成或重构具有特定功能的人工生物体系；这种从元件到器件模块再到生物网络的方法，一方面提升了在活细胞内大规模设计和操作基因的能力，另一方面颠覆了当前生命科学的研究模式，极大地促进了我们解析生物学的重大基本问题、解决新的生命过程与生物系统的难题，并拓展了挑战复杂系统问题的极限。

今天的合成生物学，不仅逐步将对生命系统的研究提升到"可定量、可预测、可合成"的新高度，而且深刻影响了物理与化学的发展，引发了一场从根本上提升生命世界（包括人类自身）"能力"的"会聚研究"革命。同时，一系列使能技术的突破加快了合成生物学的工程化应用，开创了以构建分子机器和细胞工厂为代表的合成生物制造的新兴生物工程领域，揭开了合成生物学"建物致用"的产业前景的"帷幕"。合成生物学技术正在加速向绿色制造、健康诊疗、农业生产、环境保护、生物安全等领域渗透和应用，为培育打造绿色工业经济、破解疾病和衰老难题、保障粮食有效供给、保护绿色生态环境与构建国家安全体系等提供重要解决方案，有望引领产业技术变革的方向，为生物经济的发展创造巨大的新机遇，推动引发生产方式、社会模式的深刻变化。

合成生物学作为一个典型的新兴和"会聚"科学领域，早已超越了简单的学科"交叉"，不仅是科学与技术、工程的融合，更是自然科学与社会科学的协同；该领域既与"大数据+人工智能"结合，又得到信息共享、工具开源的"互联网+"平台的支撑，"赋能"潜质正逐步显现。然而，要真正实现这些"会聚"创新及"赋能"应用，仍面临着一系列的挑战。其中一大挑战就是标准化、模块化、系统化的建立。为了使合成生物学能够发挥其潜力，需要在生物部件、设备和系统之间建立一种标准化的接口，以便在不同的环境中进行互操作和组合。此外，还需要开发出更加高效和准确的生物设计与建模工具，以便更好地预测和控制生物系统的行为。另一个挑战是可访问、可兼容、可协作、可预测的体系建立。随着合成生物学的发展，将会有越来越多的生物部件、设备和系统被开发出来，如何有效地管理和使用这些资源将成为一个重要的问题。因此，需要建立起一个有效的体系，使这些资源能够被广泛访问、组合和共享，同时保证其兼容性和协作性。生物安全的要求和生物系统的特点也是影响合成生物学发展的重要因素。为了保证生物系统的安全性和稳定性，需要建立起严格的质量控制和监管体系。此外，还需要研究和了解生物系统的特点与规律，以便更好地对其进行设计和改造。虽然面临种种问题和阻力，但这种让人类摆脱自我及环境"条件"束缚、能够真正自由发展、推动社会生产力革命性进步的趋势，是不可阻挡的。

总之，首先需要从开创新格局的战略思考出发，总结合成生物学发展过程中积累的经验教训，"倒逼"认识合成生物学发展战略布局中的问题，需要从合成生物学提升"发现能力""创新能力"和"建造能力"的目标出发，认识实现其核心理论与关键技术工程突破的"瓶颈"，探索推进合成生物学科技创新突破所应采用的战略布局、思路方法，并思考实现的方向与途径；其次，需要从合成生物学的颠覆性特点出发，剖析会聚研究带来的新风险与新挑战，开展长期的监管科学以及伦理、安全、知识产权方面的研究，开发和使用新的工具、标准与方法，建立系统的风险评估与治理体系，乃至"会聚"文化和创新生态，这将有助于加快推动合成生物学在化工、制药、材料、能源、轻工、食品等领域的规模化应用，构建绿色、可持续的合成生物学产业技术体系，引领生物经济发展。

附表 全球合成生物学领域代表性企业及其专利

企业	国家/地区	分类	成立时间（年）	产品或技术示例	代表性专利	技术内容说明
20N Labs	美国	制造	2013	有机物合成的开源平台	US15408317	肌肽和β-丙氨酸的生物合成
64-x	美国	制造	2017	微生物设计	US62847904	编码治疗性多肽或其部分的外源核酸序列，从皮其表达用的工程菌
Advanced BioCatalytics Corporation	美国	制造	1996	表面活性剂	US13851033	基于化学的蛋白质表面活性剂复合物（PSCTM），应用于清洁剂、工农业湿润剂、废水处理、环境修复
Aemetis	美国	制造	2005	乙醇	US12112776	降解植物的海洋细菌（Saccharophagus degradans）的纤维素酶和辅助酶、酶混合物
Ambrx	美国	制造	2003	非天然多肽	US11924101	正交氨酰-tRNA合成酶（O-RS）
American Process	美国	制造	1995	生物基产品（利用木质纤维素生产）	BRPI112012007928	使用醇、二氧化硫和水的混合物的预处理，将木质纤维素材料分级为纤维素、半纤维素和木质素；使用酶、微生物和亚硫酸氢根离子的进一步处理将中间产物转化为醇与木质素衍生物
Amyris	美国	制造	2003	萜类化合物	US13542491	萜烯合酶变体的宿主细胞
Antheia	美国	制造	2015	生物碱	US16149025	工程化的差向异构酶
Arbiom	美国	制造	2012	生物基化学品	US62263597	将木质纤维素生物质转化为葡萄糖、木糖和木质素的技术工艺
Archer-Daniels-Midland	美国	制造	1902	酸化剂、变性乙醇、多元醇	CN200980126030.4	利用木聚糖降解酶等，实现可再生化学品的生产
BASF Enzymes LLC	美国	制造	1992	淀粉酶和葡萄糖淀粉酶等	EP07869797	自动化和高通量技术构建与快速筛选基因表达库
BIO-CAT/BIO-CAT Microbials	美国	制造	2004	芽孢杆菌组合物、真菌脂肪酶制剂	US62016855	利用酶技术与微生物组合，用于营养食品加工、动物营养配方

续表

企业	国家/地区	分类	成立时间（年）	产品或技术示例	代表性专利	技术内容说明
Biocatalysts	美国	制造	1986	工业用酶	GB0427077	定制酶的发现、开发和制造
Biomason	美国	制造	2012	用产酶细菌制造的建筑材料	US13093335	利用芽孢杆菌水解尿素制备生物水泥（产生二氧化碳与钙离子结合形成碳酸钙）
BioResource International	美国	制造	1999	用于促进肉型家禽生长的组合物	CN201110301052.9	发现、设计和生产具有功能特性的特殊饲料添加剂（酶）
Biosynthetic Technologies	美国	制造	2013	聚内酯基润滑油和润滑剂	AU2011296575	设计和开发由植物油中发现的有机脂肪酸制成的生物基合成分子
Biota Technology	美国	制造	2014	抗菌或抗病毒的功能开发平台	CN201010537940.6	通过专有数据库提高数据产品的准确性和精确度，为产品开发提供新的功能分析
Bolt Threads	美国	制造	2009	MICROSILK™（蜘蛛丝纤维）	US15558548	具有长特殊重复单元的长多肽品质
Bristol-Myers Squibb	美国	制造	1887	蛋白表达操纵系统	US15774138	操纵和或控制制多肽品质
Calysta	美国	制造	2012	利用微生物将甲烷转化为海鲜和性畜饲料、塑料等制品用的蛋白	US15311080	以天然气或甲烷为原料，利用重组 C1 代谢微生物、制备脂肪胺辅酶 A、脂肪醛、脂肪醇、烷类和酮类等较长碳链化合物
Cargill	美国	制造	1865	醛缩酶催化的产品	US13235107	编码具有醛缩酶活性的多肽的多核苷酸的制备
Celanese	美国	制造	1918	热塑性聚酯（聚对苯二甲酸丁二酯，PBT）	DE59810174	通过热塑性塑料定制复合材料
Cellana LLC	美国	制造	2009	利用光合微生物生产油	US10582029	利用海洋微藻进行光合作用、生产油脂、藻类油原料，动物饲料/食品和生物燃料的系列产品
Cellibre	美国	制造	2017	基于细胞的新型大麻素生产	WOUS21021413	用于生产大麻素的新型异戊二烯基转移酶，以及制备和使用这种异戊二烯基转移酶的方法
Cemvita Factory	美国	制造	2017	生物基化学品	WOUS21023332	改造微生物来利用二氧化碳或甲烷作为原料以生产工业化学品
Checkerspot	美国	制造	2016	利用微藻来生产滑雪板材料、高性能纺织用化学品	US62725214	化学改性微生物衍生的甘油三酯，可用于聚氨酯化学制品生产
ChemDiv	美国	制造	1996	药用活性成分	WORU06000528	主要用于药物的临床前发现和临床试验

续表

企业	国家/地区	分类	成立时间（年）	产品或技术示例	代表性专利	技术内容/说明
Codexis	美国	制造	2002	CodeEvolve®平台（蛋白质筛选生产）	US14768408	编码工程化转氨酶多肽的多核苷酸
Cool Planet Energy Systems	美国	制造	2009	开发碳氢化合物和生物碳产品	US13189709	从生物质中生产生物碳和可再生负碳燃料的系统
Curle Co.	美国	制造	2007	开发可持续的个人护理产品		
Daicel Arbor Biosciences	美国	制造	2006	手性分离业务，用于药品等材料的研发和生产		
Danimer Scientific	美国	制造	2004	聚羟基链烷酸酯	US10089281	制备聚羟基链烷酸酯晶体的方法，可用于创造添加剂、纤维、薄膜树脂、热熔胶和嘴唇代替聚合物等
Demetrix	美国	制造	2015	利用合成生物学技术制造天然药物来制造医疗药物	US62902300	四氢大麻酚酸（THCA）合酶多肽
DMC Biotechnologies	美国	制造	2014	成功实现了商业规模生产 L-丙氨酸		
Domtar	美国	制造	1848	纸张、纸浆	US16115163	将纤维素纸浆与酶组合物接触以产生可发酵精
Double Rainbow Biosciences	美国	制造	2017	天然产品制造	US17906374	治疗与异柠檬酸脱氢酶（IDH）功能障碍有关的疾病的方法
Dupont	美国	制造	1897	二十碳五烯酸	US11264737	含油酵母解脂耶氏酵母的工程化菌株
Dyadic International	美国	制造	1979	开发利用制造生物基化学品	US12205694	C1技术用于基因发现，开发及酶和其他蛋白质的生产
Earth Energy Renewables	美国	制造	2012	生物基羧酸、多元醇、烯烃	US14135044	从生物质中生产短链和中链脂肪酸的方法
Eastman Chemical Company	美国	制造	1920	维EA酸酯等酯类化学品	US11544152	通过纤维素交联、羧基低压技术等生产工业聚合物
Ecovia Renewables	美国	制造	2014	高性能生物基材料	US62910648	吸水性交联聚合物聚酸
EdeniQ	美国	制造	2008	纤维素乙醇	US13000919	从玉米粒纤维中生产纤维素乙醇的工艺
Elevance Renewable Sciences	美国	制造	2007	精细化学品	US14596044	利用专有的烯烃复分解技术，从可再生原料中创造出新颖、高性能的工程聚合物

续表

企业	国家/地区	分类	成立时间（年）	产品或技术示例	代表性专利	技术内容说明
Exxonmobil	美国	制造	1999	脂肪酸	US13453235	表达脱氢酶以合成脂肪酸、脂肪酸衍生物或生物脂质
Gadusol Laboratories	美国	制造	2017	生产基于海洋生物的天然防晒化合物	WOUS22018377	化合物制剂
GALY	美国	制造	2019	棉花	WOUS20034413	含有多个棉花细胞的溶液的反应器，用于在实验室内生产棉花
Geltor	美国	制造	2015	胶原蛋白	PCTUS2018061882	利用机器学习设计胶原多肽的非天然合成方案
Genomatica	美国	制造	1998	1,4-丁二醇	US13286135	4-羟基丁酸和1,4-丁二醇的生物生产
Georgia-Pacific	美国	制造	1927	有机化学品	EP14845180	利用污泥和木质纤维素生物产生乙酰丙酸
Gevo	美国	制造	2005	异丁醇	PCTUS2013041064	表达转运蛋白的重组酵母
Gilead Sciences	美国	制造	1987	MMP9结合蛋白	US13935370	编码结合基质金属蛋白酶-9 (MMP9) 的细胞
Ginkgo Bioworks	美国	制造	2008	开发香料、甜味剂、化妆品成分、药物分子、益生菌及其他天然产品	US20170240886A1、US10801045B3	开发高通量、自动化的平台来设计生物体，创造出酶和新菌株以用于多个行业
Glucan Biorenewables LLC	美国	制造	2012	葡萄糖生物再生	WO2017015467A1、BR112016014442A2	通过生物化工将生物质能转化为成本效益高的可再生化学品
Glycos Biotechnologies	美国	制造	2007	脂肪酸和高价值化学品	WOUS08013707	利用微生物生产乙醇、乙酸甲酯、琥珀酸酯、γ-丁内酯、1,4-丁二醇、丙酮、异丙醇、丁酸、丁醇、甲羟戊酸、丙酸、乙醇胺和1,2-丙二醇
Glycosyn	美国	制造	2002	岩藻糖基化低聚糖	US15307914	岩藻糖转移酶的表达线路
Goodyear Tire & Rubber	美国	制造	1898	异戊二烯聚合物	US12459399	与启动子连接并编码异戊二烯合酶多肽的线路
Grain Processing Corporation	美国	制造	1943	低聚麦芽糖	US09693496	制备含有化学反应性基质的麦芽糖低聚物
GreenLight Biosciences	美国	制造	2008	开发RNA产品，应用于疫苗开发、作物管理、植物保护	CN107614682A	利用无细胞的生物处理方法，生产低成本、高质量的RNA

续表

企业	国家/地区	分类	成立时间（年）	产品或技术示例	代表性专利	技术内容说明
Greenyug	美国	制造	2011	使用先进技术设计太阳能平台	WO2017031439A1	从可再生资源中研究、开发商品化学品、聚合物与燃料
Heliae	美国	制造	2008	基于微藻生产的化学品	US13680961	富含ω7脂肪酸的组合物和分离ω7脂肪酸的方法
Huue	美国	制造	2018	不依赖石油或有毒的靛蓝		
Industrial Microbes	美国	制造	2013	使用新的原材料和回收废物用于化学生产的农业和太空探索	US10689674B2，US2020027636A2	将酶从甲烷营养体转移到工业生物体内，从而生产低成本的菌株
Invista	美国	制造	2003	尼龙中间体和聚合物树脂的生产	CN201280040122.2	生物合成1,3-丁二烯的方法
Joule Unlimited	美国	制造	2007	光合生物线路，可将二氧化碳直接转化为可再生燃料，如乙醇或碳氢化合物，用于柴油、喷气燃料和汽油	US12208300	赋予异养生物光自养特性的生物线路，可由工程化细胞将二氧化碳和光有效地转化为目标化学品
Kalion	美国	制造	2010	为工业和制药行业生产化学品。它提供用于水处理的葡萄糖醛酸	RU93008155	利用植物生产高纯度的氢氧化钾
Kiverdi	美国	制造	2008	以二氧化碳和氢气为原料的化学合成	US62454347	利用氢氧化细菌和其他耗氢微生物，将二氧化碳等C1底物转化为植物源营养物、肥料和生物调节剂
KnipBio	美国	制造	2013	聚羟基链烷酸酯（PHA）、类胡萝卜素化合物	US16467471	产聚羟基丁酸酯（PHB）、番茄红素、玉米黄质、叶黄素、角黄素、虾青素的微生物
Kraig Biocraft Laboratories	美国	制造	2006	蜘蛛丝纤维、蚕丝蛋白	US17172818	由编码蜘蛛丝序列组成的供体序列的载体，蜘蛛丝序列的蜘蛛丝蛋白；将基因编辑组件和载体应用于家蚕细胞，用于生产蚕丝蛋白
Living Ink	美国	制造	2013	将藻类转化为可持续的油墨，用于印刷	US16677644	利用微生物、以生物质为原料生产炭黑颜料的方法
Logos Technologies	美国	制造	1996	鼠李糖脂	US15146508	生产鼠李糖脂的半连续发酵方法
Lumen Bioscience	美国	制造	2017	甘油三酯	US13761025	编码二酰基甘油酰基转移酶等的蓝细菌基因线路
Lygos	美国	制造	2010	L-天冬氨酸	CA3042854	编码L-天冬氨酸速径酶和L-天冬氨酸脱羧酶

续表

企业	国家/地区	分类	成立时间（年）	产品或技术示例	代表性专利	技术内容说明
Manus Bio	美国	制造	2011	萜烯和萜类化合物等	CN20188002646.6	生产萜烯或萜类化合物的方法，通过上游甲基赤藓醇磷酸途径（MEP）产生异戊烯焦磷酸（IPP）和二甲基烯丙基焦磷酸（DMAPP）
MBI International	美国	制造	1991	培养基中有含镁化合物的发酵	US1248417	在产富马酸的真菌培养中，培养基的pH保持在至少5，且与含镁化合物接触
Mercurius Biorefining	美国	制造	2010	甲酸、甲酸乙酯、糠醛	US13815308	将纤维素生物质转化为碳氢化合物
Microvi	美国	制造	2004	用于饮用水、废水等行业的生物催化技术	US13918868	合成微生物的生物催化剂群落
Modern Meadow	美国	制造	2011	提供生物基真皮革材料，旨在提供由活细胞制成的无动物皮革	US62295435	使用DNA编辑工具来设计并专门生产胶原蛋白，这类胶原蛋白分子用于形成纤维网络、组装成生物皮革
Modular Genetics	美国	制造	2000	酰基氨基酸	US14776805	工程化手段对肽合成酶多肽的基因线路进行改造
Mogene	美国	制造	2004	微生物产烃	US13005691	利用微生物产生环氧基酸，结合植物酶来氧化氨基酸并产生烯烃（如1-丁烯或丙烯）
MycoWorks	美国	制造	2013	非塑料和非动物材料	US15650779	由真菌组织生长形成的多孔材料
Myriant	美国	制造	2005	有机酸	CN201180073603.9	利用该公司专有单步厌氧发酵工艺，将甘油转变为有用的有机酸
NatureWorks	美国	制造	1997	聚乳酸	CN200710127898.9	将二氧化碳或甲烷等温室气体转化为乳酸
Newlight Technologies	美国	制造	2003	聚羟基链烷酸酯（PHA）	US16671020	利用微生物生产聚羟基链烷酸酯
Nucelis	美国	制造	2010	角鲨烯	US12471273	由乙酰辅酶A羧化酶和羟甲基戊二酸单酰辅酶A（HMG-CoA）还原酶利用基因组成的线路
Oakbio	美国	制造	2009	生物反应器系统，可用于生物基化学品	WO20211022248A1, US2021014787A2	利用碳捕获利用/转换技术将二氧化碳转化为有价值的产品
Oil Plus	美国	制造	1978	提供原油分离解决方案	EP07251409	筛选原油中环烷酸的烃组合物

续表

企业	国家/地区	分类	成立时间（年）	产品或技术示例	代表性专利	技术内容说明
OneSkin	美国	制造	2016	开发用于治疗皮肤的化合物	US16132297	通过体外检测皮肤老化的生物标志物，发现治疗皮肤化合物的方法
PILI	美国	制造	2015	生产可再生墨水	FR17050577	将放线菌素和/或其衍生物作为着色剂
Plant Sensory Systems	美国	制造	2007	牛磺酸等	US16091753	在细菌和植物中设计代谢或信号通路，实现牛磺酸的生物合成
POET	美国	制造	1987	生物乙醇等	US11546522	使用原料淀粉生产乙醇与选择植物材料的方法和系统
Pow.Bio	美国	制造	2019	工业和合成生物学提供智能发酵服务		
Procter & Gamble	美国	制造	1837	消费品的创新和生产	US05493953	公开了一种洗涤剂组合物，其结合了特定的乙氧基化两性离子化合物与其他类型的表面活性剂和洗涤剂助洗剂的组合，以提供增强的土壤颗粒去除能力
Provenance Biofabrics	美国	制造	2016	用于制药、材料和食物方面的全长胶原蛋白	US62847769	过氧化物酶体的表达
Pure Biomass	美国	制造	2011	生产用于藻类生长的光生物反应器培养系统		
PureVision Technology	美国	制造	1999	使用生物精炼工艺将生物质（如小麦秸草、玉米茎等可再生的植物部分）转化为增值产品和商品	WO2014092992A1、IN245219A2	利用其连续逆流反应器（CCR）设备将非食用生物质快速转化为纸张、黏合剂、复合材料等
Pyrone Systems	美国	制造	2021	研发生物农药	US16783122	使用脂肪酸原料在酵母中生产大麻素
Renaissance BioScience	美国	制造	2013	在非诱导条件下表达细胞壁天冬酰胺酶的酵母	US15742115	酵母菌株能够在非诱导条件下降解L-天冬酰胺，其中非诱导条件包括适应性进化和诱变的重复循环
Renew Biopharma	美国	制造	2017	基于光合生物生产的化合物	AU2010295739	用于生产各种物质的转化方法
Renewable Energy Group	美国	制造	2006	生物柴油	US14897174	用于生产生物柴油的光生物反应器系统
Renmatix	美国	制造	2003	生物基化学品	CN2012800214616	用木质纤维素生物产生的可溶性C5糖

续表

企业	国家/地区	分类	成立时间（年）	产品或技术示例	代表性专利	技术内容说明
Sapphire Energy	美国	制造	2007	基于光合作用微生物的产品和工艺	EP0836521	用于捕获和改造大的基因组DNA、合成叶绿体
Solix Algredients	美国	制造	2006	基于藻类生产的原料	US13046559	基于光生物反应器的生产
Solugen	美国	制造	2016	生产来自植物衍生品的高性能化学品	WO2019156684A1, WO2021142024A2	利用生物激发反应将植物材料作为原料生产化学品
Sweetwater Energy	美国	制造	2006	微晶纤维素、纳米纤维化纤维、纯木质素	US12633555	生物质的预处理
Sylvatex	美国	制造	2012	开发了可再生纳米化学平台，用于工业加工、材料稳定性和燃料领域	US2019031226A1, WO2017147336A2	利用其MicroX平台将材料（如酒精、水、锂和其他各种金属与阴离子）在胶束溶液中结合，产生大小和形状一致的正极材料颗粒
SyntheZyme	美国	制造	2008	生物聚合物、生物基杀菌剂/生物基材料、表面活性剂/生物基材料	US9051347B2, EP2536776A5	专注于生物聚合物、生物表面活性剂的开发
Tepha	美国	制造	1998	医用的可吸收生物材料	US09535146	医用的多羟基烷酸酯聚合物
Tethis	美国	制造	2012	改性的生物聚合物	CN201580040593.7	交联的、电荷改性的生物聚合物生产
The Coca-Cola Company	美国	制造	1892	生物基的聚合物	JP2011552959	生物基的聚对苯二甲酸乙二醇酯
Trelys	美国	制造	2012	使用基于氢气和二氧化碳的生物转化技术、增加动物饲料中补充氢基酸的使用	US15571777	基于氢气和二氧化碳生产氨基酸
Verdezyme	美国	制造	2005	利用生物算法从可再生的非食品来源生产化学品	CA2841794	通过其专有平台将多种非食用物基的可再生原料转化为多种广泛使用的高价值化学品
Visolis	美国	制造	2012	甲羟戊酸内酯	US62084689	生物来源的甲羟戊酸
VitroLabs	美国	制造	2016	基于细胞的皮革生产	US15493083	制造合成革的方法，包含合成纤维细胞的人工真皮层
White Dog Labs	美国	制造	2012	利用能够同时消耗糖和二氧化碳的专有技术生产化学品、富含蛋白质的饲料等	US15055045	利用其专有技术生产化学品、丙酮、异丙醇、丁酸等的发酵生产
Yield10 Biosciences	美国	制造	1992	多羟基丁酸酯	US12764516	将多个基因导入植物、使其产聚羟基链烷酸酯

续表

企业	国家/地区	分类	成立时间（年）	产品或技术示例	代表性专利	技术内容/说明
Zymergen	美国	制造	2013	工业菌株	US1613613	葡萄糖通透酶基因及受天然谷氨酸棒杆菌启动子或由其衍生的突变启动子控制的表达线路
Zymochem	美国	制造	2013	生物基化学品	IN201627009507	表达己二酸途径酶、6-氨基己酸途径酶、ε-己内酰胺途径酶、6-羟基己酸途径酶等的基因线路
3T Biosciences	美国	健康	2017	靶向实体瘤的新型免疫治疗用蛋白	US62726060	人工设计的单链三聚体（SCT）多肽合成
Abeona Therapeutics	美国	健康	2013	ABO-101 和 ABO-102（孤儿药）	US13491326、US14950387	基于腺相关病毒（AAV）载体的圣菲利波综合征的基因治疗（从美国儿童医院获得专利许可）
AbSci	美国	健康	2011	全长抗体、胰岛素等复杂蛋白质	CN201380041522.X	利用大肠杆菌受控地诱导各基因组产物的可诱导共表达系统
AddGene	美国	健康	2004	提供高质量质粒库		
Affini-T Therapeutics	美国	健康	2021	开创工程 TCR-T 细胞疗法的先驱，具有尖端的合成生物学和基因编辑增强功能，以靶向致癌驱动突变，这些突变专门改变其生物学核心的所有肿瘤细胞		
Alltrna	美国	健康	2018	开创 tRNA 治疗方法，以治疗数千种疾病		
Anthenia	美国	健康	2015	开发植物药物		
AskBio	美国	健康	2001	使用挽救生命的腺相关病毒（AAV）载体来提供校正的基因，涵盖了中枢神经系统、神经肌肉、代谢和心血管疾病		
Autolus	美国	健康	2014	用于治疗癌症的新一代 CAR-T 细胞疗法	NZ719859	在细胞表面共表达第一嵌合抗原受体（CAR）和第二嵌合抗原受体的 T 细胞
Azitra	美国	健康	2014	皮肤病的重组微生物治疗	US1610051	表达重组 LEKTI 结构域的工程化微生物

续表

企业	国家/地区	分类	成立时间（年）	产品或技术示例	代表性专利	技术内容说明
Bellicum	美国	健康	2004	半胱天冬酶9"开关"	US14296404	半胱氨酸天冬氨酸蛋白酶多肽诱导靶部分细胞凋亡的方法
Berkeley Lights	美国	健康	2011	精准的细胞系开发、抗体发现和个性化细胞疗法	US13940424	在微流体装置中培养细胞
BiomX	美国	健康	2017	噬菌体疗法	PCTIB2018001128	裂解克雷伯菌属细菌的噬菌体（炎性肠病调节）
Biosartia Pharmaceuticals	美国	健康	2012	识别和发展免疫调节疗法		
Bluebird Bio	美国	健康	2012	ZYNTEGLO™（β地中海贫血治疗）	PCTUS2017017372	用于基因治疗的增强子组合物
Calico Labs（Google）	美国	健康	2013	研发衰老相关药物		
Casebia Therapeutics	美国	健康	2011	治疗血友病	US1613536	敲除基因组中的 FVIII 编码基因（用基因编辑）
CB Therapeutics	美国	健康	2015	生物合成医用大麻素	US15719430	以糖或其他质为原料，通过酶处理或在有机体内处理且得到用于大麻素生产的融合蛋白
CDI Laboratories	美国	健康	2008	结合蛋白质组学文库和合成生物学来创建单体抗体平台 Monomabs™，蛋白质组学验证的单特异性单克隆抗体和免疫分析服务平台 Antygen™	US13704592	用于产生、验证和使用单克隆抗体的方法与系统
Cell Design Labs	美国	健康	2015	嵌合多肽	CN201880033767.0	诱导哺乳动物细胞中单链嵌合多肽的膜定位的方法
Chimera Bioengineering	美国	健康	2015	使用 RNA 去稳定元件协调基因表达的 CAR-T	US62630191	基于 RNA 的基因调节系统解决 CAR-T 的挑战，为重新编程免疫系统提供 T "软件"
Codagenix	美国	健康	2012	减毒活疫苗	PCTUS2017053047	使用软件重新编码病毒的基因组
Cogent Bio	美国	健康	2014	表达抗体偶联的 T 细胞的受体（ACTR）	US16486741	增强受试者抗体依赖性细胞毒性（ADCC）的方法
Deepbiome Therapeutics	美国	健康	2016	治疗中枢神经系统疾病的药物发现平台		

续表

企业	国家/地区	分类	成立时间（年）	产品或技术示例	代表性专利	技术内容/说明
Distributed Bio	美国	健康	2010	提供计算工具、抗体库等的免疫工程，为以前具有挑战性的靶点开发药物提供解决方案	US15577153	兔抗体的大规模人源化方法
Draper	美国	健康	1902	下一代细胞和基因疗法的开发		
Editas Medicine	美国	健康	2013	β血红蛋白病	PCTUS2017022377	用基因组编辑系统增加γ-珠蛋白基因表达
eGenesis	美国	健康	2015	可移植猪器官	PCTUS2018028539	产生猪内源性逆转录病毒（PERV）元件的多件的多重遗传修饰动物的方法
EnBiotix	美国	健康	2012	开发治疗肺部感染的相关技术	US15746663	治疗葡萄球菌感染的噬菌体
Enveda Biosciences	美国	健康	2019	从植物中设计药物的公司。在知识图谱、机器学习和代谢组学的进步的帮助下，它发现了下一代小分子		
EpiBiome	美国	健康	2013	自动化平台，用于开发噬菌体疗法	WOUS16024371	细菌噬菌体组合物杀灭害虫或共生菌
ETAGEN Pharma	美国	健康	2014	通过编辑组织中的保护性基因组变异来预防疾病		
Exicure	美国	健康	2009	基于球形核酸的构建体	US14907430	新型免疫调节和基因沉默药物，其三维球形核酸（SNA™）结构在多个器官中表现出核酸治疗的潜力
Exo Therapeutics	美国	健康	2018	靶向酶活性的小分子药物	WO2021195183A1	抑制外胚层发育活性与治疗疾病的组合物和方法
Federation Bio	美国	健康	2019	利用天然存在或工程菌细菌以及多样化的支持疾病翻菌落来推动植入和持久的治疗反应	AU2021234298A1	用于治疗疾病的微生物聚生体
Genervon Biopharmaceuticals	美国	健康	2002	运动神经元营养因子	US10578158	编码运动神经元营养因子的序列有关的核酸和由这些序列编码的多肽
GRO Biosciences	美国	健康	2016	DuraLogic™和ProGly™平台化学品，有望为自身免疫和代谢疾病患者提供蛋白质疗法	WO2020106709A1	用于肺部疾病的人DNA酶（DNase）

续表

企业	国家/地区	分类	成立时间（年）	产品或技术示例	代表性专利	技术内容/说明
Hexagon Bio	美国	健康	2016	开发靶向小分子疗法。其专有平台将数据科学和合成生物学相结合，从 DNA 序列中发现和设计药物		
Homology Medicines	美国	健康	2012	β 地中海贫血治疗	US16163061	β 珠蛋白基因（HBB）突变的腺相关病毒（AAV）
Icosavax	美国	健康	2017	计算机设计的病毒样颗粒，用于疫苗中以触发免疫反应	AU2021380755A1	用于偏肺病毒的基于蛋白质的纳米颗粒疫苗
Indee Labs	美国	健康	2015	基因修饰细胞疗法（如嵌合抗原受体 T 细胞）的高效开发		
Inovio Pharmaceuticals	美国	健康	1979	开发流感疫苗	US12269824	启动子连接到直接编码调节抗原表达的抗原核酸序列
Intrexon	美国	健康	1998	治疗用活细菌	US12522527	衍生自乳球菌的序列用作启动子
Intrinsic Medicine	美国	健康	2020	治疗脑肠轴相关疾病的新药	AU2020272575A1	用于治疗疼痛的免疫调节寡糖
Ivy Natal	美国	健康	2020	研究激活皮肤细胞中 DNA 的技术，将细胞转化为新的健康卵细胞。这将是捐赠卵子的另一种选择		
Kytopen	美国	健康	2017	加速细胞疗法开发的平台	US62751483	电穿孔的系统，用于将分子传递到难以转化的免疫细胞中
LifeMine Therapeutics	美国	健康	2017	通过将基因组学与人工智能和合成生物学相结合，从真核微生物中发现新药	US62558744	在真菌核酸序列内鉴定嵌入靶基因（ETaG）序列，用于分析"可成药（druggable）"靶标
Locus Biosciences	美国	健康	2015	噬菌体组合物	US15777615	用 CRISPR-Cpf1 系统杀死靶细菌
Macromoltek	美国	健康	2010	为制药公司进行计算药物发现，专注于治疗和诊断的抗体	US1404928	抗体分析和分子设计、抗体人源化与抗原表位映射的计算方法
Moderna Therapeutics	美国	健康	2010	RNA 信息技术平台，加速药物研发	US13644072	在哺乳动物受试者中表达目的多肽的方法

续表

企业	国家/地区	分类	成立时间（年）	产品或技术示例	代表性专利	技术内容说明
Nature's Toolbox (NTx)	美国	健康	2015	治疗性mRNA	US16309074	体外无细胞表达系统
Neoleukin Therapeutics (Aquinox)	美国	健康	2003	白介素-2受体（IL-2R）结合多肽	WOUS21022075	结合IL-2受体（IL-2R）并包含特定结构域的多肽
Novome Biotechnologies	美国	健康	2015	工程化的活细菌	PCTUS2017066408	肠道内定植遗传修饰的细菌细胞
Oragenics	美国	健康	1996	口腔微生物组	PCTUS2011020826	非复制型微生物
Paradromics	美国	健康	2015	脑机接口	US62812913	用于组织去除的系统、装置和方法
Peptilogics	美国	健康	2013	新型广谱抗感染药	US62642393	工程改造的抗菌微生物两来性肽
Persephone Biosciences	美国	健康	2017	肠道微生物菌群调控	WOUS21024503	在多个癌症患者肠道微生物组和血液样本上使用人工智能与组学技术，以识别正常免疫受损功能所需的微生物，用于设计预防癌症和抗癌的微生物药物
Phio Pharmaceuticals	美国	健康	2011	RNA干扰（RNAi）药物	US12867181	具有19~49个核苷酸的双链区域
PlasmidFactory	美国	健康	2000	重组病毒或病毒基因载体	DE102013220859	以微载体生产病毒载体
Precigen	美国	健康	1998	用于癌症治疗法的嵌合抗原受体（CAR）	CN201980059126.7	编码嵌合抗原受体（CAR）的核酸
Prellis Biologics	美国	健康	2016	用于药物开发的人体组织、用于移植的人体器官	WOUS21013494	用于生成三维（3D）生物或生理对象的计算机表示的方法和系统
Prime Medicine	美国	健康	2019	靶向基因组定点精准靶向修饰	US15934945	可用于核酸的靶向编辑的策略
Redux Bio	美国	健康	2021	正在建立一个预防性疾病管理工具平台，为牲畜和水产养殖农户提供抗生素的可持续替代品		
Reflexion pharmaceuticals	美国	健康	1902	开发基于蛋白质的疗法和多肽来制造药物	US13294078	鉴定特异结合靶蛋白的方法
RoosterBio	美国	健康	2012	细胞和组织工程	US15747199	在微载体上生物保存干细胞的组合物

续表

企业	国家/地区	分类	成立时间（年）	产品或技术示例	代表性专利	技术内容说明
Sana Biotechnology	美国	健康	2018	重编程体内细胞或替换受损细胞和组织	US6289180	表达 CD24 的细胞
Sangamo Therapeutics	美国	健康	1995	遗传病的基因治疗	US14939719	优化的锌指蛋白
Sarepta Therapeutics	美国	健康	1980	基因治疗	US15293961	反义核苷酸
Scout Bio	美国	健康	2016	抗原结合分子	WOIB21051746	特异性结合神经生长因子（NGF）的抗原结合分子
Selecta Biosciences	美国	健康	2008	用于治疗和预防人类疾病的纳米颗粒免疫调节药物	US13458179	诱导调节性 B 细胞耐受性的合成纳米载体
Senda Biosciences	美国	健康	2017	酰化的活性剂及其组合	US1680284	调节自身免疫标志物或治疗自身免疫疾病
Senti Biosciences	美国	健康	2016	开发用于癌症治疗的可编程生物学平台	PCTUS2018022855	免疫调节的细胞线路
Sherlock Biosciences	美国	健康	2019	基于 CRISPR 和合成生物学创建分子诊断方法	WOUS21015306	利用 CAS 蛋白切割活性进行检测
Siolta Therapeutics	美国	健康	2016	预防和治疗炎症类疾病的靶向微生物疗法与诊断方法	US62655562	约氏乳杆菌、卷曲乳杆菌、普氏栖粪杆菌、嗜黏蛋白艾克曼菌和双歧杆菌所组成的微生物组
Sutro Biopharma	美国	健康	2003	通过其专有的集成无细胞蛋白合成平台，为癌症和自身免疫性疾病开发蛋白质疗法	CN201380057164.1	含非天然的、经修饰的氨基酸
Synlogic	美国	健康	2014	用于疾病治疗的工程菌	US15599285	用于治疗与高氨血症相关的疾病的细菌
Synlogic	美国	健康	2014	使用其专有的药物发现和开发平台开发药物，这些药物旨在弥补缺失或受损的代谢途径，或提供新治疗组合。SYNB1618 是公司的主要候选产品，是一种口服药物，用于治疗苯丙酮尿症（PKU），即一种罕见的代谢性疾病	US1027489B2	设计用于治疗肠道炎症的细菌

续表

企业	国家/地区	分类	成立时间（年）	产品或技术示例	代表性专利	技术内容说明
Synthetic Biologics	美国	健康	2001	β-内酰胺酶制剂	US14878155	以β-内酰胺酶或其变体或片段作为功能元件
Synthorx	美国	健康	2014	通过向遗传密码中引入新的DNA碱基对，该公司的专有平台技术扩展了遗传密码。THOR-707是一款IL-2的"非α"重组蛋白，通过在IL-2中引入人非天然氨基酸，起到对肿瘤的杀伤作用	AR112969A1	用于治疗增殖性疾病和感染性疾病的细胞因子多级合物
Translate Bio	美国	健康	2011	MRTTM（mRNA治疗平台）	US14775844	在5末端加适当的帽，保护mRNA免于降解并促进成功的蛋白质翻译
uPetsia	美国	健康	2020	研发宠物口腔微生物群的工程细菌，以改善健康和呼吸		
Vedanta Biosciences	美国	健康	2013	微生物组免疫治疗	PCTUS2017037498	针对艰难梭菌感染的遗传改造的微生物组
Vertex Pharmaceuticals	美国	健康	1989	流感疫苗	US15475237	流感A病毒变体
Verve Therapeutics	美国	健康	2018	基因编辑疗法，用于降低人类心血管疾病的风险	US17192709	靶向RNA递送的组合物
Vigene Biosciences	美国	健康	2012	病毒载体	US16512194	重组修饰的腺相关病毒辅助载体
Vir Biotechnology	美国	健康	2016	艾滋病疫苗	IN2017014998	新的抗原氨基酸序列
Wild Biotech	美国	健康	2019	挖掘野生动物微生物群落以发现新的人类治疗方法	US16758684	鉴定调节靶细胞或病毒活性的微生物的方法
ZBiotics	美国	健康	2016	治疗用微生物	US6255346	与编码多肽的异源核苷酸序列连接的鞭毛蛋白启动子
Abterra Bio	美国	使能技术	2004	开发抗体测序和设计方法	WOUS22023627	从蛋白质混合物中鉴定抗体的方法
Agilent Technologies	美国	使能技术	1999	DNA合成仪	US1607491	寡核苷酸酸合成的双偶联方法
Alphazyme	美国	使能技术	2018	开发定制酶		

续表

企业	国家/地区	分类	成立时间（年）	产品或技术示例	代表性专利	技术内容说明
Ansa Biotechnologies	美国	使能技术	2018	开发DNA合成技术	WOUS22081882	用于酶促多核苷酸合成的组合物及其使用方法
Aralez Bio	美国	使能技术	2019	开发新的酶法合成技术		
Arbor Biotechnologies	美国	使能技术	2016	超高通量蛋白	US15916271	工程改造的CRISPR系统和组件
Arzeda	美国	使能技术	2008	Scylax™（酶设计平台）	US16008924	酶的配体结合和催化活性等特性的计算与设计
Asimov	美国	使能技术	2017	通用嵌合受体	US62790343	计算机辅助设计（CAD）、人工智能和合成生物学用于活细胞的生物线路设计
Atum	美国	使能技术	2003	基于 GeneGPS® 和 VectorGPS® 平台的 DNA2.0	PCTUS2018045041	DNA载体和真核细胞表达元件
Base Pair Biotechnologies	美国	使能技术	2012	核酸适配体	JP2012502023	生成功能性生物分子的方法，特别是涉及功能性核酶
BICO（原 Cellink）	美国	使能技术	2016	三维（3D）生物打印	US15537154	用于细胞培养、组织工程和再生医学的三维生物打印
Biogen	美国	使能技术	1978	外源基因表达盒	US10545420	驱动真核宿主细胞转录的有启动子、增强子、捕入区、聚腺苷酸化信号结构域
Biorealize	美国	使能技术	2015	可用于设计、培养和测试转基因生物	US17284415	用于分析生物膜形成和降解的便携式生物反应器
B-Mogen Biotechnologies	美国	使能技术	2015	定制细胞设计	US15958834	TcBuster转座酶和转座子
Caribou Biosciences	美国	使能技术	2011	基因组编辑工具	US14997467	基于CRISPR-Cas9技术平台的细胞工程与分析
Catalog Technologies	美国	使能技术	2016	基于核酸的存储	PCTUS2017062098	将信息写入核酸序列
CFD Research Corporation	美国	使能技术	1987	利用软件和专业知识允许对流体、热、化学、生物、电气与机械现象进行多尺度、多物理模拟	US11393715	合成的微流控微脉管系统网络模仿生理微脉管系统网络的结构与流体流动特性和生理行为
Codex DNA	美国	使能技术	2013	发现、设计和构建基因组的套件	US15051463	用于在异源宿主细胞中克隆合成或半合成基因组的组合物和方法

续表

企业	国家/地区	分类	成立时间（年）	产品或技术示例	代表性专利	技术内容说明
Coral Genomics	美国	使能技术	2018	利用患者的基因组数据确定其在接受治疗前对药物的反应，从而改进药物开发	US17122678	将多个条形码序列引入多个细胞中
DNP123	美国	使能技术	2015	提供纳米技术设备的设计和制造的工具与服务	US62195175	可编程、自组装的纳米颗粒
Dovetail Genomics	美国	使能技术	2013	基因组注释	US16078741	序列数据（如基因组序列数据）的准确定向读取
Elemental Machines	美国	使能技术	2015	通过智能实验室平台提供强大的数据以改善实验室运营、研究、开发和制造成果	US16589713	用于优选轨迹模型
enEvolv	美国	使能技术	2011	无细胞传感器	PCTUS2017047009	与目标分子结合的变构 DNA 结合蛋白传感器，由工程化的原核转录调节子家族成员组成
Evozyne	美国	使能技术	2020	用蛋白质设计产生新型蛋白	CN201880077637.7	遗传修饰真核靶细胞的方法
GenEdit	美国	使能技术	2016	基因编辑	US17203690	优化实验室过程的方法和系统
GenoFAB	美国	使能技术	2012	实验室自动化	US16357443	产生嵌合核酸酶文库的方法
Inscripta	美国	使能技术	2015	数字化的基因组编辑工具	US12433896	用于各种生物测定的新型寡核苷酸化合物，如核酸扩增、连接和测序反应
Integrated DNA Technologies	美国	使能技术	1987	生产掌握核苷酸的短链 DNA	US15780751	含tracrRNA 和 crRNA 的指导 RNA（gRNA）分子
Intellia Therapeutics	美国	使能技术	2014	用于免疫肿瘤学的基因组编辑系统		
iXpressGenes	美国	使能技术	2006	蛋白质服务和基因工程研究		
J. Craig Venter Institute	美国	使能技术	1992	人工合成的基因组	US11919515	DNA 的无细胞克隆方法
Mammoth iosciences	美国	使能技术	2017	用于疾病检测、研究、农业、生物防御等的基因组编辑	US16335516	RNA 导向的核酸修饰酶及其使用
Molecular ssemblies	美国	使能技术	2013	酶促合成	CA2958581	在不使用核酸模板的情况下从头合成碱基

续表

企业	国家/地区	分类	成立时间（年）	产品或技术示例	代表性专利	技术内容/说明
Muse Biotechnology	美国	使能技术	2014	通过实现蛋白质、通路和基因组的高通吐量、大规模多重编辑来改变基因组工程	US15632001	引导核酸和可靶向靶点的核酸酶系统
Octant	美国	使能技术	2006	提案、合同和任务订单管理	WOUS19064969	用于蛋白质-蛋白质相互作用筛选的系统
Opentrons	美国	使能技术	2013	移液机器人和实验自动化	US62784135	移液两种或更多种DNA分子的方法
Pivot Bio	美国	使能技术	2010	模块化的DNA分子	US13939110	组装两种或更多种DNA编辑系统
Poseida Therapeutics	美国	使能技术	2015	治疗用基因组编辑工具	US15199021	聚合物囊泡中的基因组编辑系统
Precision Biosciences	美国	使能技术	2006	治疗用基因组编辑的平台	PCTUS2008085878	非天然存在的大范围核酸酶（具有改变的DNA识别序列异性和/或改变的亲和力）
Primordial Genetics	美国	使能技术	2013	用于产生改变和改进的细胞	US15110712	从基因组构建模块中创造新的基因，以加速高效酶和微生物的进化
Protera Biosciences	美国	使能技术	2001	使用人工智能来扩大蛋白质工程，以应对食品、农业、环境和人类健康方面的关键挑战	WOEP05053765	RNA依赖的DNA聚合酶前体药物活化
Radiant Genomics	美国	使能技术	2012	提供了对天然生物编码的工业可访问平台，目标终端市场包括但不限于农业、制药和特种化学品领域	US14537940	包含表达重组核酸酶的工程噬菌体的核酸体载体组合物
Scarab Genomics	美国	使能技术	2002	人工设计的基因组	US10655914	显著减少基因组大小的异性大肠杆菌菌株
Serotiny	美国	使能技术	2014	设计具有新功能的多域蛋白质，用于开发针对癌症和遗传性疾病的更好的疗法与工具	US62437608	独立于遗传序列操纵和传递遗传构建体的方法与系统
SGI-DNA	美国	使能技术	2014	DNA拼装	US15667515	核酸分子的合成拼装错误的校正
Sigma Aldrich	美国	使能技术	1975	基因组编辑工具	US15188902	工程化RNA介导的核酸内切酶复合物
Stratos	美国	使能技术	2019	实验室自动化、将化学、生物学、组织分析推广到自动化闭环机器人实验室	CN201980029293.7	组织切片的自动化切薄、染色和成像

续表

企业	国家/地区	分类	成立时间（年）	产品或技术示例	代表性专利	技术内容/说明
Swift Biosciences	美国	使能技术	2010	加工核酸分子的技术	US12953071	延伸单链靶向分子的多核苷酸的装置
Synlife	美国	使能技术	2017	脂质体平台	US16854653	选择性除去靶分子的、基于微粒的酶系统
Synthego	美国	使能技术	2012	利用机器学习、自动化和基因编辑构建高通量平台	US16027982	生物聚合物合成的自动化、模块化系统
Synthetic Genomics	美国	使能技术	2005	合成基因组	US12371543	体外连接和组合装配核酸分子
SyntheX	美国	使能技术	2016	合成生物学驱动的药物研发平台	WOUS18061292	蛋白质-蛋白质相互作用的研究系统
Synthorx	美国	使能技术	2014	非天然核苷酸	US16530742	插入利用突变体tRNA的非天然氨基酸的方法
TeselaGen	美国	使能技术	2011	用于合成生物学研发的人工智能平台	US16725642	利用专用预测模型有效优化表型的方法
Transcriptic	美国	使能技术	2012	远程实验室系统	US14629371	实验室自动化与通用语言
Twist Bioscience	美国	使能技术	2013	DNA合成	US14452429	从头合成的基因文库
XENO Cell Innovations	美国	使能技术	2016	用于多重表面分析和物体检测的生物计算系统	US17268340	计算单元包括细胞和蛋白质，用于将生物信号转换为可识别的输出，可在疾病诊治中具有潜在应用
Aanika	美国	食品	2018	利用微生物追溯产品的供应链	US62854366	使用生物条形码跟踪产品
Aanika Biosciences	美国	食品	2018	创建可定制的基于微生物验证的标签，用于跟踪和验证整个供应链中的产品。这些微生物被放置在农产品上，在产品的整个供应链中充当微观条形码	WOUS20035619	使用生物条形码跟踪产品的装置、系统和方法以及包含该装置、系统和方法的遗传修饰生物体
Afineur	美国	食品	2014	开发定制发酵，以生产植物性食品、配料和农业副产品		
Air Protein	美国	食品	2019	肉类似物组合物	WOUS21020147	利用空气中的元素生产肉类
Amai proteins	美国	食品	2016	甜味蛋白	CN2019800440473.5	利用敏捷集成计算蛋白质设计（AI-CPD）和发酵技术生产甜味蛋白

续表

企业	国家/地区	分类	成立时间（年）	产品或技术示例	代表性专利	技术内容/说明
Apeel	美国	食品	2012	开发了一种能够用于水果和蔬菜表面、无色无味的植物性涂层，以便延长瓜果的保存期限	US15330403	提供了可用作农业（如食品）基质的保护涂层的组合物，该组合物形成的保护涂层可用于防止因如水分损失、氧化或外来病原体的感染而引起的食品腐败
Artemys Foods	美国	食品	2019	基于细胞的肉类研发		
Atlast	美国	食品	2020	菌丝体		
Berkeley Yeast	美国	食品	2017	设计酵母菌株，可持续酿酒		
Biocapital	美国	食品	2016	类胡萝卜素	PCTUS201705940	合成类胡萝卜素的生物线路
Biomilq	美国	食品	2020	培养乳腺细胞用于生产母乳	US1111477B2	用于构建活细胞以进行乳腺细胞体外和离体培养进而生产乳制品
BlueNalu	美国	食品	2017	细胞培养海产品	WOUS22024391	开发细胞培养的食品，以及相关细胞、组合物、方法和系统
Brightseed Bio	美国	食品	2017	利用人工智能发现植物营养素	CN2019800015403.4	调节非酒精性脂肪性肝病、非酒精性脂肪性肝炎和2型糖尿病等代谢病症的营养素
C16 Biosciences	美国	食品	2017	在实验室生产棕榈油	WOUS21017458	由含油微生物生产的微生物脂质组合物，作为天然棕榈油的替代物
Clara Foods	美国	食品	2015	利用先进的发酵技术，从微生物中生产功能性蛋白和营养蛋白	US62720785	利用酵母生产无蛋白组合物，包含重组卵清蛋白等
Conagen	美国	食品	2010	发酵生产香兰素等分子，将其用于天然甜味剂、香精和香料、营养药品、维生素与补充剂、特殊化学品及其他药品	CN201580051860.0	甜菊糖苷的生物合成
Eat Just	美国	食品	2011	以绿豆中的蛋白质为原料，提供可持续的食品	US1124372	利用体外细胞培养生产三维动物肌肉组织
Ethos Chocolate	美国	食品	2004	转基因可可树生产巧克力		
Finless Foods	美国	食品	2017	植物基和细胞培养的海鲜代品	WOUS22040860	用于鱼组织保存的系统和方法

续表

企业	国家/地区	分类	成立时间（年）	产品或技术示例	代表性专利	技术内容说明
Ikenga Wines	美国	食品	2020	可持续的葡萄酒生产		
Impossible Foods	美国	食品	2011	人造肉	US15678891	转录激活因子与甲醇诱导型启动子元件连接
International Flavors & Fragrances	美国	食品	1833	香料	US14236991	生物合成香兰素的重组微生物、植物和植物细胞
Joyn Bio	美国	食品	2017	开发植物益生菌的公司	AU2019409301	含大麻素的组合物
Joywell Foods	美国	食品	2014	蛋白质甜味剂	DE202019005554	用于甜味剂的多肽制备
Lachancea	美国	食品	2003	使用系统级方法设计酵母，以获得更好的发酵饮料		
Lesaffre	美国	食品	1853	专注于发酵和释素微生物的潜力，该公司生产和销售面包酵母，用于酒精精发酵与调味的酵母以及用于食品生产的酵母衍生物	WOIB10050336	具有控制植物病害能力的酿酒酵母菌株
Memphis Meats	美国	食品	2015	利用动物干细胞生产肉类	US62278869	体外培养肌源性细胞系
MiraculeX	美国	食品	2014	蛋白质甜味剂	WOUS19021053	用于修饰味道的重组多肽表达
Mission Barns	美国	食品	2018	基于动物细胞生产的肉类	WOUS21026071	用于大规模生产细胞肉
MycoTechnology	美国	食品	2019	真菌蛋白苦味阻断剂和其他功能性蛋白产品	US13844685	产生供人类消费的菌丝体农产品提取物的方法
MyForest Foods	美国	食品	2019	开发植物肉		
Perfect Day	美国	食品	2019	通过发酵生产乳蛋白	US15505557	重组乳球蛋白和酪蛋白
Planetarians	美国	食品	2017	植物基蛋白质生产		
Real Vegan Cheese	美国	食品	2010	无乳制品奶酪	JP2009532730	无乳制品的纯素奶酪
Senomyx	美国	食品	1998	开发食品添加剂	BR112017008738B1、BRPI0916550B2	利用模拟味蕾自然功能的方法开发食品添加剂
Shiru	美国	食品	2015	通过精准发酵生产与计算机识别生产高值功能性配料	WOCN11070579	发酵细胞和细胞外多糖的生产

续表

企业	国家/地区	分类	成立时间（年）	产品或技术示例	代表性专利	技术内容说明
Sugarlogix	美国	食品	2016	甜味剂	US15716621	用于塔格糖生产的工程微生物
SuperMeat	美国	食品	2015	利用鸡细胞生产人造肉	CN201800034966.3	植物来源的物质与多个培养的动物细胞相结合，用于生产人造肉
TerraVia	美国	食品	2016	通过微藻生产的蛋白、油等功能配料	US13288815	基于微生物的油脂生产
Triton Algae Innovations	美国	食品	2020	血红素和其他肉类添加剂产品	US62757534	在藻类中过量生产血红素的方法
Zivo Bioscience	美国	食品	1999	开发和商业化天然营养化合物及来自专有藻类菌株的生物活性分子	US15550749	专注天然营养化合物和生物活性分子的研究、开发
zuChem	美国	食品	2001	开发用于研究糖化学和制造碳水化合物的专有技术，用于食品、特种和精细化工市场	US2021089440A1、EP3101137A2	开发了专有的工艺技术，结合独特的生物过程来制造碳水化合物
2Blades Foundation	美国	农业	2004	正在寻求更好地了解了植物病原体及疾病的最佳解决方案，为保持植物健康提供了新的策略		
Afingen	美国	农业	2014	改良的能源作物	US62623279	用于增加植物生长量，改善多种产量相关性状的方法
AgBiome	美国	农业	2012	生物防治剂	US61933954	改善生物试剂群使其能够生长，并且给植物提供针对病原体的保护
Agrimetis	美国	农业	2014	L-草铵膦	US15445254	D-氨基酸氧化酶（DAAO）、转氨酶（TA）等
Agrivida	美国	农业	2003	用于畜牧营养的酶	US14433104	内含肽修饰的蛋白酶
AquaBounty Technologies	美国	农业	1991	大西洋鲑鱼的快速繁育	CN201080061008.9	母系不育构建体（MSC）和产生无生殖细胞的不育子代的方法
Arcadia Biosciences	美国	农业	2002	高γ-亚麻酸红花	US13025345	γ-亚麻酸的生物合成途径
Avalo	美国	农业	2020	利用机器学习促进基因发现和诊断预测，加速产品生产和作物开发		

续表

企业	国家/地区	分类	成立时间（年）	产品或技术示例	代表性专利	技术内容说明
Because Animals	美国	农业	2018	宠物食品的细胞培养肉研发		
Benson Hill Biosystems	美国	农业	2012	改良作物的基因组学平台 CropOS™	US15324501	转录因子（TF）的表达
Bluestem Biosciences	美国	农业	2022	以最新的计算工具为基础，用于发现农业中的可持续生物制造。它促进了生物生产的发现，重点是化学品和材料的可持续生产		
Boost Biomes	美国	农业	2016	针对植物真菌病原体的生物防治组合物	CN201980012991.6	使用高通量测序、选择性富集和信息学来鉴定的具有重要商业价值的微生物产品
Calyxt	美国	农业	2010	高油酸大豆等作物	WOUS21016091	利用基因编辑等技术，增加大豆中的饱和脂肪酸含量
Cibus	美国	农业	2001	利用精确的基因编辑加以育种	US14777410	寡核苷酸介导的基因修复，提高靶向基因修饰效率
Corteva	美国	农业	2019	提供农艺支持和服务，以提高农民的生产力和盈利能力	HK1175455A	6-(多取代苯基)-4-氨基吡啶甲酸酯及其作为除草剂的用途
Inari Agriculture	美国	农业	2016	提出高性能植物品种	US16911156	用于增加真核细胞基因组的靶编辑位点的同源性定向修复小导向基因组修饰的方法
Inocucor	美国	农业	2007	为特色作物和传统作物开发必需的植物营养素	AU2012120260B2	用于增强微生物处理的组合物和方法，如植物生长成生物整治
Invaio Sciences	美国	农业	2018	开发天然活性物质和创新的输送系统，帮助农民种植健康作物	AR116237A1	一种植物注射系统，可以穿透植物并将液体制剂注入到植物中
Jord Biosciences	美国	农业	2019	世界领先的农业公司提供定制的微生物解决方案		
Khepra	美国	农业	2012	结合工业昆虫学、工程学、农业和生物技术等，旨在解决农业、健康和研究领域的各种问题，提供咨询、培训、项目管理、研究、开发和其他服务		

续表

企业	国家/地区	分类	成立时间（年）	产品或技术示例	代表性专利	技术内容说明
Lavvan	美国	农业	2019	使用细胞农业生产一系列天然大麻素成分		
Pheronym	美国	农业	2017	利用信息素喷雾作为有机杀虫剂（针对线虫的有效性加倍，且对比化学品杀虫剂不会带来环境或健康或产生任何负面影响）	US15777907	从线虫生长培养基中分离信息素提取物
Plastomics	美国	农业	2016	研发的作物可以更好地承受昆虫、疾病和杂草带来的压力，同时提供更高的产量	WO2022055750A1	在植物质体中表达农学或非农学有益性状的方法
Provivi	美国	农业	2013	开发用于农业、商业、家庭和公共卫生害虫管理的生物农药	US62257054	用于生产昆虫信息素和相关化合物的微生物
Recombinetics	美国	农业	2008	基因编辑的动物	US14698561	利用靶向性核酸酶和同源性定向修复（HDR）的编辑
Valent BioSciences	美国	农业	2000	生物杀菌剂等	DE60213953	用于控制双翅目幼虫或幼虫致病性的苏云金芽孢杆菌
Vestaron	美国	农业	2005	用于农业、动物健康、非作物的杀虫剂	CN201380024489.X	新的杀虫蛋白、核苷酸、肽
Aequor INC.	美国	环境	2006	防止在表面上形成生物膜的方法	US11589301	开发无毒、"绿色"、环保的抗微生物药性（AMR）超级细菌
Allonnia	美国	环境	2020	通过产生酶、蛋白质和微生物，降解或代谢特定污染物，从废物中回收和升级回收有价值的材料，并改进生物处理过程	US20200318163A1	在污染环境中有毒有机化合物的生物降解
Aromyx	美国	环境	2013	数字捕获气味和味道的解决方案 EssenceChip™	US62299005	用于检测气味和味道的生物传感器
Living Carbon	美国	环境	2019	改善二氧化碳在树木中的捕获和储存，以应对气候变化	US2023025336A1	用于提高植物中生物质生产率的组合物和方法

续表

企业	国家/地区	分类	成立时间（年）	产品或技术示例	代表性专利	技术内容说明
NuLeaf Tech	美国	环境	2017	新型的现场废水处理设备	US6254210I	用于废水处理装置的组合式工程湿地和微生物燃料电池
Phylagen	美国	环境	2014	用于跟踪物流的全球微生物组数据库	US15308971	微生物群的监测和管理
Prospect Bio	美国	环境	2013	生物传感器	US6254115	专门制造可以测量化学物质的生物传感器
Recology	美国	环境	1920	将称为"废物"的资源转移到最大程度的生产再利用中	US11492258	用生物混合器处理有机废料的系统和方法
Sample6	美国	环境	2009	检测李斯特菌	US14309389	编码标记物的重组噬菌体
Aclid	美国	平台	2021	合成生物学的安保平台		
Benchling	美国	平台	2012	为生物制药、农业技术和工业生物技术研发部门开发基于云的平台，提供实验室自动化软件、云平台、协作、数据管理、过程智能和各种其他解决方案	US11429591B1	分子数据库中的组件链接
Citrine Informatics	美国	平台	2013	基于机器学习的平台，利用AI指导下一代先进材料的开发	EP4185967A1	利用机器学习探索具有新成分的制剂配方
Culture Biosciences	美国	平台	2016	数字生物制造平台	EP3714035A1	发酵自动化工作池
De Novo DNA	美国	平台	2012	AI驱动的自动化设计平台		
Debut Biotech	美国	平台	2019	采用专有的无细胞生物制造平台技术进行制造		
Lattice Automation	美国	平台	2013	设计软件与实验室自动化和微流体平台配合使用		
PNA Innovations	美国	平台	2011	专有的基因表达调控核酸平台		

续表

企业	国家/地区	分类	成立时间（年）	产品或技术示例	代表性专利	技术内容/说明
Actylis	美国	材料	2022	由 8 家专业制造公司和 3 家采购公司合并而成，包括 Aceto、A&C Bio Buffer、Cascade Chemistry、Finar、Interactifs、IsleChem、Pharma Waldhof、Syntor Fine Chemicals、Biotron 和 Talus，提供原材料与高性能成分的制造和供应		
Ambercycle	美国	材料	2015	利用再生的 cycora®颗粒纺纱成新的纤维和纱线，用于服装制作		
Corumat	美国	材料	2012	基于淀粉的生物塑料产品	CA3134977A1	多层微孔可堆肥生物塑料及其制造方法
Cove	美国	材料	2020	开发可生物降解的塑料水瓶		
Keel Labs	美国	材料	2022	利用基于水产养殖的技术解决高污染的纺织品生产系统，旗舰产品是 Kelsun™，这是一种基于海藻的纱线，其环境足迹明显低于传统纤维	EP4199749A1	基于藻酸盐的聚合物和产品
Quantitative Biosciences	美国	材料	2000	使用合成生物学来开发定制的活体传感器		
UES	美国	材料	1973	生物和纳米技术、增材制造与产品开发		
Health Gene Technologies	中国	健康	2011	核酸分子检测产品开发、制造和服务	CN201610070276.6	幽门螺杆菌的多重基因检测体系
安锐生物	中国	健康	2020	小分子创新药物研发平台	CN111848798A	可结合 BCMA 的纳米抗体及其应用
百奥赛图	中国	健康	2014	新药研发	CN107287204A	PD-1 基因修饰人源化动物模型的构建方法及其应用
百迈生物	中国	健康	2019	肿瘤免疫治疗药物研发	CN10404315A	白蛋白吲哚菁绿紫杉醇复合物及其制备方法与应用

续表

企业	国家/地区	分类	成立时间(年)	产品或技术示例	代表性专利	技术内容说明
邦耀生物	中国	健康	2013	基因编辑与细胞治疗研发	CN103388006A	开发基因定点突变的构建方法
荃曜科技	中国	健康	2021	机器人和人工智能技术，为生命科学领域提供新一代的模块化产品及自动化解决方案	CN115577997A	排程控制方法、装置、设备及计算机可读存储介质
本导基因	中国	健康	2018	mRNA 递送载体	CN201810533437.X	慢病毒载体及其递送外源 RNA 的方法
博雅辑因	中国	健康	2015	基因编辑治疗的平台	CN201811256154.1	基因编辑造血干细胞，提高胎儿血红蛋白表达
呈源生物	中国	健康	2017	免疫治疗法及其应用	CN111875698A	靶向 HCMV 的 TCR 及其获得方法和应用
川宁生物	中国	健康	2010	红霉素	CN201810059699.7	利用红色糖多孢菌生产红霉素
迪赛诺	中国	健康	1996	全球仿制药供应商	CN1268619C	多烯紫杉醇三水化合物的制备方法
恩凯细胞	中国	健康	2020	细胞技术研发和应用	CN115873803A	提高 NK 细胞存活率和抗肿瘤活性的方法及应用
分子之心	中国	健康	2022	大分子药物设计，由全球首个将人工智能应用于蛋白质结构预测的科学家许锦波归国创立	CN115458039A	基于机器学习的单序列蛋白结构预测的方法和系统
分子智力	中国	健康	2021	AI 基因编辑、基因冶疗领域	CN116555252A	一种引导编辑系统及其应用
合润远生物	中国	健康	2021	维生素、辅酶、功能营养品	CN116024289A	一种 β-烟酰胺单核苷酸的酶化制备方法
合生基因	中国	健康	2014	可编程的溶瘤病毒系统	CN201780002478.X	适用于腺病毒调控的、可以响应不同微环境的基因线路
和铂医药	中国	健康	2016	抗体药物管线，自有的 Harbour Mice® 平台能够产生拥有两条重链和两条轻链的全人源抗体(H2L2)以及全人源重链抗体(HCAb)	AU2018391831A1	结合细胞毒性 T 细胞相关蛋白(CTLA-4)的抗体及其用途
和度生物	中国	健康	2019	治疗用微生物	CN202110613387.8	经基因工程改造的宿主细胞和免疫检查点调节剂的组合物
华昊中天	中国	健康	2002	埃博霉素化合物	CN200710199560.4	利用工程化的糖多孢菌生产埃博霉素化合物

续表

企业	国家/地区	分类	成立时间（年）	产品或技术示例	代表性专利	技术内容说明
华深智药	中国	健康	2021	基于深度学习的蛋白质结构预测算法，用于基于 AI 的药物研发	CN116410307A	广谱中和 SARS-CoV-2 的中和抗体及其应用
环码生物	中国	健康	2018	环形 RNA 的核酸药物开发	CN115404240A	制备环形 RNA 的构建体、方法及其用途
济元基因	中国	健康	2020	通用现货型细胞免疫治疗产品的开发与产业化	CN113045657A	人源化抗人 BCMA 单克隆抗体及其 CAR-T 细胞
金斯康生物	中国	健康	2013	淫羊藿苷次苷	CN202110693002.3	鼠李糖苷酶突变体及其在淫羊藿次苷制备中的应用
巨子生物	中国	健康	2001	胶原蛋白	CN202111154622.6	在酵母细胞等高等真核细胞中表达制备重组胶原蛋白
科兴药业	中国	健康	2018	肿瘤免疫治疗创新药研发	CN102101885A	低诱导制性 T 细胞的人白细胞介素 II 突变体及其应用
可瑞生物	中国	健康	2016	肿瘤免疫治疗技术研发	CN113461803A	一种特异性识别巨细胞病毒的 T 细胞受体及其用途
蓝鹊生物	中国	健康	2019	mRNA 药物开发	CN113736801A	mRNA 及包含其的新冠病毒 mRNA 疫苗
零起后生元	中国	健康	2022	基于后生元的技术和产品	CN116138462A	增强抵抗力的后生元组合物及其制备方法
零一生命	中国	健康	2016	利用微生物高通量筛选平台，建立针对疾病防治的新型菌株资源库	CN114121167A	微生物基因数据库的构建方法及系统
明度智慧	中国	健康	2017	新药开发的全生命周期解决方案	CN116644645A	mRNA 脂质纳米粒疫苗粒径的预测方法及装置
南京传奇生物	中国	健康	2014	嵌合抗体等细胞衔接子	CN201880036505.X	嵌合抗体 T 细胞衔接子（CATE）和嵌合自然杀伤细胞衔接子（CANKE）
纽福斯生物	中国	健康	2016	遗传性视神经病变治疗	CN201410491726.X	含有重组烟酰胺腺嘌呤二核苷酸脱氢酶亚单位 4 基因的腺相关病毒载体
启函生物	中国	健康	2017	异种器官移植	CN202211024143.0	通过受控的离体导引"增产"抗原特异性免疫细胞
莱始生物	中国	健康	2021	核酸技术自主创新平台	CN115956072A	一类阳离子脂质化合物及其应用
柔脉医疗	中国	健康	2021	研发植入式创新医疗材料，如人工血管、皮肤	CN108653815A	具有自主调节结构功能的三维卷状结构及其制备方法和应用

续表

企业	国家/地区	分类	成立时间（年）	产品或技术示例	代表性专利	技术内容说明
森美	中国	健康	2021	个性化营养抗衰生物科技	CN103110582A	大麻酚类化合物微乳剂及其制备方法
上海医药工业研究院	中国	健康	2001	医药制造业	CN101818178A	酶法制备 L-2-氨基丁酸的方法
尚科生物	中国	健康	2007	原料药、功能性食品原料的研发		
深势科技	中国	健康	2018	药物模拟研发平台	CN113990401A	固有无序蛋白的药物分子设计方法和装置
深信生物	中国	健康	2019	mRNA 药物及递送载体	CN112891560A	mRNA 递送载体及其制备方法和用途
圣域生物	中国	健康	2021	合成致死新一代靶点的药物研发	CN114774512A	地高辛标记以 DNA 聚合酶 θ 为靶点的早期药物筛选方法
时夕生物	中国	健康	2021	RNA 编辑创新药物研发	CN116396358B	一种靶向米脂质颗粒的制备及应用
斯微生物	中国	健康	2016	mRNA 药物平台和产品管线	WO2021159985A1	治疗或预防冠状病毒疾病的疫苗制剂
威斯津生物	中国	健康	2021	核酸药物的研发和生产	CN115197950A	抗 SARS-CoV-2 感染的 mRNA 以及 mRNA 疫苗
未知君	中国	健康	2017	肠道微生物治疗的 AI 制药	CN111249314A	人体共生菌群在提高肿瘤免疫治疗应答中的作用
西湖生物医药	中国	健康	2019	基于自主研发技术平台的细胞治疗公司，专注干血液细胞产品研发	CN110129273A	搭载抗 PD-1 单链抗体的基因工程化红细胞及其制备方法
芯怡生物	中国	健康	2021	三代 DNA 合成技术赋能生物医药	CN202110917380.5	用于支持多个自动化工作流的系统和方法
新码生物	中国	健康	2017	抗体偶联药物	CN111154750A	非天然氨基酸重组蛋白
衍知生物	中国	健康	2019	分子诊断技术	CN217586571U	针对性富集血浆目标游离 DNA 的方法
玄刃科技	中国	健康	2020	无菌协作的机械臂系统与柔性移动平台	CN112823365A	液基细胞制片设备
衍进科技	中国	健康	2019	肿瘤选择性细胞因子和检查点抑制剂免疫疗法	CN114921439A	CRISPR-Cas 效应子蛋白、其基因编辑系统及应用
尧唐生物	中国	健康	2021	开发新一代 mRNA 药物和基因编辑药物	CN201810814375.X	敲减白细胞介素-15（IL-15）的嵌合抗原受体 T 细胞（CAR-T）表达
一兮生物	中国	健康	2019	母乳寡糖		

续表

企业	国家/地区	分类	成立时间（年）	产品或技术示例	代表性专利	技术内容说明
艺妙神州	中国	健康	2015	将创新的基因细胞药物技术应用于恶性肿瘤治疗	CN105177031A	嵌合抗原受体修饰的T细胞及其用途
亦诺微医药	中国	健康	2015	免疫治疗创新生物药物研发	CN108350468A	用于构建瘤症治疗的溶瘤性单纯疱疹病毒（oHSV）专性载体及其构建体
引正基因	中国	健康	2021	利用基因编辑平台型技术开发基因编辑药物	CN115417915A	通过静电络合的方式与大分子药物共组装形成纳米组装体
佑嘉生物	中国	健康	2019	建立成熟的核酸药物开发平台，包括核酸药物智能设计NDDS系统、成熟的递送系统、完善的药物评价平台和基于聚合物的多剂型制剂平台	CN202011302953.5	治疗肝纤维化的干扰小RNA（siRNA）及其递送制剂
羽冠生物	中国	健康	2021	利用合成生物学的创新方法来开发下一代疫苗及治疗药物		
泽纳仕生物	中国	健康	2021	开发免疫治疗药物		
臻赫医药	中国	健康	2021	生物凝胶制剂	CN114681411A	生物凝胶制剂、其制备方法及应用
臻质医疗	中国	健康	2018	基因编辑再生医学	CN108486152A	转基因猪的培育方法和应用
正序生物	中国	健康	2020	以新型基因编辑系统开发突破性疗法		
中美瑞康核酸技术	中国	健康	2016	小核酸药	CN201980076095.6	用于治疗脊髓性肌萎缩症的寡聚核酸分子
艾码生物	中国	制造	2020	微RNA（miRNA）核酸药物研发，专注于脑神经性疾病核酸药物和抗超级细菌药物的研发生产	CN201911283398.3	抑制HTT基因表达的siRNA及其前体和应用
百福安生物	中国	制造	2014	产品包括手性醇、手性胺等手性化学品及脂肪酶、氧化还原酶等酶催化剂	CN201710413074.1	7β-羟基甾醇脱氢酶突变体及其在熊脱氧胆酸合成中的应用
昌进生物	中国	制造	2017	微生物合成蛋白的研究	CN202021839808.6	带有分类培养功能的微生物培养箱

续表

企业	国家/地区	分类	成立时间（年）	产品或技术示例	代表性专利	技术内容说明
德默特	中国	制造	2019	专注于微藻合成生物技术的研发和产业化	CN202210257049.X	杂合式光生物反应器，其包括反应器本体，反应器本体设有水槽；反应器本体内还组装有光源装置和供气装置、高压冲洗及消毒装置；光源装置包含透明套管、散热管、LED灯带和支撑架；散热管内通入流动液体冷媒，LED灯带固定在散热管的外壁上；散热管通过支撑架固定地设置在透明套管中；透明套管平行间隔排列地设置在水槽内；高压冲洗及消毒装置包括多根水平管，每根水平管下方连接若干根竖向管，每根竖向管的管壁从上到下设有若干个液体喷嘴，水平管连接一个总进液口，总进液口连接高压清水、消毒水或消毒蒸汽；透明套管与水平管在水槽底部呈交替间隔排列
昊海生物科技	中国	制造	2007	几丁质	CN201810965467.8	采用赭曲霉（Aspergillus ochraceus）发酵制几丁质
恒力生物新材料	中国	制造	2017	长链二元酸	CN201510176594.6	转化脂肪酸衍生物生产长链二元酸
华恒生物	中国	制造	2005	丙氨酸	CN201710623651.X	利用睾丸酮丛毛单胞菌（Comamonastes tosteroni）HHALA-001 生产 L-丙氨酸
华熙生物	中国	制造	2000	透明质酸、麦角硫因	CN201811605008.5	产麦角硫因的猴头菌（Hericium erinaceus）及其筛选
巨子生物/可复美	中国	制造	2001	基于生物活性成分的皮肤护理	CN201110147416.2	双歧杆菌微胶囊及其制备方法
聚树生物	中国	制造	2022	生物化工产品技术研发、工程技术产品研究与试验发展、发酵过程优化技术研发，生物质能技术服务	CN202011434928.2	检测混合体系内目标分子浓度的方法及试剂盒
凯赛生物	中国	制造	1997	月桂二酸、巴西酸等长链二元酸	CN201110168672.X	生产长链二元酸的热带假丝酵母
柯泰亚生物	中国	制造	2021	可持续生物基产品的生产	CN202310192211.9	一种生产长链二元酸的工程菌及其制备方法和应用

续表

企业	国家/地区	分类	成立时间（年）	产品或技术示例	代表性专利	技术内容/说明
兰典生物科技	中国	制造	2012	丁二酸	CN201810466723.9	以葡萄糖为原料生产丁二酸钠
蓝晶微生物	中国	制造	2016	聚羟基脂肪酸酯	CN201010578858.8	高效积累聚羟基脂肪酸酯的盐单胞菌
联创生物医药	中国	制造	2009	医药中间体	CN202010248056.4	利用酮还原酶还原原料合成劳拉替尼中间体(S)-1-(2-碘-5-氟苯基乙醇
猎境生物	中国	制造	2021	基于植物合成生物学进行重要生物品的研发		
麦得发	中国	制造	2019	采用清华大学生命科学院合成生物学平台技术，进一步自主创新和开发新一代全生物基可降解PHA（聚羟基脂肪酸酯）的工业化生产应用与市场化	CN201911122447.5	聚羟基脂肪酸酯/聚吡咯复合电纺丝膜的制备方法及电纺丝膜
酶赛生物	中国	制造	2013	氨基酸	CN201880023566.2	β-羟基-α-氨基酸的生物合成
摩珈生物	中国	制造	2018	开发绿色环保的生物制造方法，以取代高污染、高耗能的传统化工生产技术	CN202011031660.8	羟基醛的制备方法以及使用电渗析技术拆分光学异构体的方法
锐康生物	中国	制造	2020	天然保健品原料和化妆品原料	CN202210335231.2	一种S-烟碱的合成方法
瑞德林生物	中国	制造	2017	三胜肽	CN202011231194.8	突变酶在催化甘氨酸、L-组氨酸、L-赖氨酸生成三胜肽中的应用
森瑞斯生物	中国	制造	2019	杂萜类化合物	CN202010112334.X	表达杂萜类化合物的重组酿酒酵母
溯华	中国		2019	创新合成生物科技护肤品		
天津国韵生物	中国	制造	2003	聚羟基脂肪酸酯	CN201711375811.X	基于微生物发酵废的涂覆水处理填料用乳液
微构工场	中国	制造	2021	聚羟基脂肪酸酯	CN202111244391.8	发酵生产聚羟基脂肪酸酯（PHA）三聚物表(3-羟基丁酸-4-羟基-5-羟基皮酸)
微元合成	中国	制造	2021	以合成技术为基础的生物制造公司，致力于使用低碳节能和可持续的方式生产各类化合物		

续表

企业	国家/地区	分类	成立时间（年）	产品或技术示例	代表性专利	技术内容/说明
唯铕莱生物位育合物	中国	制造	2015	蓝色天然染料	CN201210416265.0	蓝色天然染料的生物合成
	中国	制造	2021	天然化合物生产		
欣贝莱生物	中国	制造	2017	麦角甾醇	CN201910888612.1	高产麦角甾醇的酵母工程菌的构建方法
循原科技	中国	制造	2023	基于非粮碳源的生物炼化与生物制造平台，公司正在长期布局生物基材料、生物基化学品、生物基能源等各类大宗产品的低碳制造		
衍微科技	中国	制造	2022	依托清华大学专利技术，致力于实现面向农业、油田、日化、医药等领域的化学品绿色制造	CN202211352992.5	一种并液用消泡组合物及其制备方法，涉及所述组合物用于消泡的方法，其包括将所述组合物添加到待消泡的液体或者与消泡沫产生泡沫的物质混合
絆柯莱生物	中国	制造	2015	医用中间体	CN201510498174.X	S-氰醇
意可曼生物	中国	制造	2008	聚羟基脂肪酸酯	CN200910106660.7	R-3-羟基丁酸甲酯的生物制备方法
引航生物	中国	制造	2015	25-羟基维生素 D_3	CN201610125140.0	脱氢表雄酮的生物制备方法
盈嘉合生	中国	制造	2015	甜菊糖苷生产商，用合成生物学技术制造天然活性成分	CN201710875197.7	提供重组大肠杆菌及其在合成莱鲍迪苷 D 中的用途。该重组大肠杆菌为带有 eugt11 基因序列的转化子
元育生物	中国	制造	2021	直接利用太阳光和 CO_2 高效合成食品、材料、能源等刚需原料	CN202210590596.X	雨生红球藻耐高温突变株及其应用
臻锐生物	中国	制造	2011	无细胞体系蛋白质合成	CN201710065770.8	提高无细胞体系蛋白质合成的方法
芝诺科技	中国	制造	2021	生产高附加值天然产物的创新企业	CN201610946048.0	耐受来基乳酸的大肠杆菌突变株、在合成本基乳酸中的应用及其制备方法

续表

企业	国家/地区	分类	成立时间（年）	产品或技术示例	代表性专利	技术内容说明
中科欣扬	中国	制造	2015	超氧化物歧化酶（SOD）在酿酒酵母中高效表达	CN202110589640.0	包含编码二氨基丁酸乙酰基转移酶（EctA）、二氨基丁酸氨基转移酶（EctB）和四氢嘧啶合成酶（EctC）的新的四氢嘧啶合成基因簇，并以大肠杆菌为底盘细胞，将三个基因整合到pBAD/HisA载体中，构建出了高产四氢嘧啶的基因工程菌
安序源	中国	使能技术	2016	基因测序及诊断设备研发商，面向精准医疗和大健康领域	CN201910107329.0	DNA提取试剂,DNA的提取方法及DNA提取试剂盒
奥素博新	中国	使能技术	2021	单细胞培养系统	CN202010527030.3	基于数字微流控技术的单细胞培养系统
百葵锐生物	中国	使能技术	2021	蛋白分子机器技术平台	CN202110580502.6	裂解酶通过表面结合蛋白结合在展示细胞的表面
倍生生物	中国	使能技术	2019	软件化的物种设计	CN202110716040.6	人工核酸序列水印编码系统
伯远生物	中国	使能技术	2017	多基因编辑突变体库	CN202110275528.X	构建多基因编辑突变体库的方法及应用
铂尚生物	中国	使能技术	2012	基因合成	CN202120801123.0	寡核苷酸合成柱填装辅助装置
迪赢生物	中国	使能技术	2018	基因合成	CN202110344493.0	基于簇式阵列的高通量自动化基因合成装置
瀚海新酶生物	中国	使能技术	2015	酶分子的优化和改造	CN201810663778.9	用于消除羟苯磺酸钙药物对肌酐酶法检测干扰的组合物
合成纪元	中国	使能技术	2022	绿色工业制造、提供高效、稳定的酶催化剂产品，集研发、生产、服务于一体，建立了"菌种开发-酶分子构建-酶催化剂改造-小试-中试-生产"的全流程产品开发管线	CN202010865486.0	酶-纳米银抗菌复合物及其制备方法和应用
泓讯科技	中国	使能技术	2013	基因合成	CN201510744597.5	核苷酸的芯片高通量合成，DNA的组装
泓迅生物	中国	使能技术	2013	DNA测序、合成和工程技术平台	CN201510318778.3	带有特殊编码信息的人工合成DNA存储
华大基因	中国	使能技术	1999	新型DNA合成方法	CN201510008356.4	人工合成染色体
金斯瑞	中国	使能技术	2002	重组DNA的克隆	CN200980143524.3	供体DNA分子克隆至受体载体预定位置

续表

企业	国家/地区	分类	成立时间（年）	产品或技术示例	代表性专利	技术内容/说明
金唯智生物	中国	使能技术	1999	基因合成	CN201110249829.1	工业化的基因合成方法
康码生物	中国	使能技术	2015	体外无细胞合成系统	CN201810247324.3	将DNA复制、转录、翻译偶联的无细胞合成体系
力文所	中国	使能技术	2021	人工智能驱动蛋白质设计公司	CN202210964860.1	一种稳定折叠的富含二硫键的多肽设计方法及其电子设备
联川生物	中国	使能技术	2006	二代测序、高通量芯片表达谱分析	CN201110360084.6	构建中小片段RNA测序文库的方法
密码子	中国	使能技术	2021	国内第一家专注于DNA数据存储技术开发的公司	CN201811221928.7	一种circbank数据库系统及其应用
南京金斯瑞生物	中国	使能技术	2002	定制基因合成	CN201510268154.3	由短链核苷酸序号的DNA组装方法及其应用
齐禾生科	中国	使能技术	2021	开发自主可控的新型基因组编辑技术	CN201310279303.7	一种小麦基因定点改造方法
擎科生物	中国	使能技术	2017	合成基因组	CN202010856883.1	合成寡聚脱氧核糖核苷酸的方法
赛索飞生物	中国	使能技术	2020	基因合成	CN202010528675.9	单链结合蛋白的纸化方法及其在基因合成中的应用
态创生物	中国	使能技术	2021	搭建独有的Tidetron Altra平台型菌株库与元件库，在量产和普适性上取得突破	CN201911031393.1	用于高通量微液滴生成的三维微流控装置
通用生物系统（安徽）	中国	使能技术	2014	基因合成	CN201810956785.8	快速简便的基因合成方法
叶露港生物	中国	使能技术	2013	靶标核酸分子的检测方法	CN201710573752.0	一种Cas蛋白，用于靶标核酸分子的检测
心恺科技	中国	使能技术	2021	将半导体技术应用于合成生物学，目标直指三代DNA合成技术		
新芽基因	中国		2020	基因编辑药物研发公司，拥有自主知识产权的碱基编辑器TAM全球专利，也是全球少数利用碱基编辑技术进行全身给药的基因治疗公司		
优信合生	中国	使能技术	2021	以微生物为底盘，创建活体生物药研发平台	CN202010191722.5	苯丙酮尿症治疗用益生菌工程菌株的构建方法与应用

续表

企业	国家/地区	分类	成立时间（年）	产品或技术示例	代表性专利	技术内容说明
智峰生科	中国	使能技术	2022	蛋白质结构预测与设计及相关应用的服务平台，致力于将高精度蛋白质结构预测应用于靶点发现、药物设计、酶工程、生物合成催化等应用领域	CN202210092867.9	复合物的配体结合位置评估方法、装置及计算机设备
百奥几何	中国	平台	2021	蛋白质从头设计和优化平台 TorchProtein		
百图生科	中国	平台	2020	AI生成蛋白质平台	CN114171117A	用于单细胞测序的方法、装置、设备、介质和程序产品
伯科生物	中国	平台	2019	基于DNA合成技术的产品应用开发	CN109134541A	长链生物素标记物及其制备方法和用途
丹码生物	中国	平台	2022	生物活性物质提取、纯化、合成的技术开发		
海尔施基因	中国	平台	2011	多重核酸检测解决方案	WO2016188144A1	具有增强鉴别能力的STR基因座荧光标记复合扩增试剂盒及其应用
惠利生物	中国	平台	2003	新一代合成生物学酶计算设计平台	CN109943482A	利用酶膜反应器耦合苯取制备R-4-氯-3-羟基丁酸乙酯的方法
交弘生物	中国	平台	2021	分子诊断技术平台，提供居家自检整体方案	CN111926117B	SARS-CoV-2病毒核酸等温快速检测试剂盒及检测方法
角井生物	中国	平台	2017	AI靶点发现和新药设计平台	CN115083521A	单细胞转录组测序数据中肿瘤细胞类群的鉴定方法及系统
近岸蛋白	中国	平台	2021	主营业务有生物药、体外诊断、mRNA疫苗等	CN101525387A	重组长效胰高血糖素样肽类似物及其制备方法
莱芒生物	中国	平台	2021	全球首创的Meta10免疫代谢重编程技术		
雷奥科学	中国	平台	2022	生命科学实验室自动化解决方案	CN101247797A	用于治疗饮食失调的厌食脂质水解抑制剂
珞米生命科技	中国	平台	2021	AI和纳米组学技术平台Kepler Pro		

续表

企业	国家/地区	分类	成立时间（年）	产品或技术示例	代表性专利	技术内容说明
镁伽科技	中国	平台	2016	镁伽合成生物学解决方案可提供从克隆构建、基因编辑到产物纯化、酶活检测等全流程解决方案	CN107053182A	具有势能补偿功能的机器人
慕恩生物	中国	平台	2016	高通量筛选具有生物活性的功能微生物及其代谢产物	CN109456395A	降糖肽及其应用
赛陆医疗	中国	平台	2022	测序和空间组学平台	CN115035952A	碱基识别方法和装置、电子设备及存储介质
胜普泽泰	中国	平台	2019	多肽创新药		
释普信息科技	中国	平台	2017	提供实验室数字化管理平台	CN106500452B	低温冰箱温度的云端监控与故障报警系统方法
水木未来	中国	平台	2017	基于 AI 的新一代冷冻电镜商业化平台	CN114613427A	蛋白质三维结构预测方法及装置、电子设备和存储介质
天壤 XLab	中国	平台	2016	蛋白质结构预测和设计平台	CN116453584A	蛋白质三维结构预测方法及系统
西湖欧米	中国	平台	2020	蛋白质组大数据生物科技	CN114414704A	评估甲状腺结节恶性程度或概率的系统、模型及试剂盒
小熊猫生物	中国	平台	2020	IT 化的合成生物学平台		
信华生物	中国	平台	2019	AI 抗体设计平台 VibrantFold	CN112071361A	基于 Bi-LSTM 与 Self-Attention 的多肽 TCR 免疫原性预测方法
星亢生物	中国	平台	2018	基于蛋白互作的新药研发平台 neoPlatform		
寻百会生物	中国	平台	2016	AI 抗体设计平台 GV20 AI Platform	AU2021325225A1	通过靶向 IGSF8 来治疗自身免疫疾病和癌症的组合物和方法
翌圣生物	中国	平台	2014	海洋生物活性物质提取、纯化、合成技术研发	CN112626176A	用于 RNA 建库中快速去除靶 RNA 的逆转录阻碍探针及其应用
元岭生物	中国	平台	2022	合成生物学技术平台		
中科碳元	中国	平台	2021	DNA 数据存储技术研究	CN108485471A	石墨烯水性环氧耐磨自流平涂料及其制备方法
中美瑞康	中国	平台	2016	RNA 激活技术	CN104630219A	抑癌基因 IRX1 的 saRNA 分子及其组合物和其应用

续表

企业	国家/地区	分类	成立时间（年）	产品或技术示例	代表性专利	技术内容说明
安琪酵母	中国	材料	1986	酵母、酵母衍生物及相关生物制品	CN111662933B	利用重组酵母进行高支链淀粉酒精发酵的方法
柏根生物	中国	材料	2021	开发生物基材料和相关产品	CN114957509A	可放大的可拉酸钠纯化方法
博岳生物	中国	材料	2018	生物活性原料	CN111606997B	抗肌酸激酶同工酶抗体及其制备方法
东庚化工	中国	材料	2018	解决分离、纯化等复杂的工业化瓶颈	CN109797111A	产苹果酸酶基因工程菌及其生产苹果酸的方法
恩和生物	中国	材料	2019	开发高通量菌株研发和发酵工艺平台，用于生产高价值化合物	CN114262695B	生产CBGA前体的酿酒酵母工程菌及其构建方法
光羽生物	中国	材料	2021	新一代驱动合成生物技术平台	CN114703067A	光合微生物及其用途和质粒
利晨生物	中国	材料	2022	功能活性原料研发及产业化	CN105018403B	产生四氢嘧啶的基因工程菌及其构建方法
金匙生物	中国	材料	2020	生物医用高分子材料的开发，如聚左旋乳酸、聚乙丙交酯、聚己内酯的研发	CN201711058397.X	表达人源免疫刺激因子 LIGHT 的间充质干细胞的制备方法及制备得到的 MSC-L 细胞
聚英元创	中国	材料	2018	非粮生物质的生物转化和高效利用	CN112522121B	克鲁维酵母及其在生产木糖醇中的应用
翎碳生物	中国	材料	2021	新能源驱动合成生物电化学碳中和技术	CN114621968A	四氢嘧啶生物合成基因簇、突变体及制备四氢嘧啶的方法
赛宁生物	中国	材料	2018	生物实验室材料	CN104437710A	微量离心管和微量离心管盒的使用策略
生合万物	中国	材料	2021	合成生物材料，为药物、化妆品、功能性食品等领域提供高品质的原料	CN107058446B	应用于人工合成稀有人参皂苷的糖基转移酶
肆凡科技	中国	材料	2022	生物基产品制造，高性能生物基材料的负碳智造平台	CN101457211A	一株肺炎克雷伯菌及其在制备 2,3-丁二醇中的应用
未名拾光	中国	材料	2021	生物基创新原料研发及生产	CN114842916A	高效构建生物多肽活性分子数据库的方法
依诺基科	中国	材料	2022	绿色生物产品研发和生产	CN109678848B	香豆素吡哆醛杂合衍生物及其制备方法与应用
贻如生物	中国	材料	2021	合成生物新材料	CN116411005A	针对非模式杆菌的质粒转化方法
元素驱动	中国	材料	2021	研发生物分子材料	CN116376989A	制备酮酸的方法及该方法在制备氨基酸或氨基酸衍生物中的应用

续表

企业	国家/地区	分类	成立时间（年）	产品或技术示例	代表性专利	技术内容说明
遇见味来	中国	食品	2022	以细胞培养肉为主的细胞农业替代蛋白		
恒鲁生物	中国	食品	2018	研发的原料产品可广泛应用于食品、功能饮料、化妆品等领域	CN201810601213.8	生产酪醇和羟基酪醇的酵母及构建方法
吉态来博	中国	食品	2020	以二氧化碳为原料生产高性能蛋白和油脂，应用于饲料蛋白	CN201610507331.3	微生物发酵生产单细胞蛋白和单细胞油脂的方法
嘉必优	中国	食品	2004	甘油酯	CN201711471926.9	利用三孢布拉氏霉菌制备番茄红素
金达威	中国	食品	2019	营养强化剂	CN201110458486.X	一种功能型油脂微胶囊及其制备方法
梅花生物	中国	食品	2002	呈味核苷酸二钠	CN202011224824.3	采用复合菌发酵制备呈味核苷酸二钠
睿藻生物科技	中国	食品	2018	成为国内首家可以将红球藻虾青素制作成粒径小于100nm的"水溶虾青素"的生产商	CN201710719236.4	使用雨生红球藻生产虾青素
食未生物	中国	食品	2020	研发细胞培养肉	CN202111669028.0	研发基于悬浮3D打印的食品打印材料及其制备方法
首郎生物	中国	食品	2016	实现了人工合成乙醇梭菌蛋白中试的三年稳定生产		
小藻科技	中国	食品	2016	微藻营养素超级工厂	CN201711498722.4	藻类多不饱和脂肪酸的脱色
中粮	中国	食品	1949	L-苏氨酸	CN202010032418.6	改造大肠杆菌生产L-苏氨酸
艾迪晶生物	中国	农业	2019	植物基因编辑技术和遗传转化技术	CN111172179A	泛素连接酶基因OsNLA2、蛋白及其在水稻选育中的应用
祁辉生物	中国	农业	2011	天然植物提取液开发、生产	CN102079745A	水飞蓟素的生产方法
汉和生物	中国	农业	2013	用生物技术解决盐碱土壤、植物肥料研发	CN111574894B	能促进植物生长的生物防晒剂及其制备方法
黎拓生物	中国	农业	2021	可持续农业基因编辑技术平台		

续表

企业	国家/地区	分类	成立时间（年）	产品或技术示例	代表性专利	技术内容/说明
弥生生物	中国	农业	2021	基因编辑技术的精准育种	CN110628769A	花生叶愈伤组织相关基因启动子、重组表达载体及其制备方法
Adrestia Therapeutics	英国	健康	2018	通过调节相关途径、纠正疾病突变的影响并从疾病中"拯救"细胞	GB2023024I0D0	
Alchemab Therapeutics	英国	健康	2019	非天然抗体	GB2007532	利用抗原结合蛋白的工程，生产抗体片段
Basecamp Research	英国	健康	2019	正在构建来自世界各地的多样化的标记基因组数据集，通过机器学习（ML）驱动的蛋白质设计平台		
Bicycle Therapeutics	英国	健康	2009	双环肽	GB1117408	将抗体、小分子和肽的属性结合于分子内，具体包括：抗体的亲和力和选择性药理学、小分子的分布动力学、肽的"可调控"药代动力学半衰期
Bio Rad	英国	健康	1952	通过全球运营网络为全球生命科学研究和临床诊断客户提供服务	CA2171096A1	
Bit.bio	英国	健康	2016	人体细胞的编码和特征分析	WOGB21050622	引物延伸DNA的直接分子克隆
Bit.bio	英国	健康	2016	使用Opti-OX™技术将人类干细胞重新编程为功能性人类细胞，用于研究、药物发现和细胞治疗		过度表达转录因子的组合产生肝细胞的方法
Bitrobius	英国	健康	2020	正在开发革命性的Gentrafix™平台，用于基因和肿瘤症治疗、DNA疫苗接种与蛋白质生产	GB20221939D0	

续表

企业	国家/地区	分类	成立时间（年）	产品或技术示例	代表性专利	技术内容/说明
Carbometrics	英国	健康	2018	选择性的葡萄糖结合分子（GBM）	GB20220201000D0	糖类传感系统
Causeway Sensors	英国	健康	2013	Causeway Sensors 的新型纳米传感器平台可以提供关键数据，加速将新药推向市场的过程	EP3524351A1	生物标志物检测装置
Cellesce Ltd.	英国	健康	2013	专门从事患者来源类器官（PDO）的开发、放大和制造	ES2910714T3	类有机物的生长方法
Chain Biotechnology	英国	健康	2014	梭菌辅助药物开发（CADD™）平台	GB2018004548	生产益生菌
Chain Biotechnology	英国	健康	2014	开发针对下消化道的口服疫苗和免疫疗法	CN110049760B	用于治疗炎性疾病的组合物以及益生菌组合物
Crescendo Biologics	英国	健康	2009	专注于免疫肿瘤学中的新型 T 细胞增强疗法	EP1399559B2	一种基因敲除鼠的制造方法
CytoSeek	英国	健康	2017	人工膜结合蛋白（AMBP）技术具有下一代细胞疗法的潜力，重点是治疗实体瘤	AU2020231078A1	包含电荷修饰的珠蛋白的抗肿瘤的细胞
DefiniGEN	英国	健康	2012	旨在开发、生产和商业化高度预测的人类细胞疾病模型，提高测试药物的安全性和有效性，这将有助于在候选药物的选择过程中加速研究，减少损耗并最终降低成本		
Demuris	英国	健康	2012	其 Demuris ACCESS 系统和其他专有基因组方法能够改变新型"天然产物"（NP）分子的发现，并将其转化为药物	WO2020021252A1	用于治疗由利福平抗性细菌引起的感染的化合物
Dr. Reddy's Laboratories	英国	健康	1984	在代谢紊乱、心血管适应症、抗感染和炎症领域开展新化学实体（NCE）研究		

续表

企业	国家/地区	分类	成立时间（年）	产品或技术示例	代表性专利	技术内容/说明
Emergex Vaccines	英国	健康	2016	正在开发一系列创新的CD8⁺T细胞适应性疫苗，这些疫苗有潜力提供快速、广泛和持久的免疫力，减少与传染病相关的严重疾病	AU2019205627A1	用于预防和治疗多种黄病毒的MHC I类相关肽
ETAL Skincare	英国	健康	2015	探索天然抗氧化剂在护肤品中的不同用途，并开发了首个护肤产品：世界上第一个专门为男性打造的生长纹（stretch mark）解决方案		
Generon	英国	健康	1988	生产用于结构生物学、免疫学、细胞生物学、分子生物学和生物化学的工具，如染色剂、抗体速送试剂、主要组织相容性复合体（MHC）四聚体和超滤产品	CN103842383B	多特异性FAB融合蛋白及其使用方法
Glaxosmithkline	英国	健康	2000	艰难梭菌防治用疫苗	EP2012726374	免疫原性片段的融合蛋白
GyreOx Therapeutics	英国	健康	2019	利用专有发现平台创造了独特的Gyrocycle™高度修饰的大环肽，它将生物制剂的靶点结合能力与小分子的细胞进入能力相结合		
HelixNano	英国	健康	2013	AI治疗遗传疾病		
Imophoron	英国	健康	2017	是一家临床前阶段的公司，拥有ADDomer新型疫苗平台。ADDomer是用于制造高免疫原性候选疫苗的专利技术。基于多聚体蛋白的自组装纳米颗粒支架	AU2019315713A1	腺病毒戊聚糖碱基果冻卷折叠结构域多肽的多重化
LabGenius	英国	健康	2012	使用机器学习驱动的进化开发治疗用蛋白质的方法	GB1906566	利用机器学习算法，根据每个序列变体的适应性，生产具有一种或多种所需性质的蛋白质
Leaf Expression Systems	英国	健康	2016	专门从事蛋白质表达和生产，包括抗体和过敏原、酶与疫苗	GB202107598D0	包含用于增强基于植物的表达系统中的蛋白质产生的所述调节元件的表达载体

续表

企业	国家/地区	分类	成立时间（年）	产品或技术示例	代表性专利	技术内容/说明
LIFNano herapeutics	英国	健康	2013	通过将测量白血病抑制因子（LIF）包装成微小的"纳米"颗粒，使用靶标特异性抗性的独特颗粒涂层使其到达所需位点		
Micregen	英国	健康	2015	对操纵干细胞产生有效的干细胞分泌物（Secretomix）有独特的理解。Secretomix 作为一类新颖的再生治疗产品，有望提供新颖的专利保护方法，这些方法具有同种异体性，可扩展性，并可应用于各种疾病	GB20210695 3D0	永生化干细胞及其治疗产品
Oxford Biomedica	英国	健康	1995	基因和细胞治疗	GB201101636	包含酪氨酸羟化酶，GTP-环化水解酶 I，芳香族氨基酸多巴脱羧酶的构建体
OxSyBio	英国	健康	2014	正在开发 3D 打印技术，用于生产医学研究和临床应用的功能性组织		
Phenotypeca	英国	健康	2018	旨在研发酵母合成生物学解决方案，制造任何重组蛋白，目前主要是疫苗、诊断试剂和治疗蛋白	GB20230198 3D0	
Prokarium	英国	健康	2012	提供持久的抗肿瘤作用方式	US12999246	减毒沙门氏菌疫苗载体
Prokarium Holdings	英国	健康	2007	口腔活细菌递送	US13143829	表达细胞因子的生物线路
Prokarium Ltd.	英国	健康	2018	专注于改变膀胱的治疗模式，已经开发出能够靶向肿瘤而不会引起正常组织病理变化的减毒菌株	US2014004 4749A1	表达顽难棱菌抗原的减毒微生物及其用于患疫苗接种的方法
Pulse Medical Technologies	英国	健康	2015	正在开发新型敷料以改善伤口愈合	US2013026 1374A1	改进的磁感应治疗装置和使用磁场感应治疗的改进方法
Rosa Biotech	英国	健康	2019	通过结合蛋白质设计和机器学习，为患者和临床医生提供各种疾病的早期诊断	GB20220172 6D0	

续表

企业	国家/地区	分类	成立时间（年）	产品或技术示例	代表性专利	技术内容说明
Theolytics	英国	健康	2017	致力于通过表型筛选平台发现和开发高效、针对性强的候选药物，适用于静脉内递送并针对选定的癌症患者进行优化	CA3182042A1	多种病毒文库的产生
Activatec	英国	制造	2018	聚羟基链烷酸酯	GB2103062	从细菌发酵的生物质中提取聚羟基链烷酸酯
Astrazeneca	英国	制造	1999	γ-羧化的蛋白质	US13665441	表达需要γ-羧化的重组蛋白，维生素K环氧化还原酶和γ-谷氨酰羧化酶的细胞
Biocleave Ltd.	英国	制造	2002	专有技术加上梭菌的独特特性，能够克服蛋白表达过程中的宿主毒性和开发周期长等挑战	EP15718987	从细菌细胞中除去或减少或源去内源性细菌质粒的方法
Biome bioplastics	英国	制造	2009	开发的生物塑料部分或全部由可持续的植物来源制成，具有可生物降解性	WOEP16063757	呋喃二甲酸（FDCA）的形成方法：通过多级生物接触氧化 5-羟甲基糠醛的反应
BlueGene Technologies Ltd.	英国	制造	2015	开发独特的微生物菌株和技术，用于降低成本并使起始化合物生物转化为高价值产品，生产用于有机合成的新型手性前体		
C3 Biotech	英国	制造	2015	从包括 CO_2 在内的主要工业废物中生物制造碳氢化合物燃料		
CelluComp	英国	制造	2004	生物复合材料	GB1304939	植物来源的含纤维素的颗粒制造
Celtic Renewables	英国	制造	2012	目标是在全球范围内重新建立丙酮-丁醇-乙醇（ABE）发酵工艺，利用当地低价值材料生产低碳、高价值可持续产品	AU2011273151	用于制造丁醇、丙酮或其他可再生的化学品的方法，利用一个或多个方法组制造产品，如麦芽威士忌、酒糟等发酵残体
Colorifix	英国	制造	2016	微生物染色织物	US15564713	合成色素的生物线路
Croda	英国	制造	1925	天然成分	US13294933	从天然原料中提取生物材料来制造高性能非离子表面活性剂等成分

续表

企业	国家/地区	分类	成立时间（年）	产品或技术示例	代表性专利	技术内容/说明
FabricNano	英国	制造	2018	旨在开发革命性的新型无细胞化学品生产方法	WOGB21050249	核酸纳米结构被设计用于优化附着于所述纳米结构的分子的局部环境
Green Bioactives	英国	制造	2018	利用下一代基于植物细胞的生物制造平台，为化妆品、制药、食品和农业市场生产可持续的生物分子与细胞提取物	GB2209919	从植物叶片中分离某细胞干细胞的方法和利用该方法利用的相关细胞系
Green Biologics	英国	制造	2002	3-羟基丙醛	GB2014014737	合甘油二醇脱水酶的生物线路
Greenergy	英国	制造	1992	能够灵活地采购低成本的原料并以最有效的方式生产可再生燃料	WOGB07001192	提供一种用于制造柴油燃料的改进方法，其具有的至少一种组分是从废料衍生的天然（非合成）油
HydRegen	英国	制造	2020	正在开发生物催化技术，主要用于精细化学品和制药行业		
Ingenza Ltd.	英国	制造	2002	专门从事各种高价值工业产品和冶疗蛋白的设计、开发与制造	US10508356	通过酶处理脱乙酰胺或手性转化手性胺的方法
Itaconix	英国	制造	2017	以衣康酸及其衍生物为原料的聚合物	CN201480074187.8	聚衣康酸树脂的金属盐的可溶水性组合物
Manus Biosynthesis	英国	制造	2011	基于发酵的生物合成和全动物筛选平台	CN113227353A、CN113195726A	利用微生物平台经过优化，将碳和植物源基质转化为香料、维生素、药品等化学品
NGBiogas	英国	制造	2009	开发高产量、模块化 AD（厌氧消化）工厂		
Oxford Biotrans	英国	制造	2013	使用专利酶技术生产高价值化学品		工程光合生物
Phycobloom	英国	制造	2019	利用合成生物学开发藻类，使其不断将油释放到周围环境中。这使得油更容易收集且不会损坏藻类本身	GB2205111	
Plaxica	英国	制造	2008	聚乳酸	WOGB14051992	乳酸制备
Polymateria	英国	制造	2016	为传统塑料包装提供量身定制的可生物降解的解决方案	WOEP17079914	可降解的聚合物的生产方法

续表

企业	国家/地区	分类	成立时间（年）	产品或技术示例	代表性专利	技术内容/说明
Scindo	英国	制造	2020	正在创建新颖的生物平台，将低价值的塑料垃圾填埋场废物转化为高价值分子		
ScotBio	英国	制造	2007	生产全天然成分和着色剂		
Shellworks	英国	制造	2019	开发更好的方法来包装产品，为塑料包装创造真正可持续的替代品		
The Biorenewables Development Centre	英国	制造	2012	开发将植物和废物转化为产品的方法		
John Innes Centre	英国	制造	1910	利用植物和微生物的知识为工业生物技术、社会和全球发展带来影响	US0823811	使用重组技术高效生产新的和已知的聚酮化合物的新方法
Apta Biosciences	英国	使能技术	2013	DNA 合成方法	JP2014101317	吲哚基保护基，能够稳定地生成核酸的自动核酸合成用酰胺及其前体
Avecia	英国	使能技术	1999	临床用募核苷酸	EP2009734250	募核苷酸（特别是对 β-氰乙基保护基）的脱保护
Beam Therapeutics	英国	使能技术	2017	治疗遗传性疾病	PCTUS2019031899	可编程的碱基编辑器
Camena Bioscience	英国	使能技术	2016	开发新的核酸合成技术，并提高合成的质量和速度	WOUS19013441	用于无模板合成的组合物和方法
CC Bio	英国	使能技术	2018	利用合成生物学方法对微生物组进行精度设计和编辑	JP2014535228	识别特定蛋白 CEACAM1 多表位
Desktop Genetics	英国	使能技术	2012	设计新的基因组库，利用实验室数据推动机器学习流程，并不断提高平台的预测准确性		
Evonetix	英国	使能技术	2015	核酸合成	GB2018001182	在固体表面上高保真合成募核苷酸
Horizon Discovery Group	英国	使能技术	2005	转座子系统	GB2016002473	开发基于基因编辑的工具

续表

企业	国家/地区	分类	成立时间（年）	产品或技术示例	代表性专利	技术内容说明
Ingenza	英国	使能技术	2002	DNA 组装	US15901431	利用接头寡核苷酸中碳代磷酸键组装多核酸序列
Nuclera	英国	使能技术	2013	通过酶促蛋白和基因合成使合成生物学易于使用	CN20168008727.1	特异性末端脱氧核糖核苷酸转移酶（TdT）在核酸合成方法中的应用
Nuclera Nucleics	英国	使能技术	2013	DNA 合成	GB2015003534	用 3-O-偶氮二甲基核苷三磷酸制备核酸
Oxford Genetics	英国	使能技术	2011	DNA 质粒系统	GB2011019987	允许在质粒载体内交换启动子的基因工程平台
Riffyn	英国	使能技术	2014	提供可视化工具，帮助实验室研究人员开展易用性设计、分析和协作	US14801650	设计和分析用于产品生产或数据信息分析过程的系统与方法。维护数据存储
Sphere Fluidics	英国	使能技术	2010	单细胞分析	US15578455	处理含细胞的生物液滴的仪器
Synpromics	英国	使能技术	2010	开发和商业化合成促进剂，以控制基因表达	EP2012704725	数据驱动的启动子设计
Synthace	英国	使能技术	2011	将计算建模和大数据分析与实验设计和验证以及新型分子生物学工具紧密结合	GB2014005246	根据标准化元件结构（含导入、参数、数据、物理输入、要求、设置等功能区块）定义单元操作
Touchlight Genetics Ltd.	英国	使能技术	2008	开发了一种新颖的合成 DNA 载体（dbDNA™）利酶促制造工艺，能够以前所未有的速度、规模和纯度生产 DNA	WOGB11001175	生产闭合的线性 DNA 使用的回文序列
APS Biocontrol Ltd.	英国	农业	2004	开发用于管理农业和食品加工中的细菌性疾病与其他微生物污染的生物控制解决方案	IL276378A	用于食品去污的噬菌体
Axitan	英国	农业	2016	应用尖端藻类生物技术提供支持生产的创新产品，专注于提高产量、质量和盈利能力	US20220290114A1	抗微生物的内溶素多肽和制剂
Better Dairy	英国	农业	2020	利用精确发酵在不使用动物的情况下生产乳制品	GB20230220800	真菌中基于共编辑的基因组编辑方法

续表

企业	国家/地区	分类	成立时间（年）	产品或技术示例	代表性专利	技术内容说明
Better Origin	英国	农业	2019	开发人工智能驱动的昆虫农场 X1，可以将营养物质升级循环，减少食品垃圾，形成更安全的食品系统		
Hockley International	英国	农业	1991	聚焦在农业、环境健康、工业和兽医产品的制造、配方、包装与出口方面		
MiAlgae	英国	农业	2016	利用微藻开发可持续替代物，以减少对以野生鱼类作为 ω-3 来源的依赖	AU2021245079A1	ω-3
MOA Technology	英国	农业	2017	利用自然选择的原理加速发现更好、更安全的除草剂作用模式	AU2021341631A1	除草嘧啶衍生物
Oxitec	英国	农业	2002	害虫防治技术	GB0317656	昆虫基因表达构建体，通过增强孢子的作用提高昆虫活性
Phytoform Labs	英国	农业	2017	将可持续作物带入田间，提高生产力并减少碳足迹	AU2020258046A1	用于植物材料筛选和繁殖的方法、系统与设备
Sutterra	英国	农业	1984	用于农作物保护和商业害虫防治的生物产品		
Tropic Biosciences	英国	农业	2016	采用基因编辑技术开发高性能的热带作物商业品种	GB2017008662	香蕉树的基因组编辑
ZuvaSyntha	英国	农业	2011	发酵、生物催化工艺开发，药物活性成分和农用化学代谢物的生产以及天然产品开发	CA2962828A1	提供一种用于能量释放通路的 3-羟基丁醛或者丁醛或者下游产品的生产方法
Algenuity	英国	食品	2009	利用微藻菌株作为底盘生物，优化生长参数和修饰藻类基因组增加的特定性状	WOIB21054639	开发和优化微藻，生产富含蛋白质的产品

续表

企业	国家/地区	分类	成立时间（年）	产品或技术示例	代表性专利	技术内容说明
3F Bio	英国	食品	2015	替代蛋白	GB2100819	生产和分离真菌蛋白，并利用真菌蛋白生产人造肉和其他蛋白成分
Arcitekbio	英国	食品	2019	将C5糖废料转化为木糖醇，提供高产量、低成本和环境可持续的糖替代品		
Enough	英国	食品	2015	利用自然发酵过程，将真菌培养基中的天然糖分转化为营养丰富的完整食物		
Extracellular	英国	食品	2022	专注于开发、扩大和制造人造肉产品	US16956317	从生物材料中分离外囊泡的方法和固定相
HigherSteaks	英国	食品	2017	利用细胞培养技术生产肉类	GB2008821	用于细胞转化的系统和方法
Multus	英国	食品	2019	开发细胞生长培养基的关键成分，以降低人造肉价格	GB2203412	工程化合成纤维细胞生长因子变体
Nandi Proteins	英国	食品	2000	改善乳清蛋白、胶原蛋白和更多植物蛋白的功能	EP01271151	一种脂肪替代的材料制造方法
Roslin Tech	英国	食品	2017	应用新的生物技术加速向更可持续的食品系统过渡	PL415915	开发了可自我更新的动物多能干细胞
Tate & Lyle	英国	食品	1921	将玉米和木薯等原材料转化为食品添加剂，改善食品的味道、质地及营养	CN106456455B、GB202107981D1	主要生产柠檬酸、乙醇、淀粉等有机物
CyanoCapture	英国	环境	2021	利用转基因蓝藻，在工业规模上提供负担得起的长期碳捕获		
Helistrat	英国	环境	2009	旨在为废物管理提供可持续的环境		
Oxford Molecular Biosensors	英国	环境	2017	基于新技术检测超低浓度的金属、有机物和生物毒素	GB2017116600D0	开发具有新型功能的生物传感器底盘

续表

企业	国家/地区	分类	成立时间（年）	产品或技术示例	代表性专利	技术内容说明
Puraffinity	英国	环境	2015	专门设计和制造具有环保效益的新型材料，将化学和材料工程相结合，构建对目标化合物具有高亲和力的分子结构	AU2019244402A1	利用先进的吸附材料提供经济有效的水质污染治理方案
Abolis Biotechnologies	法国	制造	2014	咖啡酰奎宁酸、阿魏酸	FR19012573	由咖啡酰莽草酸产生咖啡酸
Arkema	法国	制造	2004	丙酸乙烯酯等	FR09050374	生产可再生原材料构成的、环保的绿色化学品和生物塑料
Carbios	法国	制造	2011	可生物降解的聚酯	CN201680034176.6	塑料材料由所述聚酯、抗酸填料和生物体包埋到聚酯中，其中抗酸填料和生物体组成
Deinove	法国	制造	2006	开发并商业化生物燃料，以及其他具有商业或药用价值的化合物	EP09305154	利用专门的微生物技术平台发现和开发的新方法
EnobraQ	法国	制造	2015	通过合成生物学将二氧化碳转化为商用化学品	FR3095817A1, WO2019185861A2	将二氧化碳转化为工业发酵原料的发酵工艺
Global Bioenergies	法国	制造	2008	烯烃	US15101148	将 3-羟基戊酸经酶促转化为 3-羟基戊基-核苷酸的生物途径
Glowee	法国	制造	2014	基于萤光素酶的光系统	FR15061672	通过在共生细菌中编码特定基因，利用生物发光海洋生物的自然特性参与生物光系统的开发
Metabolic Explorer	法国	制造	1999	聚对苯二甲酸丙二酯（PTT）、1,2-丙二醇（MPG）	FR04000214	生产 1,2-丙二醇的微生物
Roquette Freres	法国	制造	1933	花生四烯酸	FR2012057691	合成花生四烯酸的高山被孢霉的基因线路
DNA Script	法国	使能技术	2014	合成 DNA	FR2016050804	酶促合成长链核酸
Algama	法国	食品	2013	利用微藻开发创新食品（包括蛋类、海鲜、肉类、乳制品的替代品）	FR17070630	从微藻或蓝藻中提取水溶性红色
Fermentalg	法国	食品	2001	利用微藻生产的素食产品	US12307532	利用微藻合成二十碳五烯酸
Naturex	法国	食品	1992	开发天然保鲜成分、特色水果和蔬菜、植物活性物质等	CA2975702C、CO2021002085A2	生产植物制剂和植物提取物，用于调味、着色或防腐

续表

企业	国家/地区	分类	成立时间（年）	产品或技术示例	代表性专利	技术内容/说明
Meiogenix	法国	农业	2010	开发育种技术以解锁未开发的生物遗传多样性	FR1805405	用于植物细胞减数分裂期间蛋白质表达的新工具
Cellectis	法国	健康	1999	基因编辑的工程化免疫细胞	US12091216	由可移动遗传元件编码的核酸内切酶
Eligo Bioscience	法国	健康	2014	克服病原体耐药性的广谱噬菌粒方法	EP2017305126	含正调控的大肠杆菌启动子等元件
BioAmber	加拿大	制造	2008	生物琥珀酸衍生物[如1,4-丁二醇（1,4-BDO）和四氢呋喃（THF）]和琥珀酸类聚酯等建构化学品	CN201180026084.0	利用工业生物技术和化学催化技术，从可再生原料中制造化学品（塑料、食品添加剂等）
Ceapro	加拿大	制造	1997	谷物提取物	US10560115	开发来自燕麦和其他可再生植物资源的功能活性成分，以满足医疗保健和化妆品的需求
EcoSynthetix	加拿大	制造	1996	生物高分子纳米颗粒	DE60005932	生产工程生物聚合物，开发天然甲醛的黏合剂
Epimeron	加拿大	制造	2017	生物碱	US15307616	在酵母宿主细胞中生产血根碱
Hyasynth	加拿大	制造	2014	聚酮化合物	US16486618	开发在酵母中生产聚酮的方法
Lallemand	加拿大	制造	1895	干燥酵母	FR04000464	将含胱甘肽富集的酵母加入到白葡萄酒
Mango Materials	加拿大	制造	2010	从废气中生产可生物降解的聚合物	US16614673	将甲烷转化为生物聚合物颗粒（制造织物或生物塑料）
Mara Renewables	加拿大	制造	2012	脂肪酸	CN201780079737.9	利用藻类生产富含二十二碳六烯酸的脂肪酸
Rho Renewables	加拿大	制造	2014	酚类化合物	CN201810454645.0	利用酵母菌株平台和聚酮合酶将糖转化为环芳香族化合物
TerraVerdae ioworks	加拿大	制造	2009	可生物降解的聚合物长丝	WOCA15051036	将聚羟基脂肪酸酯改性、生产为长丝
MetaMixis	加拿大	使能技术	2013	酶和途径发现	US15115644	开发用于从宏基因组数据中筛选代谢物的诱导元件的相关方法
Ardra Bio	加拿大	食品	2016	香料	US16225611	用醛缩酶制备式4-2-不饱和醛、δ-内酯和γ-内酯
Algae-C	加拿大	健康	2015	医用大麻素的生物合成	US17052039	改造一种生产大麻素的基因工程微生物，使其至少编码一种大麻素生物合成途径所需的酶的分子

续表

企业	国家/地区	分类	成立时间（年）	产品或技术示例	代表性专利	技术内容说明
FREDsense Technologies	加拿大	环境	2014	用于检测水传播化学品和污染物（砷、铁、锰）等的便携式测试套件	US14491367	检测多种化合物的系统
AB Enzymes GMBH	德国	制造	1907	新型纤维素酶	FI20055692	新型内切葡聚糖酶及其表达载体
AMSilk	德国	制造	2008	用于纺织产品、医疗器械和化妆品的高质量丝绸生物聚合物	EP10787028	利用合成生物学方法，生产具有生物相容性的蜘蛛丝
BASF	德国	制造	1865	琥珀酸	EP2010708150	下调的内源性丙酮酸甲酸裂解酶（PFL）活性的工程菌
Bayer	德国	制造	1863	类固醇	US10355238	3-酮类固醇-Δ1-脱氢酶的过表达
Covestro	德国	制造	2004	苯胺	US15119825	将包含可发酵碳底物的原料生物转化为邻氨基苯甲酸和/或盐的重组微生物宿主细胞
Evonik	德国	制造	2007	特种添加剂、智能材料、高性能聚合物	US12742318	ω-氨基羧酸、ω-氨基羧酸酯或产生其内酰胺的重组细胞
Phytowelt Green Technologies	德国	制造	1998	α-紫罗兰酮	EP2015757235	由编码番茄红素 ε-环化酶（LCYE）的序列、编码 α-紫罗兰酮合成的生物组分等组成的生物线路
Symrise	德国	制造	2003	提供香水、调味料、化妆品成分、原材料和功能性成分	EP3863676A1, US11089797B3	开发化妆品、香料
ATG Biosynthetics	德国	使能技术	2001	TOGGLE Assembly 载体系统	DE10201300648 7	基于合成 DNA 的功能元件的替换系统
Biomax Informatics	德国	使能技术	1997	Pedant-Pro™序列分析套件	DE10205091	开发预测无细胞表达系统表达效率的方法
CyBio	德国	使能技术	1990	开发高精度的液体处理设备，为药物研发提供高效解决方案	US10630199	集成多种检测技术（如荧光、化学发光等），加速药物研发进程
C-Lecta	德国	食品	2004	海藻糖	US16335987	热稳定的海藻糖磷酸化酶
KWS SAAT SE	德国	农业	1856	植物育种	DE10200602912 9	合成病原菌诱导型启动子
AkzoNobel	荷兰	制造	1994	工业涂料、基础化学品及聚合物	US14570123	利用合成生物学生产工业用化学品
Avantium	荷兰	制造	2000	聚呋喃甲酸乙二酯	US10084453	制备交联酶集合体的方法

续表

企业	国家/地区	分类	成立时间（年）	产品或技术示例	代表性专利	技术内容说明
Corbion	荷兰	制造	1919	油脂化学品	US13630757	含脂酶、蔗糖转运蛋白、脂肪醛脱羧酶和或酰基载体蛋白等的对应基因的生物线路
Deep Branch	荷兰	制造	2018	利用微生物与 CO_2 制造蛋白质		
DSM	荷兰	制造	1902	多烯脂肪酸	EP2010178911	破囊壶菌表达系统的启动子
Photanol	荷兰	制造	2012	个人护理产品、洗涤剂等化合物	WO20201523342A1, US20190194671A2	基于蓝藻的基因改造，将二氧化碳转化为糖类
ProteoNic	荷兰	制造	2004	真核生物生产平台	WOEP20055249	从多核苷酸载体骨架中分离多核苷酸插入物的方法
Meatable	荷兰	食品	2018	从健康的牛或猪身上取样，复制脂肪和肌肉生长的自然过程，并将这两种动物质混合在一起生产肉类	NL2027836	一种用于培养肌肉组织的装置
Mosa Meat	荷兰	食品	2013	基于牛细胞生产的肉类	GB1807326	从细胞转变成组织的方法
Aljadix	瑞士	制造	2014	从微藻原料中开发的生物燃料	WOIB16055645	海面微藻培养装置
Evolva	瑞士	制造	2004	白藜芦醇	DK2006708430T	合成白藜芦醇的生物线路
Givaudan	瑞士	制造	1895	制造香精、香料、香水等化妆品成分	EP3052472A1, BRPI606877A2	开发和生产香精、香料与配料
Jungbunzlauer	瑞士	制造	1867	柠檬酸、甜味剂等	AT1542010	羟基酸的生产
Mibelle Biochemistry	瑞士	制造	1991	羧甲基 β-葡聚糖钠	WOIT06000543	含羧甲基 β-葡聚糖钠的脂质体复合物
Firmenich	瑞士	食品	1895	香精、甜味剂等	US11583097	表达嵌合味觉受体的细胞，可用于鉴定甜味剂的味觉配料的分析
Crispr Therapeutics	瑞士	健康	2013	治疗杜氏肌营养不良症	US15763328	编辑用于治疗杜氏肌营养不良的诱导多能干细胞（iPSC）
Lonza	瑞士	健康	1897	生物分子的稳定表达	US15619876	开发在重组宿主细胞中表达稳定产物的方法
先正达/中化	瑞士/中国	农业	2000	植物调节序列	EP2009779436	引导编码目标蛋白的多核苷酸在非花粉组织中表达
Biosyntia	丹麦	制造	2012	维生素 B_1	EP2016822958	合成硫胺素的大肠杆菌细胞工厂
Novozymes	丹麦	制造	2000	生物质降解酶	DK2011701416T	编码 α-淀粉酶的多核苷酸

续表

企业	国家/地区	分类	成立时间（年）	产品或技术示例	代表性专利	技术内容说明
Octarine Bio	丹麦	制造	2018	医用大麻素	WOEP20064605	经遗传修饰使细胞内产生大麻素苷的微生物宿主细胞
Christian Hansen	丹麦	食品	1874	食用培养菌、益生菌、酵素和天然色素	US12095778	高效合成大型文库的酶编码方法
BioPhero	丹麦	农业	2016	利用发酵生产控制害虫的信息素	WOEP20053306	使用表达酰基辅酶A氧化酶的重组酵母生产昆虫信息素
SNIPR Biome	丹麦	健康	2017	基于CRISPR的微生物药物	US15985658	编辑噬菌体，实现对耐药菌株的有效控制
Ajinomoto	日本	制造	1925	L-氨基酸	KR102009701 7482	利用在钾离子摄入中起作用的腺嘌呤核苷三磷酸（ATP）酶，构建生产L-氨基酸的重组细胞
Sekisui Chemical	日本	制造	1947	导热脂等	US14437034	用于生产异戊二烯的重组细胞
钟渊化学	日本	制造	1949	聚羟基链烷酸酯	JP2007542665	由硫解酶基因、还原酶基因、聚羟基丁酸合酶基因、聚羟基链烷酸酯合酶等组成的生物线路
OriCiro Genomics	日本	使能技术	2018	"DNA组装"和"环状DNA扩增"技术	US15527560	在无细胞系统中，在不依赖传统生物克隆的情况下构建大型环状DNA分子
味之素	日本	食品	1909	L-氨基酸	JP2005021722	yojE基因的增强表达
宝生物	日本	健康	2002	基因治疗用的载体	JP2009511821	产生反转录病毒载体的细胞
Airlite	意大利	制造	2013	开发了一种对环境影响最小的涂料，可以对墙壁进行细菌和病毒消毒、消除空气中的有毒物质	US13739624	开发利用保温混凝土模板建造结构的设备和方法
Bio-on	意大利	制造	2007	聚羟基脂肪酸酯	US14358911	培养产生羟基链烷酸酯的微生物细胞以形成含有羟基链烷酸酯共聚物的细胞因
Gnosis	意大利	制造	2017	生物基化学品	EP05425413	冷冻干燥的和/或微囊化的酿酒酵母细胞，其具有高含量的(S)-(+)-S-腺苷-L-甲硫氨酸

续表

企业	国家/地区	分类	成立时间（年）	产品或技术示例	代表性专利	技术内容说明
Novamont	意大利	制造	1990	长链二元酸	US16766498	用于由一元羧酸生产长链二元酸的麦芽糖假丝酵母的遗传修饰微生物
Versalis	意大利	制造	2012	纤维素的降解	US15361732	含淀粉水解酶等元件
Toolgen	韩国	使能技术	1999	基因编辑工具	KR1020177003312	RNA引导的工程核酸酶
CJ CheilJedang	韩国	食品	1953	氨基酸等食品配料	KR102008001 0073	以多核苷酸的启动子等合成生物学元件，开发食品用微生物菌株以及蛋白质和酶工程
G+Flas Life Sciences	韩国	农业	2014	植物表达系统	KR1020197036068	利用CRISPR系统进行植物基因组的缺失和替换
Bioneer	韩国	健康	1992	乳酸菌产胞外多糖	US1237 6368	加氏菌素BNR17基因的重组载体
Aleph Farms	以色列	食品	2017	人造牛排	CN201880056787.X	使用特殊设计的支架来共同培养肌肉、脂肪、结缔组织和血管系统，在3~4周内生产出完全成形的牛排
Evogene	以色列	农业	2002	利用植物基因组学及其技术平台开发影响作物性能和生产力性状的种子	CN200480020597.0	开发提高植物对非生物胁迫的耐受性的方法
Biomica	以色列	健康	2016	基于微生物组的创新疗法，用于治疗肿瘤、胃肠道相关疾病	IL271775	两种或多种微生物的聚生体
NeoTX Therapeutics	以色列	健康	2015	肿瘤免疫疗法	WOIL20050533	与结合癌抗原的靶向部分共价连接的超抗原
Advanced Enzyme Technologies Ltd.	印度	制造	1989	旨在用酶和益生菌来取代所有用于医疗保健与工业问题的苛刻药物及化学品	WO2012014227A4、WO2012011130A3	益生菌、酶的研发和应用
String Bio	印度	制造	2013	琥珀酸	IN1910CHE2014	以有机废弃物/生物气/甲烷为原料生产微生物
Magellan Life Science	印度	食品	2013	发现和开发植物源的蛋白质，用于食品和饮料行业	US09549853	电化学监测核酸序列
Richcore Lifesciences	印度	食品	2015	重组蛋白以及细胞培养肉的生长因子	IN2496CHE2013	以酶为基础的硫的替代产品
Solvay	比利时	制造	1863	胰酶等特定酶	CN200780051638.6	医用的脂肪酶

续表

企业	国家/地区	分类	成立时间（年）	产品或技术示例	代表性专利	技术内容（说明）
Syngulon	比利时	制造	2013	利用细菌素开发原始遗传技术，以改善微生物	US933227, US1188114	使用细菌素基因平台促进微生物发酵以及利用遗传防火墙防止微生物逃逸
Intrexon Actobiotics	比利时	健康	2006	治疗用微生物	JP2017093388	多顺反子表达系统
Neste	芬兰	制造	1948	烃油	EP10163732	将植物油和工业废料与渣油等转化为高纯度、低硫和低芳烃含量的异构烷烃油
Stora Enso	芬兰	制造	1998	将纤维素生物质转化为高质量的可发酵糖和木质素	EP09785609	改变植物纤维素的结构，使其适用于作造纸原料
Solar Foods	芬兰	食品	2017	仅使用空气和电力生产蛋白质	EP19205786	单细胞蛋白的生产
Biopetrolia	瑞典	制造	2014	基因工程酵母的开发	US15029818	利用 YEASTbuilder™平台允许高通量筛选和开发多不同的酵母细胞变异
EnginZyme	瑞典	制造	2014	固定化蛋白质材料	CN201580005764.2	固定化酶材料在化学合成中作为多相生物催化剂
Spiber Technologies	瑞典	制造	2008	重组蜘蛛丝蛋白制成的生物材料，可以加工成各种二维和三维形式，具有适合细胞培养和许多其他生物医学应用的功能特性	JP2008548463	表达蜘蛛丝蛋白的基因线路
Ageria	爱尔兰	食品	2015	酸奶	EP15182773	工程乳酸菌用于优化原位发酵食品中的代谢物生产
Microsynbiotix	爱尔兰	健康	2016	动物疫苗	US16092279	重组序列利和启动子连接的序列
Braskem	巴西	制造	2002	热塑性树脂[PE、聚丙烯（PP）和聚氯乙烯（PVC）]	CN201680042415.2	利用乙烯基异构酶-脱水酶、烯醇脱水酶、芳樟醇脱水酶和/或香叶醇异构酶等制造萜类合物的单体
LanzaTech	新西兰	制造	2005	生物能源	NZ584652	以一氧化碳为底物生产乙醇的生物线路
Agrisea	新西兰	农业	2019	耐盐植物	GB2111268	基因组编辑的工程化植物，可较传统植物大幅提升淀粉含量

续表

企业	国家/地区	分类	成立时间（年）	产品或技术示例	代表专利	技术内容/说明
MicroBioGen	澳大利亚	制造	2001	工业应用的优质酵母生物催化剂	US6078198	利用合成生物学平台生产酵母生物催化剂、酶、蛋白载体、益生菌
Epygen	迪拜	制造	2006	工业用酶	US16102519	纤维素酶的组合物，包括半纤维素酶、葡糖苷酶、脂肪酶、葡聚糖酶、果胶酶、果胶酸裂解酶和漆酶等
Biomatter Designs	立陶宛	使能技术	2018	利用合成生物学和人工智能设计的新蛋白	LT2018542	生成功能性蛋白质序列
Emery Oleochemicals	马来西亚	制造	1840	热塑性聚合物	US12743878	从棕榈油等天然油脂中提取高性能化学品
Azargen Biotechnologies	南非	制造	2009	肺表面活性蛋白	IL242708	用植物细胞表达肺表面活性蛋白
Borregaard	挪威	制造	1889	高纯度特种纤维素、可持续微纤化纤维素（Exilva®）、生物香草醛、生物乙醇、木质素生物聚合物	CN200980151250.2	通过亚硫酸盐预处理，从各种生物质中提取以木质素为基础的产品
Silicolife	葡萄牙	制造	2010	正丁醇	PCTEP2019057944	表达2-羟基戊二酸脱氢酶、戊二酰辅酶A脱氢酶等的基因线路
Acies Bio	斯洛文尼亚	使能技术	2006	提供菌种开发、发酵等服务	EP14167774	使用酵母和丙酸杆菌的共同培养，显著降低化学需氧量负载
PTT Global Chemical	泰国	制造	2011	提供高品质的石化和化工产品，包括烯烃、芳烃和副产品	US11098158B2、US20210246607A2	合成烯烃、多元醇、有机多聚物
Neol Biosolutions SA	西班牙	制造	2012	将生物加工和微生物专业知识应用于工业公司（主要是在石油化学和生化领域）	WO2016128602A1、ES2608968B2	通过微生物的生物过程生产有机化合物
Shiok Meats	新加坡	食品	2018	基于细胞生产的甲壳类动物肉（虾、蟹、龙虾）	WOSG20050016	形成与生产可再生肌肉和/或脂肪组织代细胞系的方法